# 리모델링 공사

IV
리모델링 총서

사단법인 한국리모델링협회 저

# 교재개편 발간사

우리나라 건설시장의 중요한 변화 중 하나는 신축 시장은 이미 성장 한계에 도달했고 이제부터는 기존 건물에 대한 대대적인 개·보수(증·개축 포함) 공사와 노후 건축물에 대한 리모델링의 역할과 필요성이 증대되고 있다. 현재 국내 리모델링 시장의 규모는 전체 건설시장의 10퍼센트에도 미치지 못하고 있지만 머지않아 30퍼센트에 육박하는 거대 시장으로 성장할 것이다. 결국 우리나라도 선진국처럼 리모델링 시장이 신축 시장보다 규모가 더 커질 것으로 전망하고 있다. 이에 따라 리모델링 정책 및 법규, 건설환경의 변화에 대응할 수 있는 리모델링 기술의 보급이 중요한 과제로 대두되었다.

포스트 코로나 시대에는 사회 전반적으로 비대면 활동을 뜻하는 언택트 현상이 가속화 되었고 주거문화와 주거공간 역시 이러한 언택트 삶에 초점이 맞춰질 것이다. 건축에서도 환경·기후·도시·질병 등 복잡한 문제들을 해결하기 위한 융합적 접근이 필요하게 되어 리모델링 분야에 있어서 이러한 융합적 접근 방식의 적용이 요구되는 시점이다. 향후 우리 사회에서 건설의 역할과 기능이 변화되어 건설산업 전반에 걸쳐 총체적인 변화가 일어나게 될 것이다.

리모델링 산업의 활성화를 위해서는 사업타당성 검토, 조세·금융 지원, 제도적 장치 및 규제 완화, 부가가치 향상 등 관리 측면의 전략을 구사하는 것이 매우 중요하다. 더불어 리모델링 설계 기준 및 체크리스트 개발 같은 정량적·정성적 기술평가 방법 확립과 리모델링을 수행하는 데 필요한 공종별 리모델링 공법, 건물 성능 개선 관련 기술 개발 및 신소재에 관한 연구도 동시에 진행되어야 한다.

본서는 한국리모델링협회의 리모델링사업관리사(RMP : Remodeling project Management Professional) 자격검정시험의 교재로 채택되어 사용된 리모델링 총서 4권을 바탕으로 집필되었으며, 개편 방향은 다음과 같다.

(1) 사업관리 및 기술 분야 난이도 조정

리모델링사업관리사(RMP)는 기획·영업·조합 등을 조율하는 사업관리자의 역할에 그 취득 목적을 가지고 있으므로, 사업관리 분야는 초중급으로, 기술 분야는 초급으로 내용의 난이도를 조정하였다.

(2) 주거와 비주거 과정 구분 세분화

기존 교재 콘텐츠 구성은 주거와 비주거가 혼용되어 있어 전문성이 떨어지므로 주거와 비주거에 대한 구분을 명확히 하여 내용을 정리하였다.

(3) 콘텐츠 구성 보완

그린리모델링, 에너지 절약, 친환경 설비 등의 새로운 콘텐츠를 포함하고 사업 수행에 있어서 기존 교재에서 설명이 부족하다고 제기된 항목(사업타당성, 사업비 분석, 리모델링 특화 공사 등)에 대한 충분한 설명을 보완하였다.

(4) 최신 사례 발굴 및 제시

10년 이상 오래된 예시들을 최신의 사례로 보완하여 사업 실무 지식을 쌓을 수 있도록 내용을 구성하였다.

건축물의 신축과 노후 건축물의 리모델링은 학문적으로나 실무적으로 다를 뿐만 아니라 접근 방법도 판이하다. 따라서 신축공사에 대한 내용으로 편성되어 있는 기존 건축학과의 교과목으로는 진정한 리모델링 기술자를 양성 배출하기 어려우므로, 가능한 한 여러 대학에 리모델링 전문 기술자 양성을 위한 학과 신설과 리모델링 현장기술자로서 갖춰야 할 기술과 실무지식을 습득할 수 있는 교육과정 개발, 그리고 리모델링 사업 전문가 자격증 제도의 신설이 필요하다. 본서는 이들 교육목표에 부응할 수 있도록 각 교과목별 교수요목과 강의계획서의 콘텐츠를 구성하고 그에 따라 리모델링 기술자로서 소양을 기를 수 있도록 필요한 내용을 구성하였다.

비록 작은 출발이지만 리모델링 사업관리 전문가 교육과정과 자격검정 시험제도를 통해서 우수한 리모델링 사업 전문가가 양성되고, 본서를 통해 리모델링 기술의 전문지식을 체계화시키고 개선된 리모델링 기술을 널리 보급하여 국내 리모델링 산업 발전에 도움이 되었으면 한다.

2024년 2월

사단법인 한국리모델링협회

회 장　김 학 겸

감 수　차 정 윤

총괄집필위원　임 호 진

# 차 례

CONTENTS

# 제1장
# 리모델링 구조안전

1. 개요
2. 구조안전의 일반사항
3. 현장조사
4. 구조안전성 검토
5. 보수 · 보강공사
6. 내진보강공사

## 1. 개요

리모델링 대상 건물에 대한 구조 안전진단은 리모델링의 핵심 과업이며, 사업의 가능 유무를 판단하는 주요 업무이다. 먼저 리모델링 사업 착수 전에 실시되어야 하는 여러 가지 관련법규, 기존 건물의 상태조사 등 '사전조사(가능성 조사)'가 실시되어야 하고, 이러한 사전조사를 토대로 리모델링의 타당성 검토와 사업의 가치평가를 실시한 후 긍정적인 결과에 따른 여러 가지 제반 조건을 파악하는 '본 조사'가 이루어진다.

본 조사는 기존 건물의 형상과 노후화 상태를 있는 그대로 도면화하고 기록하는 것이며, 본 조사가 완료된 후에는 현 시점의 구조적 법규와 사용용도를 만족할 수 있도록 조사결과에 대한 철저한 원인 분석과 보수·보강 방안을 모색해야 하는 '진단'이 이루어져야 한다.

이와 같은 관점에서 볼 때 리모델링에 있어서 건축물에 대한 구조안전진단의 중요성은 두말할 나위도 없이 중요한 출발점 그 자체인 것이다. 따라서 본 장에서는 리모델링을 위한 기존 건물의 노후화 및 안전성을 파악하는 '기존 건축물의 구조안전'에 대하여 서술하고자 한다.

그림 1.1은 일반적인 리모델링 구조설계 절차를 나타낸 것이다.

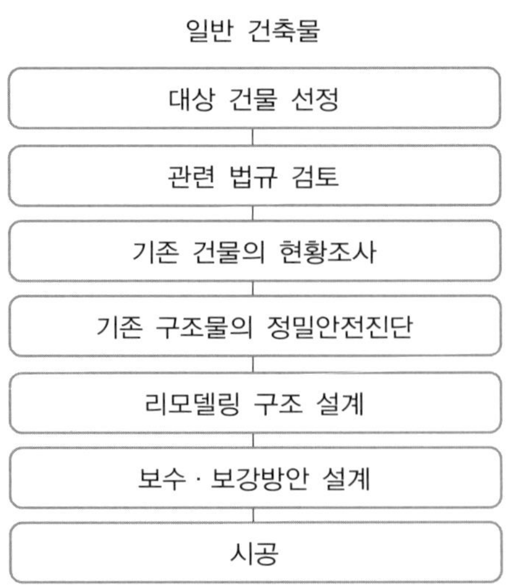


**그림 1.1** 리모델링 구조설계 흐름도

# 2. 구조안전의 일반사항

## 2.1 구조의 중요성

리모델링이 완성된 건물은 과거 건물에 대한 정밀안전진단과 현행 규준에 따른 구조설계로 현시점에서 가장 안전한 건물이 된다. 그러나 기존 구조체의 상태가 매우 불량하면 리모델링 자체가 불가능하게 되고, 구조체의 노후화가 심하게 진행되었으면 이를 보수하기 위한 공사비가 많이 들어 사업성이 떨어질 수도 있으며, 증축되는 부분의 구조공법과 접합부 설계를 어떻게 해야 하느냐에 따라 건축물의 품질이 좌우되기도 한다. 따라서 리모델링 프로젝트를 추진 시 초기에 다음과 같은 구조적 사항이 반드시 고려되어야 한다.

1) 리모델링 사업 초기에 건축구조기술사에 의해 구조물 현황상태를 파악하여 보수·보강 필요 정도에 따라 사업타당성을 분석해야 한다.

2) 기존 건물의 내진설계 여부를 확인하여 내진검토 방향을 정해야 한다.

3) 리모델링을 위한 기존 내력벽체의 일부 철거, 수직·수평증축 및 지하주차장 신설 등이 가능한지 계획 초기부터 건축구조기술사에 의해 검토되어야 한다.

4) 기존 건물의 기초보강, 구조보강 및 내구성 보완 등이 어느 정도 요구되는 것인지 사전에 구조진단을 하여 검토되어야 한다.

5) 증축되는 신설 구조체의 구조공법과 기존 구조체와의 접합공법을 어떻게 해야 하는지 검토되어야 한다.

즉 리모델링 프로젝트에 있어 구조 분야의 특성은 다음과 같이 요약할 수 있다.

### 1) 구조의 안전성 대두

신축 프로젝트와는 달리 기존 구조체의 상태 파악과 신구 구조체 간의 구조공법과 구조해석이 매우 중요하다.

### 2) 구조공법이 프로젝트의 사업성 결정

보수보강 및 골조공사비의 비중이 커서 이에 대한 공법에 따라 사업성이 좌우되기도 한다.

### 3) 기존 건물에 구조적인 문제점이 많음

기존 건물에 대한 구조도면 및 구조계산서가 없는 경우가 많고, 개보수 및 설계변경 등으로 시공된 현재의 상황이 도면과 불일치하는 경우가 있고, 마감재 철거 전후의 조사된 구조체 상태가 서로 많이 다를 수도 있다.

이와 같이 리모델링 프로젝트는 구조의 중요성과 특성 때문에 리모델링 건물에 대한 정밀안전진단을 수행할 시 반드시 건축구조기술사를 보유한 안전진단전문기관에 정밀안전진단을 의뢰해야 하며, 리모델링 프로젝트를 수주하기 위한 초기단계에서부터 건축구조기술사와 협의하여 방향을 결정해야 수주 후 리모델링 프로젝트 수행 시 착오를 줄일 수 있게 된다.

## 2.2 구조안전의 주요업무

공동주택 리모델링의 경우는 가장 먼저 추진위원회가 결성되어 입주민의 동의를 얻는 것으로부터 시작되고 일반건축 리모델링의 경우는 건축주가 리모델링 방안을 구성하는 것으로부터 시작된다. 어느 리모델링 프로젝트이든 구상 단계인 초기에 대상 프로젝트를 얼마 만큼 정확히 분석하여 파악했느냐에 따라 리모델링 프로젝트의 성공 여부가 결정된다.

특히 구조 분야는 전체 사업비에서 차지하는 비중이 클 뿐만 아니라 바둑에서 수순이 중요하듯이 시공을 어떻게 관리하느냐에 따라 그 공사비 차이가 크다. 따라서 리모델링 프로젝트의 전체 과정에서 초기부터 설계에 참여한 건축구조전문가의 역할이 매우 중요하다.

공동주택 리모델링 사업 단계별 건축구조전문가가 지원해야 할 구조업무는 초기단계에는 ①'리모델링이 타당한지 여부에 대한 자문 역할'과 ②'안전진단 업무 협조'가 있으며, 행위허가도서 작성시에는 ③'구조설계 업무'가 있고, ④이주한 후 마감이 철거될 시점에는 정밀안전진단 내용과 구조설계 내용이 현재 기존 구조상태와 일치하는지 여부를 진단하는 '구조진단 업무'가 있다. 그리고 공사 중에서 신축공사와는 달리 리모델링 공사는 현장에서 구조적인 문제를 바로 해결해야 할 상황이 많은 관계로 구조전문가에 의한 ⑤구조감리를 해야 하며, 공사가 완료되는 준공단계에서는 이 모든 과정이 적절하게 수행되었다는 ⑥구조안전 확인서가 발행되어야 한다.

## 2.3 구조설계시 적용기준

리모델링 안에 대한 안정성 검토시 기존 구조체는 20~30년 전의 기준에 따라 설계·시공되었고 증축되는 부분은 현재 기준에 따라 설계·시공되어야 함을 고려해야 한다. 구조설계 시 내진설계 개념이 도입된 1988년도를 기준으로 그 이전의 기준과 현재의 기준을 비교하면 표 1.1과 같다.

**표 1.1 구조설계시 적용기준 비교**

| 구분 | 기존 건물 설계당 시 기준<br>(1988년 이전 기준) | 현행기준 |
|---|---|---|
| 콘크리트강도 | $f_{ck}$=180~210kgf/㎠ | $f_{ck}$=210~270kgf/㎠ |
| 철근강도 | $f_y$=2,400~3,000kgf/㎠ | $f_y$=4,000kgf/㎠ 이상 |
| 구조설계법 | 허용응력설계법 | 강도설계법 |
| 건폐율<br>(제55조) | 슬래브 : 180kgf/㎡ | 거실, 침실 : 200kgf/㎡ |
| | 보, 기둥, 기초 : 300kgf/㎡ | 발코니 : 300kgf/㎡ |
| 고정하중(마감하중) | 난방층이 없는 경우<br>마감 : 10kgf/㎡ | 난방층 설치시<br>하중 증가 : 170kgf/㎡ |
| 내진설계 여부 | 적용 안 됨 | 내진규정 적용 |
| 최소슬래브 두께 | 120~150㎜ | 210㎜ |

내진설계가 반영된 1988년도 이후 관련법규의 변천 사항은 표 1.2와 같고, 세부적인 사항은 표 1.3과 같다.

**표 1.2 내진설계 관련법규의 변천**

| 연도 | 내진설계 대상 건축물 | 건축구조기술사 확인 |
|---|---|---|
| 1988. 03 | 6층 이상, 연면적 10만㎡ 이상 | 16층 이상,<br>기둥 사이 30m 이상 |
| 1995. 06 | 6층 이상, 연면적 1만㎡ 이상 | |
| 2005. 07 | 3층 이상, 연면적 1,000㎡ 이상 | |
| 2009. 07 | 3층 이상, 연면적 1,000㎡ 이상 | 6층 이상, 연면적 1만㎡ 이상,<br>기둥 사이 30m 이상 |
| 2014. 11 | 3층 이상, 연면적 500㎡ 이상 | |
| 2017. 02 | 2층 이상, 연면적 500㎡ 이상 | |
| 2017. 10 | 2층 이상, 연면적 200㎡ 이상 | |

표 1.3 내진설계 세부사항 변천

| 구분 | | KS-1988 | KS-2000 | KBC-2005 | KBC-2009 | KBC-2019 (학회기준) | KDS 41 17 00 (2022) |
|---|---|---|---|---|---|---|---|
| 동적계수 | 철골 모멘트조 | $T=0.085(h_n)^{3/4}$ | $T=0.0853(h_n)^{3/4}$ | $T=0.085(h_n)^{3/4}$ | $T=0.085(h_n)^{3/4}$ | $T=0.0724h_n^{0.8}$ | $T=0.0724h_n^{0.8}$ |
| | RC 모멘트조 | $T=0.060(h_n)^{3/4}$ | $T=0.0731(h_n)^{3/4}$ | $T=0.073(h_n)^{3/4}$ | $T=0.073(h_n)^{3/4}$ | $T=0.0466h_n^{0.9}$ | $T=0.0466h_n^{0.9}$ |
| | 기타 구조 | $T=\frac{0.090h_n}{\sqrt{B}}$ | $T=0.0488(h_n)^{3/4}$ | $T=0.0049(h_n)^{3/4}$ | $T=0.0049(h_n)^{3/4}$ | $T=0.0488h_n^{0.75}$ | $T=0.0488h_n^{0.75}$ |
| 밑면전단력 | | $V=\frac{AI_WC}{R}W$<br>$C=S/(1.2\sqrt{T})$<br>: 동적계수 | $V=\frac{AI_WC}{R}W$<br>$V=\frac{AI_WS}{1.2R\sqrt{T}}W$ | $V=C_sW$<br>$V=\frac{S_{D1}}{(R/I_W)T}W$ | $V=C_sW$<br>$V=\frac{S_{D1}}{(R/I_E)T}W$ | $V=C_sW$<br>$C_s=\frac{S_{DS}}{\left[\frac{R}{I_E}\right]}$ | $V=C_sW$<br>$C_s=\frac{S_{DS}}{\left[\frac{R}{I_E}\right]}$ |
| 지역계수(A) | I | 0.12(2) | 0.11 | 0.11 | 0.22 | 0.22 | 0.11 |
| | II | 0.08(1) | 0.07 | 0.07 | 0.14 | 0.14 | 0.07 |

## 2.4 공동주택 증축형 리모델링 주요사항

노후화된 공동주택은 철근콘크리트 구조체의 내구성뿐만 아니라 전기, 설비시설 등의 노후화로 주거환경이 저하된다. 그러므로 거주민 삶의 질적 향상을 위하여 주거환경을 개선시킬 수 있는 노후 공동주택의 더 안전하고 건강한 리모델링이 필요하다. 정부는 이러한 공동주택의 리모델링으로 수직·수평증축이 가능한 방법을 검토하였으며, 세대수 증가형 리모델링으로 인한 도시과밀 및 이주수요 집중 등을 체계적으로 관리하기 위하여 "리모델링 기본계획 수립지침"을 포함하여 2013년 12월에 주택법을 개정하여 공포하였다. 또한 "증축형 안전진단 기준", "수직증축형 리모델링 전문기관 안전성 검토기준", "수직증축형 리모델링 구조기준" 등의 부문별 세부기준을 마련하고 2014년 6월 11일자로 제정하여 고시하였다.

공동주택의 증축형 리모델링에 대한 안전진단은 그림 1.2와 같은 순서로 두 차례 실시하여야 한다. 또한 각 안전진단 실시 후에는 전문기관(국토안전관리원, 한국건설기술연구원)으로부터 안전성 검토를 받아야 한다.

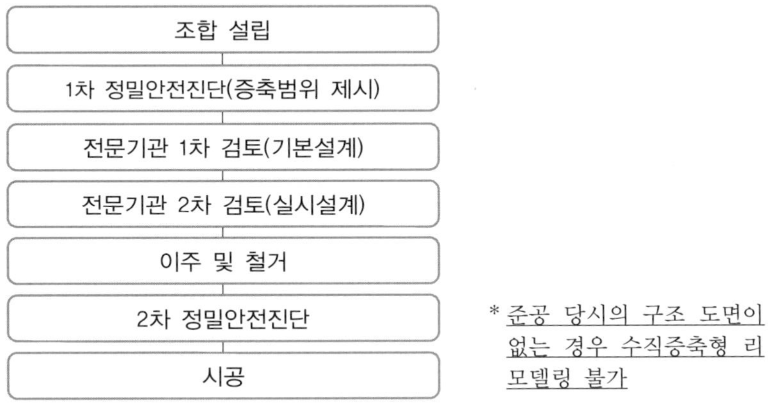


**그림 1.2 수직증축형 공동주택 리모델링 안전진단 흐름도**

1차 안전진단은 「주택법」 제42조의3 제1항에 따라 증축형 리모델링을 하려는 자가 시장 · 군수 · 구청장에게 요청하여 해당 건축물의 증축 가능 여부의 확인 등을 위하여 실시하는 진단을 말하고, 2차 안전진단은 제42조의3 제4항에 따라 수직증축형 리모델링을 허가한 후에 해당 건축물의 구조안전성 등에 대한 상세 확인을 위하여 실시하는 진단을 말한다. 또한 구체적인 진단방법이나 실시요령은 한국시설안전공단이 정하는 증축형 리모델링 안전진단 매뉴얼에서 자세히 확인할 수 있다.

다음은 증축형 리모델링의 안전진단 시행절차 및 방법에 대하여 설명한다.

1차 안전진단의 시행절차는 다음과 같다.

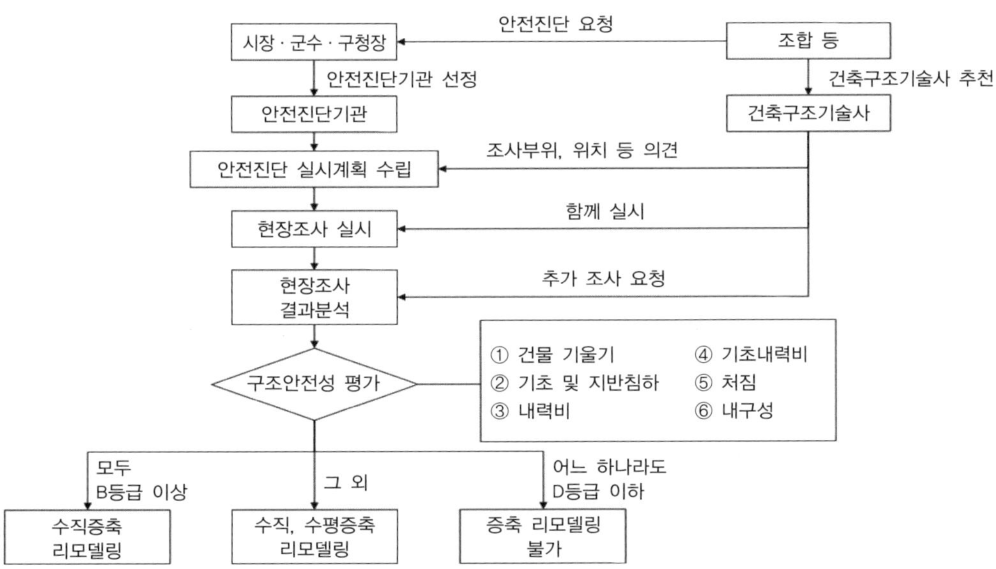

안전진단기관은 조합 등이 추천한 건축구조기술사(원 구조설계자)와 함께 구조안전성 평가를 위한 현장조사를 실시하여야 하며, 원 구조설계자의 의견을 들어 현장조사의 평가항목별 조사부위, 위치 등을 결정하여야 한다. 또한 안전진단기관은 현장조사 결과를 토대로 기존 구조도 등의 적정성을 평가하여야 한다.

구조안전성 평가를 위한 조사 동수는 증축 리모델링을 하고자 하는 모든 동을 대상으로 하며, 안전성 평가를 위하여 항목별 표본을 선정하여 조사한다. 평가등급은 조사결과에 요소별(항목별, 부재별, 층별) 중요도를 고려하여 성능점수를 산정하여 결정한다.

증축형 리모델링의 판정기준은 각 평가항목별 평가등급이 모두 B등급 이상(성능점수가 80점 초과)인 경우에는 '수직증축 리모델링 가능'으로 판정하며, 각 평가항목 중 어느 하나의 평가등급이 D등급 이하(성능점수가 55점 이하)인 경우에는 '증축형 리모델링 불가'로 판정한다. 상기에 해당되지 않은 경우는 '수평증축 리모델링 가능'으로 판정한다.

리모델링의 기본설계를 고려한 1차 안전진단 실시 후 모두 B등급 이상의 결과를 얻어 '수직증축 리모델링 가능'으로 판정받은 경우, 주택법 제42조의4 제1항에 따라 구조계획상 증축범위의 적정성 등의 확인을 위하여 즉 수직층축의 적합성을 확인받기 위하여 전문기관에 1차 안전성 검토를 신청하여야 한다. 전문기관은 안전성 검토를 위하여 건축구조 · 토질 · 기초 분야 등의 구조안전 전문가로 구성된 자문위원회를 구성하고 다음사항에 대한 적합성을 중점적으로 검토한다.

1) 현장조사 결과 및 증축 리모델링 판정결과
2) 리모델링 전·후 구조도
3) 수직증축시 보강공법의 안전성 및 실현 가능성 등

전문기관의 1차 안전성 검토는 Peer Review형식으로 실무경험이 많은 각 분야 전문가들이 직접 해석을 실시하면서 제공된 도서의 적합성을 검토함으로써 설계를 진행하기에 앞서 검토시간에 대한 정보를 파악하는 것이 좋다.

전문기관의 검토결과 제공된 조사 및 설계자료가 모두 적합한 것으로 평가되면, 건축심의 및 허가신청 과정을 실시할 수 있다. 만일 전문기관의 검토결과가 부적합으로 된다면 적합판정을 얻을 때까지 건축심의 및 허가과정이 보류되어 예상 사업기간에 큰 변수가 될 수 있으므로 1차 안전진단이 매우 중요한 과정임을 인지하여야 한다.

전문기관의 1차 안전성 검토가 조건부로 통과되면서 신공법이 있을 경우는 공인기관의 인증이 필요하며 공인기관에는 국토안전관리원, 한국건설기술연구원이 포함된다. 즉 전문기관의 2차 안전성 검토 접수 전에 신공법에 대한 인증을 추가로 받아야 한다.

다음으로 증축형 리모델링 실시설계는 일반설계와 달리 철거도면과 철거에 대한 안전성 검토를 준비하여야 한다. 건축구조기술사는 철거 시 Support와 비계 설치에 대한 구조검토를 수행하여야 하며 철거방법이나 순서를 철거 전문회사와 긴밀한 협업으로 철거 계획을 수립하여야 한다. 또한 기존 건물에 대한 보강설계는 하중이나 부재의 특성에 따라 다양한 공법이 제안될 수 있으나 2차 안전성 검토에서 허용되지 않는 공법이 제시될 수 있으므로 전문기관인 한국건설기술연구원이 정하는 안전성 검토 매뉴얼을 숙지하여야 한다.

전문기관 1차 안전성 검토 결과에 대한 조건을 모두 만족스럽게 작성하여 실시설계 완료 후 주택법 제42조의4 제2항에 따라 제출된 설계도서상 구조안전의 적정성 여부를 확인하기 위하여 전문기관에 2차 안전성 검토를 신청하여야 한다. 전문기관은 안전성 검토를 위하여 다음 사항에 대한 적합성을 중점적으로 검토한다.

1) 1차 안전성 검토사항
2) 기존 부재의 강도평가, 말뚝기초의 하중분담 및 지지력
3) 구조부재의 철거 및 안전조치
4) 구조해석 모델링, 접합부 경계조건 및 상세
5) 하중 및 부재특성별 보강공법, 수직증축 리모델링 보강설계 내역

전문기관의 2차 안전성 검토가 통과되면 건축 실시설계를 완성시켜 사업승인을 절차에 따라 받아 리모델링 공사를 착수한다.

2차 안전진단은 거주자가 이주하고 건물의 내부마감이 철거된 이후에 실시하며, 1차 안전진단에서 확인하지 못한 세대 내부 콘크리트의 균열이나 단면결손 탄산화 정도를 전수조사 하는 것이 주요목적이다. 또한 안전진단기관은 구조설계자와 함께 1차 안전진단에서 평가한 구조안전성 등에 대한 상세 확인을 위한 현장조사를 실시하여야 한다. 조사 부위는 1차 안전진단시 조사한 부위를 포함하며, 2차 안전진단의 특성에 맞게 표본 수를 늘리고 조사항목을 추가하여야 한다.

구조안전성 등의 상세 확인은 기울기 및 침하, 내하력, 내구성으로 구분하여 각 평가항목별로 평가한다. 이 중 기초 내력비의 평가는 기초지반 지내력 또는 말뚝 지지력에 대하여 직접 시험법을 적용하여야 한다.

2차 안전진단의 시행절차는 다음과 같다.

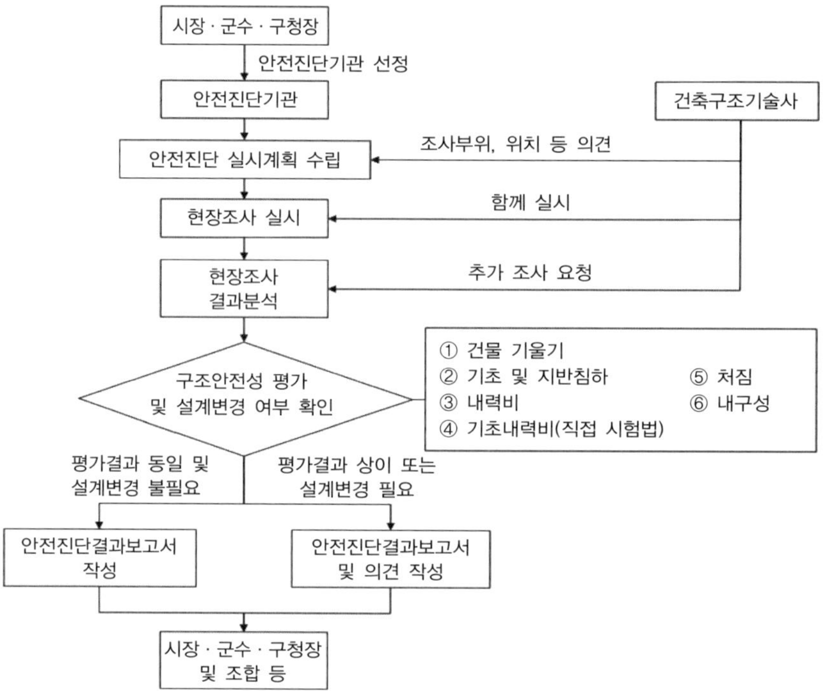


## 3. 현장조사

### 3.1 관련도서 검토

건축물의 상태를 정확히 파악하기 위하여 우선적으로 실시해야 할 작업은 대상 건축물에 대한 정보를 최대한 많이 수집하여 분석하는 것이다.

여기서 기존 건축물에 대한 조사에 필요한 자료 목록은 다음과 같다.

- 설계도면 – 시공, 준공, 보수 · 보강, 사용 중 용도변경에 따른 모든 설계도면 등
- 공사내역서 및 시방서
- 구조계산서
- 지질조사보고서
- 건물관리대장 – 점검이나 진단 보고서
- 건물이력 – 점검 및 진단이력, 사고기록(화재 등)

그러나 일반적으로 위와 같은 자료를 다 보유 · 관리하고 있는 건물은 그리 많지 않다. 건물 준공 후 수년 혹은 수십 년이 지나면서 건물관리에 대한 기록이 제대로 전달되지 않기 때문이다. 건축물이 매매될 때 대부분 건축주들은 눈에 보이는 건물에 대한 관심은 많으나 그 건물에 대한 자료는 그리 중요하게 여기지 않기 때문에 많은 자료가 손실되어온 것이 현실이다. 어떤 경우는 기억상실증에 걸린 사람처럼 건물에 대해 알 수 있는 아무런 자료나 이력도 남아 있지 않아 건물에 대한 조사나 진단작업을 어렵게 하는 경우가 종종 있다. 의사 중 가장 스트레스를 많이 받는 분야가 소아과 의사라고 한다. 어디가 아픈지 말을 하지 않고 울기만하는 아이의 상태를 진단하기란 무척 어렵기 때문일 것이다. 전문가들은 건물의 관련도서로부터 기초정보를 구축하고 건물의 이력을 통하여 진단의 방향과 범위를 설정할 수 있는데, 이러한 자료가 없다면 진단의 정확도는 현저히 낮아질 수밖에 없을 것이다.

## 3.2 육안 상태 조사

정밀안전진단은 많은 고가의 장비를 이용하여 탐사 및 시험을 실시한다. 눈에 보이지 않은 콘크리트 속의 철근개수를 탐사하고 강도를 측정하며 재료의 밀실도를 조사하는 등 정밀한 기계장비를 이용하여 건물의 현황을 진단한다. 그러나 이러한 첨단장비를 이용하는 것보다 더 정확하고 중요한 작업은 진단 전문가들이 육안으로 직접 구조물을 보고 그 경험들을 토대로 전반적인 상황을 파악하는 일이다. 주요 구조부재에 균열이 왜 발생하였는지? 누수가 왜 있는지? 변형징후가 있는지? 건물의 노후화가 얼마나 진행되었는지? 등을 직접 육안으로 관찰하는 작업이야말로 건물과 사람이 직접 대화

하는 과정이다. 다음 그림 1.3은 일반적으로 균열을 측정하는 방법의 대표적인 예시이며, 측정값의 변화 유무에 의해 균열폭 증가를 보다 정확하게 판단할 수 있다.

균열폭 진행측정(버니어캘리퍼스)

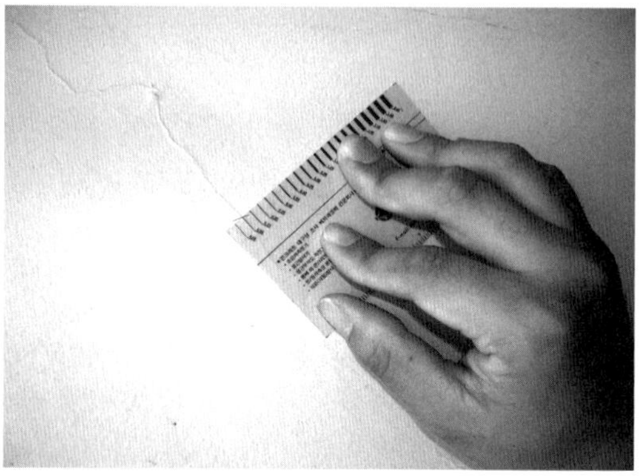

균열폭 측정(Crack Gauge)

**그림 1.3 균열폭 측정현황**

이러한 조사를 통하여 전문가는 구조물의 과거 상태를 추정할 수 있고 현재의 상황을 인식할 수 있다. 전문의사가 환자의 안색이나 신체의 일부를 보고 환자의 상태를 파악하듯이, 전문가가 건물을 육안으로 보고 판단하는 것은 그 어떠한 장비로 조사하는 것보다 중요하다.

–육안조사 항목

- 균열
- 박리 · 박락
- 누수
- 옥상방수
- 외장
- 오염, 변색

- 백화현상
- 들뜸
- 도장
- 녹슨 정도
- 설계 당시와 현재의 용도조사

육안조사 중 비중이 가장 큰 조사는 균열상태 조사이다. 건물에 발생된 균열 상태를 보면 긴급 보강이 필요한 상태인지 아니면 진단조차도 필요 없는 안전한 상태인지를 판단할 수 있기 때문이다. 따라서 구조물에 발생되는 균열원인과 그 조사방법에 대하여 서술하겠다.

모든 구조물은 힘을 받으면 변형하게 된다. 그 변형이 재료의 탄성범위를 벗어나는 순간 균열이라는 가시적인 증상으로 나타난다. 철골과 같은 재료에서 보면 미세한 균열의 발생이 치명적인 결함이나 초과하중의 극한 상황을 나타낼 수 있는 반면에 콘크리트와 같이 균열을 일반적으로 수반하는 재료도 있다. 철근콘크리트 구조물의 경우 균열 발생의 원인에는 부재의 내력을 초과하는 외력이 작용했거나 경화열 및 주위 온도, 습도변화 등에 의한 건조수축, 온도팽창 등 콘크리트 재료 자체의 특성에 의한 경우가 있다.

균열에 대한 조사방법과 평가는 다음과 같다. 균열에 대한 조사는 기둥과 보, 슬래브 등 주요구조부재에 대한 균열상태를 육안으로 관찰하고, 균열도를 작성한다. 균열도는 균열의 발생상태를 도면에 표시하는 작업으로 균열의 형태와 길이를 기록하며 균열의 대표부위는 폭을 측정하여 표현한다. 건축물에 발생한 모든 균열을 조사하여 균열도가 작성되면 균열에 대한 평가와 보수 · 보강대책을 마련한다.

균열에 대한 평가는 그 원인 추정과 크기(폭)의 한계, 진행 여부, 재하에 의한 확대 여부, 누수 여부 등에 대한 판정으로 이루어진다. 균열의 원인 추정은 발생시기와 분포상태, 형상 및 유형을 파악함으로써 가능하다. 균열의 현상과 원인의 관계를 개략적으로 나타내면 표 1.4와 같다.

**표 1.4 균열현상과 원인**

| 구분 \ 원인 | | 시공 | 재료 | 수화열 | 건조수축 | 구조 |
|---|---|---|---|---|---|---|
| 균열발생 시기 | 양생 초기 | ○ | ○ | ○ | ○ | |
| | 소정 양생 후 | | ○ | | ○ | ○ |
| 균열분포 상태 | 불규칙 | ○ | ○ | | | |
| | 규칙적 | | | ○ | ○ | ○ |

균열 발생의 원인은 다양하지만 진단을 통하여 어느 정도 원인 분석이 되면 적절한 보수 · 보강대책을 마련해야 한다. 균열의 종류는 크게 두 가지로 구분하여 대책을 마련할 수 있는데, 그 하나는 내구성을 감소시키는 균열이고 다른 하나는 구조적으로 문제시되는 균열이다. 먼저 정밀조사에서 내구성 문제로 판단된 균열에 대해서는 표 1.5에 의해 보수 여부를 판정한다.

표 1.5 보수 여부에 관한 균열폭의 한계

(단위 : mm)

| 구분 | | 내구성 측면 | | | 방수성 측면 |
|---|---|---|---|---|---|
| 보수여부 | 유해도[1]<br>환경[2] | 나쁨 | 중간 | 좋음 | - |
| A. 보수 필요 | 대 | 0.4 이상 | 0.4 이상 | 0.6 이상 | 0.2 이상 |
| | 중 | 0.4 이상 | 0.6 이상 | 0.8 이상 | 0.1 이상 |
| | 소 | 0.6 이상 | 0.8 이상 | 1.0 이상 | 0.1 이상 |
| B. 보수 필요치 않음 | 대 | 0.1 이하 | 0.2 이하 | 0.2 이하 | 0.05 이하 |
| | 중 | 0.1 이하 | 0.2 이하 | 0.3 이하 | 0.05 이하 |
| | 소 | 0.2 이하 | 0.3 이하 | 0.3 이하 | 0.05 이하 |

※ 주 1) 유해도 "대, 중, 소"는 콘크리트구조물의 내구성 및 방수성에 미치는 유해 정도를 표시하고 다음 요인의 영향을 통합하여 정한다. 균열깊이, 유형, 부재두께, 표면피복의 유무, 재료의 배합 타설조건 등

2) 환경은 주로 철근의 부식조건을 관점으로 본 환경조건이다. (수분, 염화물 등) 이 표에서 조사된 균열의 폭이 A와 B의 중간에 해당하는 경우에는 진단자가 균열의 발생시기, 부재의 중요도, 원인과 유형, 부재의 내하력 검토, 재료의 상태, 환경조건 등을 종합 고려하여 전문적 판정을 내려야 한다.

(*이 표는 일본 콘크리트의 균열조사, 보수·보강지침에서 인용한 것임)

그러나 구조적인 문제로 발생된 균열로 평가된다면 콘크리트 주요 구조부재에서 응력에 의해 발생한 균열폭은 0.3mm를 초과하지 않아야 하며, 그 이상인 경우에는 반드시 보수하여야 하고, 구조물의 내하력 검토결과에서 허용범위를 초과한 경우에는 보강 및 사용제한 혹은 사용금지 및 철거 등의 조치를 취하여야 한다. 또한 강재 구조물에서 발생한 균열에 대해서는 구조물의 내하력 검토를 행하여 평가하고 그 원인의 제거 및 보강 혹은 교체, 개축 등과 사용제한 혹은 사용금지 및 철거 등의 조치를 하여야 한다. 다음은 철근콘크리트구조의 허용 균열폭(ACI 224R-80)과 각국의 허용 균열폭을 참고로 수록한다.

표 1.6 철근콘크리트 라멘조의 허용균열폭(ACI 224R-80)

| 노출상태 | 허용균열폭(mm) |
|---|---|
| 건조한 공기 또는 보호막이 있는 상태 | 0.40 |
| 습한 공기나 흙 속에 있는 상태 | 0.30 |
| 동결 방지용 약품이 사용된 상태 | 0.18 |
| 해수나 해풍을 반복으로 받는 상태 | 0.15 |
| 물을 저장하는 구조 | 0.10 |

**표 1.7** 각국의 허용균열폭

(단위 : mm)

| 규준 | 균열폭(mm) | 적용범위 |
|---|---|---|
| ACI | 0.40 | 실내 |
| | 0.33 | 실외 |
| BS CP 110 | 0.30 | 일반 |
| | $0.004d_c$ | 특히 심한 부식성 환경<br>$d_c$ : 主철근의 공칭직경 |
| CEB | 0.40 | 비부식성 |
| | 0.20 | 일반의 환경 |
| | 0.10 | 유해 |
| 일본토목학회 | 0.40 | 일반의 환경 |
| | 0.20 | 부식성의 환경 |
| | 0.10 | 특히 심한 부식성환경<br>$d_c$ : 主철근의 공칭직경 |

균열의 원인이 구조외력에 있는 것으로 추정될 때 또는 알칼리 골재반응 및 탄산화로 내력에 영향을 미칠 균열이 발생한 경우 철근부식으로 철근단면적이 감소한 경우 등 보강의 필요 여부를 검토한다. 휨, 전단, 팽창, 압축균열 등으로 균열패턴을 분류하고 휨 및 전단균열의 경우 다음 표에 따라 보강 필요 여부를 판정하여야 한다.

**표 1.8** 내력에 따른 보강 필요 여부 판정의 기준

| 구분 \ 손상원인 | 구조외력 | 알칼리 골재반응 | 철골부식 |
|---|---|---|---|
| 구조계산을 행하는 전제조건 | 휨 균열폭≥0.3mm<br>또는<br>전단 균열폭≥0.2mm | gel이 확인되고<br>전 팽창력≥1,000$\mu$<br>또는<br>균열밀도≥1m/㎡<br>철근에 변한 상황이 있다. | 피복 콘크리트의 박리가 있으며, 철근에 현저한 녹 발생, 변형, 파단 등의 이상이 있다. |
| 보강을 필요로 하는 경우 | 허용응력을 초과할 때 | | |
| 정기적인 관찰을 필요로 하는 경우 | 휨 균열폭≥0.15mm<br>또는<br>전단 균열폭≥0.1mm | gel이 확인되고<br>전 팽창력≥1,000$\mu$<br>또는<br>균열밀도≥1m/㎡ | 피복 콘크리트의 부상, 녹물이 있다. |
| 보강을 요하지 않는 경우 | 상기에 해당되지 않을 때 | | |

균열 발생에 의해 손상된 콘크리트 구조물의 보수·보강 필요 여부는 균열조사 및 균열원인 추정의 결과를 신중히 검토하여 판정을 내려야 한다.

균열의 원인이 명확한 경우에는 균열의 원인을 제거하거나 균열 발생으로 손상된 기능 및 내력저하를 회복시키기 위하여 적절한 보수·보강공사를 실시하며, 균열의 명백한 원인규명이 어려운 경우 균열의 조사결과만으로 보수·보강의 필요 여부를 판정하여야 하는 경우도 있을 수 있다. 보수·보강 필요 여부의 판정시 고려 사항은 다음과 같다.

**1) 구조물의 사용성**

- 안전성 : 내력, 내구성, 대인, 안전성, 기타
- 기능성 : 방수성, 미관, 기밀성, 기타

**2) 보수 · 보강 이외의 대책 검토**

- 적재하중의 저감
- 용도의 변경
- 부분철거

균열조사 및 원인추정 결과 균열에 대한 대책은 다음과 같은 판정에 따라 결정한다.

① 대상 부재에 따른 판정
   대상 부재가 구조재인가 비구조재인가에 따라 보수·보강을 구분하여 판정
② 내구성 또는 방수성에 따른 판정
③ 내력에 따른 판정
④ 대인 안전성에 따른 판정
   균열에 의한 박리, 박락 등으로 사람에게 해를 끼칠 우려가 있는가를 판정한다.
⑤ 기능에 따른 판정
   기밀성 및 미관에 따라 보수 필요 여부를 판정한다.

## 3.3 실측 조사

실측 조사는 건축물의 상태를 조사하는 기초과정으로 현장에서 직접 주요구조부재(슬래브, 보, 기둥, 벽체 등)의 단면 크기 및 기둥과 기둥의 간격, 보의 길이, 층높이

등을 측정하여 건축물의 평면도 및 구조평면도와 비교하는 작업이다. 측정 대상 건축물에 대한 건축도면은 진단을 수행하는 기초자료이자 중요한 정보이다. 잘못된 밑그림 위에 계속해서 그림을 그린다면 그 결과는 의도한 바와는 아주 다른 엉뚱한 그림으로 나타날 것이다. 그러므로 건축평면도나 구조평면도가 현재 상태와 일치하는지를 확인하기 위하여 현장 실측 조사와 비교·분석하여야 한다.

[참조] Disto : Laser Beam을 이용하여 거리를 측량하는 장비

**그림 1.4 주요 구조부재에 대한 실측현황**

## 3.4 콘크리트강도 조사

철근콘크리트 건축물은 설계시 반드시 콘크리트 압축강도를 가정하여 설계한다. 이를 "콘크리트 설계압축강도"라고 한다. 철근콘크리트구조물에서 콘크리트는 압축강도로서 그 능력을 평가받는다. 그러나 콘크리트가 설계압축강도 이하로 시공되어 있다면 이는 능력이 부족한 구조물이 되어 구조물의 안전성에 크게 문제가 된다. 또한 콘크리트는 시멘트, 잔골재 및 굵은골재로 구성된 복합재료로서 각 재료의 품질, 배합비, 타설 및 양생조건 등에 따라 그 강도가 크게 변화된다. 이러한 콘크리트로 만들어진 구조물은 필요한 강도, 내구성, 수밀성 등이 반드시 확보되어야 함과 동시에 구조체 전체에 걸쳐 균일한 품질이 유지되어야 한다. 그러므로 현 건물에 대한 콘크리트 강도를 조사하는 작업은 필수적인 과정이라 하겠다. 콘크리트강도 조사는 여러 가지 방법이 있지만 다음 세 가지는 많이 쓰는 방법이다.

표 1.9 콘크리트강도 조사방법

| 종류 | 방법 | 사진 |
|---|---|---|
| 코어압축시험(파괴시험) | 콘크리트 부재의 일부를 core기로 직접 채취하여 압축시험기로 압축강도를 측정함 |  |
| 슈미트해머를 이용한 반발경도 시험법(비파괴시험) | 콘크리트 표면의 단단함을 측정하여 압축강도를 측정함 |  |
| 초음파속도법(비파괴시험) | 초음파 PLUSE의 전파시간 및 속도를 근간으로 하여 콘크리트의 내부 밀실도를 조사하여 강도를 측정함 |  |

위의 세 가지 방법 중 가장 간편하게 많이 쓰는 방법인 슈미트해머법에 대해서 설명하겠다.

슈미트해머를 이용한 반발경도법은 콘크리트의 표면경도를 측정하여 콘크리트 압축강도를 비파괴로 판정하는 검사방법이다.

슈미트해머로 콘크리트 면을 타격할 때 측정할 수 있는 반발경도($R$)는 많은 실험으로 얻은 식에 의하여 콘크리트 압축강도($F_c$)를 추정할 수 있다. 슈미트 해머법에 의한 반발경도는 각종 영향요소에 의해 그 측정치가 달라지므로 강도추정 정도를 향상시키기 위해서는 영향요소에 관한 정보를 입수하고 적용하여야 한다.

슈미트해머는 콘크리트의 종류나 품질에 따라 그 목적에 대응하는 적절한 기종을 사용할 필요가 있으며, 경량콘크리트, 저강도·매스콘크리트 등에 따라 각 기종의 강도 측정범위를 잘 구분하여 사용해야 한다.

표 1.10 슈미트 해머의 각 형식별 용도

| 형식 | 충격에너지 (kg · m) | 강도측정범위 (kgf/㎠) | 자중 (kg) | 용 도 |
|---|---|---|---|---|
| N형 | 0.225 | 150~600 | 1.0 | 보통 건축물과 교량 구조물의 콘크리트에 사용 |
| NR형 | 0.225 | 150~600 | 1.4 | N형과 동일. 기록장치가 부착 |
| L형 | 0.075 | 100~600 | 1.2 | N형의 축소판. 경량 콘크리트나 인공석의 작고 충격에 민감한 부분을 시험 |
| LR형 | 0.075 | 100~600 | 1.2 | L형과 동일 기록장치 부착 |
| P형 | 0.090 | 50~150 | 2.7 | 무게가 가벼운 건축자재, 회반죽 건조물 및 포장재와 같이 경도와 강도가 낮은 물질을 시험하는데 사용된다. 강도가 낮은 저강도 콘크리트(5~25N/㎟의 큐브 압축강도) 건축자재를 시험하기 위해 개발되었다. |
| M형 | 3.0 | 600~1000 | 12.0 | 콘크리트 도로 포장과 비행장 활주로, 댐, 암반 등의 매스콘크리트를 시험하는데 적합하다. |

슈미트해머는 내부에 강한 스프링을 이용하여 무쇠로 된 해머로 콘크리트 표면을 타격하는 방법을 반복적으로 하는 장비이므로 사용하다 보면 기계적인 오차가 발생한다. 오차가 발생된 상태에서 계속 사용한다면 슈미트해머에 의해 추정된 콘크리트 강도가 일반적인 경우보다 상당히 낮은 강도를 또는 정확하지 않은 강도를 제공하여 그릇된 진단의 결과를 얻을 수 있다. 따라서 장비에 대한 보정작업이 필요하며, 사용 직전 또는 정기적으로 상부가 평평한 쇳덩이로 된 엔빌에 슈미트해머를 하향 수직 타격하여 반발치를 교정해야 한다.

테스트 엔빌에 의한 해머의 반발경도 $R$값은 80을 기준으로 하고, 80±2의 범위를 정상으로 하나 가능하면 80±1의 범위로 조준한다. 이 범위의 값을 벗어날 경우 슈미트해머의 조정나사를 조작하여 조정해야 한다. 만일, 반발경도($R$)가 72 정도까지 낮은 치수로 나타난다면 다음 식으로 보정하여 사용할 수 있다.

$$R = \overline{R_o} \times \frac{80}{R_a}$$

단, $R$ : 반발경도

$R_a$ : 테스트 엔빌에 따른 하향 타격시의 반발경도

$R_o$ : 반발경도 $R$의 평균치

슈미트해머 측정방법은 측정하고자 하는 콘크리트 면의 표면이 측정면이 평활해야 하고 마감재료나 도료로 칠해져 있는 부위는 이를 제거하여 콘크리트 면에 직접 타격하여야 한다. 표면의 요철은 반발경도 $R$치에 영향을 미치므로 가급적 표면에 요철을 없애고 측정해야 한다.

일반적으로 습한 상태의 콘크리트 면을 측정한 값은 건조한 상태의 경우보다 반발경도 $R$값이 2~5 정도 혹은 20% 정도 적게 나타나므로 습한 상태에서의 타격실험 결과는 적절히 상향조절이 필요하다.

또한 슈미트해머법에 의한 콘크리트 압축강도 추정은 타격방향이나 각도에 따라 반발경도가 다르므로 표 1.11의 보정치를 적용해야 하며, 보정 반발경도 $R_o$는 다음과 같이 측정경도 $R$에 보정 값을 더한 값으로 한다.

$$R_o = R + \Delta R$$

**표 1.11 타격방향 보정치**

| 반발경도 (R) | 수평과 이루는 각도 | | | | 비고 |
|---|---|---|---|---|---|
| | +90° | +45° | −45° | −90° | |
| 10 | − | − | +2.4 | +3.2 | 상향 수직타격 : +90°<br>하향 수직타격 : −90° |
| 20 | −5.4 | −3.5 | +2.5 | +3.4 | |
| 30 | −4.7 | −3.1 | +2.3 | +3.1 | |
| 40 | −3.9 | −2.6 | +2.0 | +2.7 | |
| 50 | −3.1 | −2.1 | +1.6 | +2.2 | |
| 60 | −2.3 | −1.6 | +1.3 | +1.7 | |

슈미트해머 시험에서의 타격횟수는 20회 이상을 측정해야 만족할 만한 강도추정의 값을 얻을 수 있다.

| 평균 | R | 15 | 30 | 45 |
|---|---|---|---|---|
| 편차 | $\Delta$R | +2.5 | +3.0 | +3.5 |

반발경도에 의한 콘크리트 강도 추정에 주로 사용하고 있는 식은 다음과 같다.

① 일본재료학회

$$F_c = 18.0 + 1.27R_0$$

② 일본건축학회

$$F_c = (7.3R_0 + 100) \times 0.098$$

수년이 경과한 콘크리트구조물은 표면강도가 높기 때문에 재령계수를 곱하여 압축강도를 추정한다. 3,000일 이상의 재령에 대해서는 0.63을 적용한다.

$F_n = \alpha F_c$이고 $\alpha$는 재령계수이다.

**표 1.12 재령계수 $\alpha$의 값**

| 재령 | 4일 | 5일 | 6일 | 7일 | 8일 | 9일 | 10일 | 11일 | 12일 | 13일 |
|---|---|---|---|---|---|---|---|---|---|---|
| n | 1.90 | 1.84 | 1.75 | 1.72 | 1.67 | 1.61 | 1.55 | 1.49 | 1.45 | 1.40 |
| 재령 | 14일 | 15일 | 16일 | 17일 | 18일 | 19일 | 20일 | 21일 | 22일 | 23일 |
| n | 1.36 | 1.32 | 1.28 | 1.25 | 1.22 | 1.18 | 1.15 | 1.12 | 1.10 | 1.08 |
| 재령 | 24일 | 25일 | 26일 | 27일 | 28일 | 29일 | 30일 | 32일 | 34일 | 36일 |
| n | 1.06 | 1.04 | 1.02 | 1.01 | 1.00 | 0,99 | 0.99 | 0.98 | 0.96 | 0.95 |
| 재령 | 38일 | 40일 | 42일 | 44일 | 46일 | 48일 | 50일 | 52일 | 54일 | 56일 |
| n | 0.94 | 0.93 | 0.92 | 0.91 | 0.90 | 0.89 | 0.87 | 0.87 | 0.87 | 0.86 |
| 재령 | 58일 | 60일 | 62일 | 64일 | 66일 | 68일 | 70일 | 72일 | 74일 | 76일 |
| n | 0.86 | 0.86 | 0.85 | 0.85 | 0.85 | 0.84 | 0.84 | 0.84 | 0.83 | 0.83 |
| 재령 | 78일 | 80일 | 82일 | 84일 | 86일 | 88일 | 90일 | 100일 | 125일 | 150일 |
| n | 0.82 | 0.82 | 0.82 | 0.81 | 0.81 | 0.80 | 0.80 | 0.78 | 0.76 | 0.74 |
| 재령 | 175일 | 200일 | 250일 | 300일 | 400일 | 500일 | 750일 | 1,000일 | 2,000일 | 3,000일 |
| n | 0.73 | 0.72 | 0.71 | 0.70 | 0.68 | 0.67 | 0.66 | 0.65 | 0.64 | 0.63 |

슈미트해머를 이용한 반발경도 측정방법은 선정된 부위에 그라인딩으로 표면 정리를 한 다음 종·횡 간격을 3㎝ 기준으로 해머를 20회 이상 타격하여 반발경도 값의 산술평균값을 구하고, 각 반발경도 값이 평균값의 ±7의 범위(또는 ±15~20%)를 벗어나는 값들은 제외시키고 나머지 값들을 다시 산술 평균하여 반발경도를 결정한다. 측정점간의 최소간격은 3~6㎝로 하고, 측정 부재의 최소두께는 반발도의 영향을 고려하여 10㎝ 이상을 원칙으로 한다. 측정치는 정수 값으로 기록하고, 표면상태가 습윤상태인지 건조상태인지에 따라 적절한 보정이 필요하다. 또한 타격방향에 대한 보정과 재령에 따른 보정 역시 적용하여야 한다. 이러한 방법으로 얻은 추정 콘크리트 강도는 설계강도와 비교하여 검토하고 구조 재계산에 반영한다.

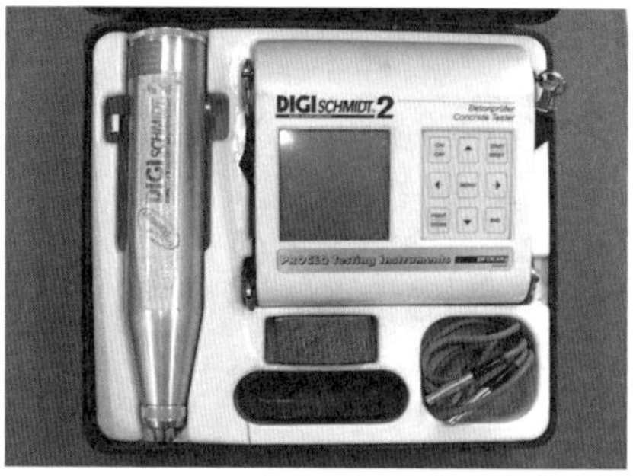

반발경도 측정기(슈미트해머)

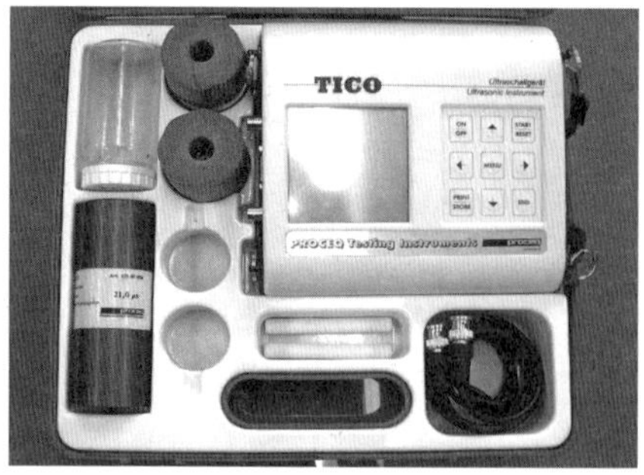

초음파 측정기

**그림 1.5** 콘크리트 압축강도 측정 장비

## 3.5 철근배근 조사

철근콘크리트구조는 콘크리트와 철근의 재료적 특성을 잘 이용하여 경제적으로 유리한 제3의 독특한 구조재료를 창출해내는 구조형식이다. 즉 철근의 인장내력과 콘크리트의 압축내력을 적절히 조합하여 콘크리트 단면 중 인장력이 생기는 위치에 필요한 만큼의 철근을 배근하면 철근콘크리트 구조로서 좋은 구조체가 되는 것이다.

따라서 콘크리트 내의 철근 위치를 파악하여 구조물이 갖는 내력의 결손 여부를 판가름하는 것은 안전진단의 필수사항이라 할 수 있다. 그러나 일부 비전문가들은 철근탐사를 하면 콘크리트 속의 모든 철근들을 다 조사할 수 있는 것으로 알고 있어 가끔 문제를 복잡하게 만드는 경우가 있다. 철근탐사는 탐사기의 종류나 탐사방법에 따라 그 범위가 다소 달라질 수 있으나 어떠한 장비를 사용하더라도 그 한계가 있다. 따라서 철근탐사의 목적을 다시 한 번 언급할 필요를 느낀다.

**그림 1.6** 주요 구조부재에 대한 철근배근 측정 현황

철근탐사는 초음파를 이용한 탐사법이나 레이더파를 이용한 탐사법 등 여러 가지가 있다. 이용하는 파의 종류나 방법은 다소 다르지만 탐사범위와 능력은 대체로 비슷한 편이다. 철근탐사는 콘크리트구조체의 표면에서 철근을 향하여 해당파를 발진시켜 철근에 반사되어 돌아오는 초기 파장을 감지하는 방법을 이용한다.

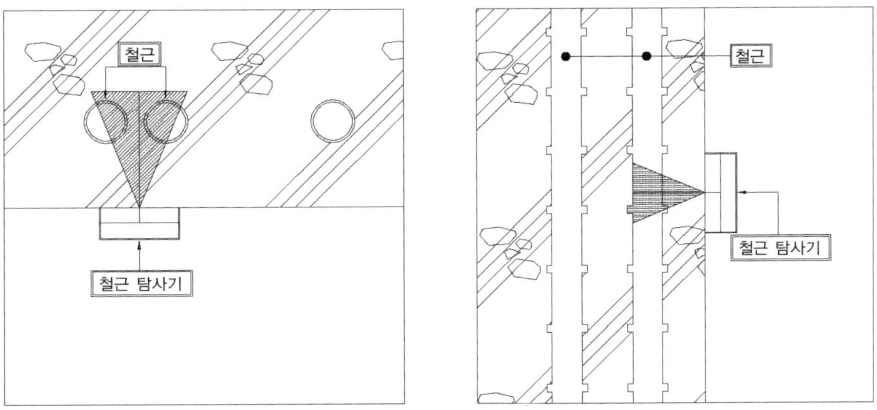


**그림 1.7 철근 탐사기의 측정원리**

그러므로 그림 1.7과 같이 철근이 너무 근접하여 있거나 2중 배근되어 있으면 탐사가 어렵거나 거의 불가능하다. 이런 경우는 다음의 그림 1.8에서 잘 볼 수 있다.

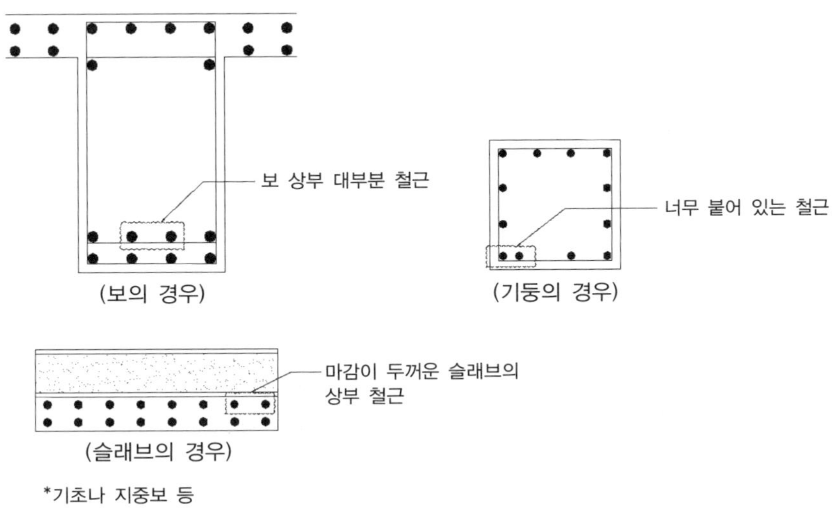


**그림 1.8 철근탐사가 어려운 부분**

철근탐사는 진단의 필수사항이나 모든 철근을 탐사하는 것이 아니라 일부 탐사가 가능한 부분을 탐사하여 구조도면대로 시공되어 있는지 여부를 파악하기 위한 것이 그 주 목적임을 다시 한 번 강조하고 싶다. 철근탐사는 보, 기둥, 슬래브, 벽체 등의 배근상태, 즉 ①철근의 본수 및 ②간격, ③철근의 위치 및 방향 콘크리트의 ④피복두께 등을 조사하여 도면과 일치 여부를 파악하고 그 결과를 구조 검토시 반영시킨다.

**표 1.13 피복두께 기준**

<table>
<tr><th colspan="3">부 위</th><th>피복두께(mm)</th></tr>
<tr><td rowspan="8">흙에 접하지 않는 부위</td><td rowspan="3">지붕슬래브<br>바닥슬래브<br>벽체</td><td>옥내</td><td>20</td></tr>
<tr><td>옥외(D19 이상)</td><td>50</td></tr>
<tr><td>옥외(D16 이하)</td><td>40</td></tr>
<tr><td rowspan="3">기둥<br>보</td><td>옥내</td><td>40</td></tr>
<tr><td>옥외(D19 이상)</td><td>50</td></tr>
<tr><td>옥외(D16 이하)</td><td>40</td></tr>
<tr><td>기초 상부면</td><td>옥내</td><td>50</td></tr>
<tr><td colspan="2">옹벽</td><td>50</td></tr>
<tr><td rowspan="3">흙에 접한 부위</td><td rowspan="2">기둥, 보, 바닥슬래브, 내력벽</td><td>D19 이상</td><td>50</td></tr>
<tr><td>D16 이하</td><td>40</td></tr>
<tr><td colspan="2">콘크리트를 친후 영구히 흙에 묻혀있는 콘크리트</td><td>75</td></tr>
<tr><td colspan="3">수중에 치는 콘크리트</td><td>100</td></tr>
</table>

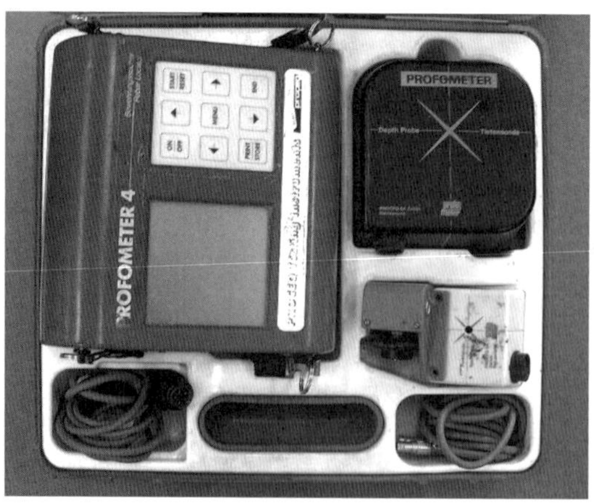


**그림 1.9 철근배근 측정장비(Profometer Ⅳ)**

## 3.6 탄산화 조사

철근콘크리트구조물의 수명은 콘크리트의 탄산화 깊이와 밀접한 관계가 있다. 건실한 콘크리트는 시멘트의 수화생성물에 있는 수산화칼슘($Ca(OH)_2$)에 의해 강알칼리성(pH 12~13 정도)을 나타내며 따라서 건실한 콘크리트 내부의 철근은 부식이 되지 않는다.

그러나 콘크리트 중의 수산화칼슘($Ca(OH)_2$)은 시간의 경과에 따라 표면에 점차 공기 중의 탄산가스 $CO_2$와 반응하여 탄산칼슘 $CaCO_3$으로 되어 알칼리성을 잃게 된다.

$$Ca(OH)_2 + CO_2 \rightarrow CaCO_3 + H_2O$$

이와 같이 <u>탄산화가 철근의 표면에 이르면 철근 표면의 알칼리성이 상실하게 되어 ①철근이 부식되고, ②철근의 부식에 의해 철근 체적이 팽창하여 결국 콘크리트는 균열이 발생하고 심한 경우 탈락된다.</u> 그리고 그 부분에서 공기와 물이 침투하여 철근의 부식이 촉진되며, 철근콘크리트구조물의 구조적인 내력을 급격하게 저하시킨다. 따라서 철근콘크리트의 탄산화 깊이와 철근의 부식상황을 조사하는 것은 철근콘크리트 구조물의 내구성을 판단하는 자료로써 중요한 의미가 있다.

표 1.14는 탄산화 깊이에 대한 상태를 평가하는 등급기준 표이다.

**표 1.14** 콘크리트 탄산화에 대한 상태평가 등급기준

국토안전관리원, 시설물의 안전 및 유지관리 실시 세부지침, 2022. 12

| 등급 | 탄산화 깊이 |
|---|---|
| A | $C_t \leq 0.25D$ |
| B | $0.25D < C_t \leq 0.5D$ |
| C | $0.5D < C_t \leq 0.75D$ |
| D | $0.75D < C_t \leq D$ |
| E | $C_t > D$ |

* $C_t$ : 콘크리트 탄산화 깊이(cm), $D$ : 측정된 철근의 피복두께(cm)

그림 1.10 주요 구조부재에 대한 탄산화 깊이 측정현황

## 3.7 염화물 조사

콘크리트가 내부에 염분을 함유하고 있거나 콘크리트 내부로 염분이 침투하게 되면 그 염분량에 따라 철근을 부식시키게 된다. 따라서 철근과 콘크리트의 부착력이 저하될 뿐만 아니라 철근 자체의 내력 감소, 철근의 부식팽창 작용에 의한 콘크리트의 균열 발생 등으로 철근콘크리트구조물의 성능을 저하시키게 된다.

콘크리트의 염해에 따른 철근부식 요인에는 염분, 수분과 같이 부식에 직접적으로 영향을 미치는 것과 콘크리트의 밀실성, 균열 및 피복두께 등과 같이 염분이나 수분의 침투를 억제하는 간접적인 것이 있다. 염해를 방지하는 기본적인 방법은 염분이 함유되지 않은 재료를 사용하거나 탄산화 방지대책과 유사하게 외부로부터 염분, 수분, 산소 등의 침투를 완전히 방지 또는 최대한 지연시키는 것이다.

그림 1.11 염분 측정장비

**표 1.15 콘크리트 중의 염화물 함유량 규제치**

| 규 격 | $Cl^-$ 환산치(kg/㎥) |
|---|---|
| • 콘크리트 표준시방서(1988년) (잔골재 이외의 재료에는 염화물을 허용치 않음) | • 보통의 RC 및 포스트텐션방식 PC : 0.30<br>• 내구성(염해, 수중)이 요구되는 RC 및 프리텐션방식의 PC : 0.30 |
| • 콘크리트 표준시방서(1996년) | • 비빌 때 콘크리트 중의 전 염화물이온량은 원칙으로 0.3kg/㎥ 이하로 한다. |
| • KS F 4009 | • 레디믹스트콘크리트의 염화물 함유량은 배출지점에서 염화물 이온($Cl^-$)량으로서 0.30kg/㎥ 이하이어야 한다. 다만, 구입자의 승인을 얻은 경우에 0.60kg/㎥ 이하로 할 수 있다. |

염해에 대한 평가기준은 일본의 국토개발기술센터가 행하고 있고, 그 분석 정밀도에 대한 평가는 굳지 않은 콘크리트 중의 수용액의 염소이온 농도가 0.1~ 0.5%($Cl^-$/水)에 있고, 이 기준치에 대해 ±10% 이내의 오차를 범위로 한다.

염화물 함유량을 측정하기 위하여 측정대상 부재의 콘크리트 시료를 채취하여 미세한 분말상태(0.15mm 이하)로 만들고 염분추출 용액과 혼합한 후, 염소이온 선택성 전극(RCT 측정기)을 이용하여 수용액 중의 전위차를 측정한다. 측정된 전위차를 이용하여 표준치의 Calibration chart에서 시료에 포함된 염소이온농도를 알아낸다.

정확한 측정을 위해서는 측정 전에 NaCl 표준용액에 의한 초기교정을 행할 필요가 있으며, 측정용액과 시험용액은 같은 온도를 유지하는 것이 좋다. 이러한 방법으로 염화물 함유량을 조사하여 표 1.16의 등급기준에 따라 콘크리트의 상태를 파악한다.

만일 조사결과 실험을 실시한 시료의 염소이온 농도가 0.5% 이상이 되어 콘크리트가 알칼리성을 상실한 것으로 판단된다면, 탄산화 시험과 철근 부식도 측정을 하여 철근의 상태를 조사하고 철근의 부식을 방지할 수 있는 대책을 마련하여야 한다.

**표 1.16 콘크리트 염화물에 대한 상태평가 등급 기준**

국토안전관리원, 시설물의 안전 및 유지관리 실시 세부지침, 2022. 12

| 등급 | 평가기준(염화물이온 함유량 : Cl(kg/㎥) |
|---|---|
| A | $Cl \le 0.15$ |
| B | $0.15 < Cl \le 0.3$ |
| C | $0.3 < Cl \le 0.6$ |
| D | $0.6 < Cl \le$ D1.2 |
| E | $1.2 < Cl$ |

## 3.8 철근 부식도 조사

철근 부식도 조사는 콘크리트구조물에서 중요한 역할을 담당하는 콘크리트 속에 매립되어 있는 철근의 부식상태나 정도를 측정하는 시험이다. 철근콘크리트 부재에서 철근의 부식은 철근의 단면적을 감소시키며 철근과 콘크리트의 부착력을 감소시킨다.

또한 콘크리트구조물에 균열을 발생시켜 공기와 수분의 침투가 촉진되어 철근의 부식을 가속화시키게 되면 구조물의 내구성이 현저히 저하되게 한다.

콘크리트에 묻힌 철근의 부식은 수화작용 및 탄화작용에 의한 콘크리트의 탄산화 및 얇은 피복두께나 높은 상대습도 등이 주원인이며, 해사를 사용한 콘크리트에서 결빙된 염분, 염소의 쏠림 등으로 발생하기도 한다. 철근의 부식도는 구조물이 존재하는 동안 계속적으로 변화하며 콘크리트의 습도 함유량, 염소의 집중 및 온도에 따라 달라진다. 따라서 부식도는 철근의 부식도 측정뿐만 아니라 염소의 집중도, 전기전위차(Half cell potential)를 측정하여야 하며, 정확한 부식도의 측정을 위해서는 시간을 달리하여 여러 번 측정해 보아야 보다 정확한 값을 얻을 수 있다.

철근 부식도는 분극저항(Polarization resistance)기법을 사용하여 측정할 수 있다. 분극저항은 전위차를 시험에 사용한 전류로 나눈 값이며, Sterm & Geary의 식에 의해 부식도로 계산된다. 계산한 부식도(Icorr)는 측정한 시간 동안 산화된 철분의 총량을 측정한 것이며, 전류는 Faraday 법칙에 의하여 금속의 단면적 감소율로 환산할 수 있다.

**그림 1.12** 주요 구조부재에 대한 철근부식도 측정현황

$I_{corr} = B/R_p$
단, $B$ : 상수
$R_p$ : 분극저항

철근의 부식비에 따른 부식상태는 다음과 같이 판정할 수 있다.

$I_{corr} < 0.2\mu A/cm^2$ : 부식이 발생되지 않은 상태
$I_{corr} < 0.2 \sim 0.5\mu A/cm^2$ : 부식도가 아주 약한 상태
$I_{corr} < 0.5 \sim 1.0\mu A/cm^2$ : 부식도가 중간 정도임
$I_{corr} < 1.0\mu A/cm^2$ : 부식도가 아주 강함

**표 1.17 콘크리트 내부 철근부식에 대한 상태평가 등급 기준**

| 평가기준 | 평가점수(대표값) | 평가내용 | | | 강재의 부식환경 | |
|---|---|---|---|---|---|---|
| | | 자연전위(mV) | 철근의 부식상태 | 상태계수($\alpha$) | 부식환경 조건 | 부식환경 계수($\beta$) |
| a | 1 | E>0 | 녹이 발생하지 않았거나 약간의 점녹이 발생한 상태 | 1 | 건조환경 | 1.0 |
| b | 3 | -200<E≦0 | 점녹이 광범위하게 발생한 상태 | 3 | 습윤환경 | 1.1 |
| c | 5 | -350<E≦-200 | 면녹이 발생하였고 부분적으로 들뜬녹이 발생한 상태 | 5 | 부식성 환경 | 1.2 |
| d | 7 | -500<E≦-350 | 들뜬 녹이 광범위하게 발생하였거나, 20% 이하의 단면결손이 발생한 상태 | 7 | 고부식성 환경 | 1.3 |
| e | 9 | E≦-500 | 두꺼운 층상의 녹이 발생하였거나, 20% 이상의 단면결손이 발생한 상태 | 9 | - | - |

이러한 조사를 실시하여 철근의 부식이 시작되었거나 시작되려고 하는 부재를 파악한다면 부식의 진행을 방지하여 더 이상 철근이 부식되지 않도록 보수해야 한다. 단, 철근 부식은 탄산화 깊이와 밀접한 관계가 있으므로 반드시 부식도 측정을 실시한 위치에서 탄산화 깊이를 조사해야 하며, 그 관계를 서로 비교하여 대책을 마련하는 것이 좋다.

## 3.9 변형 및 변위 조사

철근콘크리트구조물이 위험한 상태가 되는 과정에는 반드시 변형이 수반된다. 지진이나 태풍 또는 하중의 급격한 변동 및 기초지반의 이동 등 특별한 상황의 변화가 일어나지 않는 한 구조물에는 "변형"이 증상으로 나타남을 감지할 수 있다. 그 증상이 때로는 심할 수도 있고 그렇지 않을 수도 있으나 변형의 정도가 재료 자체의 흡수능력을 초과하는 순간 파괴상황으로 이어진다. 즉 급작스러운 하중변동이 아니라면 구조물의 변형은 발견되기 마련이다.

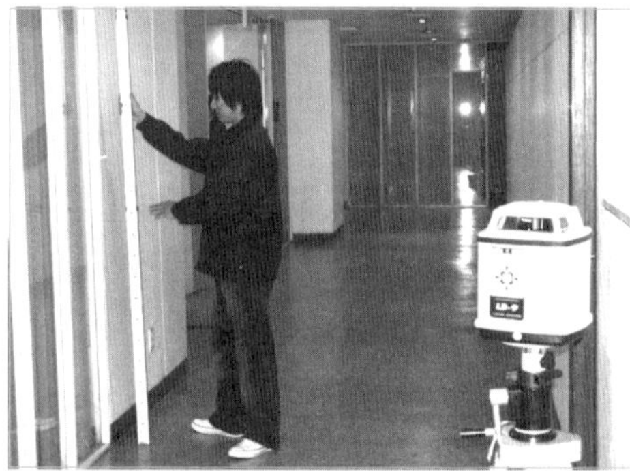

그림 1.13 변형 및 변위 측정현황

따라서 구조물의 수평부재(보, 슬래브 등)에 대한 수평상태와 수직부재(기둥 벽체 및 건물 높이 등)의 수직상태를 조사하여 표 1.18의 허용범위와 비교 검토하여 문제가 있을 시 적절한 대책을 마련해야 한다. 특히 부등침하가 발생될 경우 구조물 전체의 안전에 크게 문제를 발생시킬 수 있으므로 부등침하의 징후를 잘 살펴야 한다.

표 1.18 구조물의 수평 · 수직 변형에 따른 평가등급

국토안전관리원, 시설물의 안전 및 유지관리 실시 세부지침, 2022.12

| 등급 | 기울기 | 내 용 | 안전조치 |
|---|---|---|---|
| A | 1/750 이내 | 예민한 기계기초의 위험침하 한계 | 정상적인 유지관리 |
| B | 1/500 이내 | 구조물의 균열발생 한계 | 주의관찰, 원인 제거 |
| C | 1/250 이내 | 구조물의 경사도 감지 | 정기적 계측관리 필요, 원인 제거 |
| D | 1/150 이내 | 구조물의 구조적 손상이 예상되는 한계 | 보수 · 보강 필요 |
| E | 1/150 이내 | 구조물이 위험할 정도 | 긴급보강 및 사용금지 혹은 철거 필요 |

**표 1.19** 부재의 변위변형에 대한 상태평가 등급

국토안전관리원, 시설물의 안전 및 유지관리 실시 세부지침, 2022. 12

| 등급 | 평가기준(보 및 슬래브의 처짐) | 비 고 |
|---|---|---|
| A | L / 480 이상 | - |
| B | L / 480 이하 | 경미한 손상 |
| C | L / 240 이하 | 2005 건축구조설계기준 처짐한계 |
| D | L / 150 이하 | - |
| E | L / 150 초과 | - |

* L = 경간길이

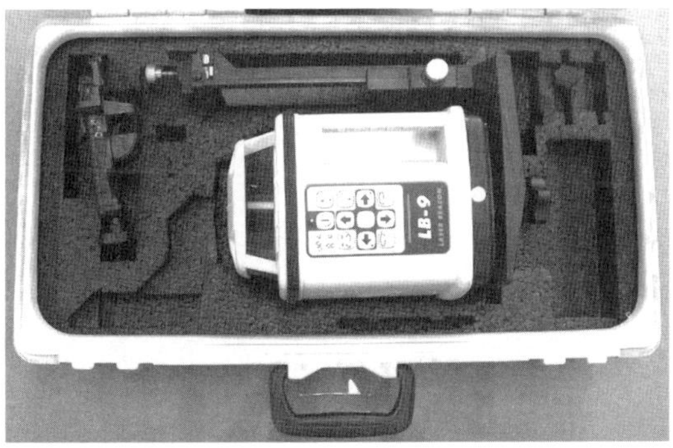


**그림 1.14** Laser Level 측정장비

## 3.10 지반 조사

리모델링 대상건물의 지내력에 대한 자료가 없는 경우 기존 기초의 내력을 정확히 평가할 수 없으므로 지반 조사를 실시하여 대상 건축물 주변 일대에 대한 지반의 수직·수평 분포상태를 파악하여 건물 기초 하부의 지반 능력을 예측할 수 있도록 한다. 지반의 분류와 지반의 공학적 특성을 규명하기 위한 시료채취 및 현장 표준관입시험을 실시하여 건축물 기초지반의 허용지내력을 추정하고 지하 수위를 조사하여 건축물의 구조적 안전성 검토에 필요한 기본자료를 제공할 목적으로 실시된다.

그림 1.15 지반 조사 현황

다음은 지반 조사 실시 후 결과로 알 수 있는 각 토질에 대한 대표적인 성질을 나열하였으며, 그림 1.16은 시추 주상도의 한 예다.

### 1) 매립토층(Fill)

부지 조성시 매립 성토된 지층으로서 대체로 실트질 모래(SM)와 잡석 및 자갈 등으로 구성되어 있다. 또한, 이 지층은 매우 조밀(Very Dense)한 상대 밀도를 가지며 색깔은 갈색이다.

### 2) 풍화 잔류토층(Residual Soil)

기반암이 오랜 지질 시대를 통하여 풍화작용을 받아 흙으로 변해 원위치에 잔류하고 있는 지층이며, 대체로 실트 섞인 세립 내지 중립의 모래(SM)로 구성되어 있으며 표준관입 시험치(N)는 50 이상으로서 매우 조밀(Very Dense)한 상대밀도를 보인다. 완전풍화(D-6) 상태이며 색깔은 갈색이다.

### 3) 풍화암층(Highly Weathered Rock)

풍화암은 선캄브리아기의 호상 흑운모 편마암이 풍화된 것이다. 풍화암층은 잔류토층과 연암층의 중간 상태에 있는 지층으로서 잔류토층과의 구분은 표준 관입 시험치에 의하여 50회 타격시의 관입량이 15cm 이하인 경우를 기준으로 한다. 또한 이 지층은 공기 중에 노출되면 가벼운 충격으로도 실트, 모래와 암편의 혼합물(SM)로 분해되며 하부로 갈수록 매우 조밀한 상태(N치>50)를 나타내나 풍화도가 높고 파쇄가 심해 코어 회수율(Core Recovery Ratio, T.C.R.)과 R.Q.D.(Rock Quality Designation)는 0%이다.

#### 4) 기반암층(Bedrock)

호상 흑운모 편마암의 기반암층으로서 풍화 정도에 따라 연암과 보통암으로 구분될 수 있으나 연암에서 시추를 종료하였다. 연암(Soft Rock)층은 기반암인 흑운모 편마암의 연암으로 보통풍화(Moderately Weathered)상태이다.

대부분 암회색을 띠며 지질적으로 변형을 많이 받아 절리가 불규칙한 방향으로 발달되어 파쇄대를 이루며, 경연이 교호되고 깊이에 따라 심한 변화가 있고 풍화도가 높아 역상으로 채취되었다. 부분적으로는 압축에 의해 야기된 인장력으로 인해 인장 절리가 존재한다. 편마암은 입도가 굵고 대부분 장석으로 이루어져 있으며 변형 암석 내에 일정한 방향으로 광물이 배열된 엽리(Foliation)가 있어 이방성적인 공학적 특성을 지닌다. 즉 엽리와 평행한 방향으로는 강도가 떨어지나 변형이 적고 엽리와 수직인 방향으로 강도는 크나 변형이 많게 된다.

특히 암석 내의 엽리를 구성하고 있는 광물은 철분이 많고 풍화받기 쉬우며, 운모(mice)광물 같이 판상구조를 이루고 있으므로 장차 긴 시간 동안에 변형이 일어나는 크리프(Creep)가 문제가 된다. 코어 회수율은 10.0~13.0%, R.Q.D는 0%이다.

다음의 시추주상도는 조사한 위치에서 토질의 심도에 따라 지층의 종류 및 지내력, 지하수위 등을 추정할 수 있다. 이 중 지내력은 표준 관입시험 결과인 N치로 평가할 수 있으며 신뢰성은 다소 낮은 편이나 가장 많이 쓰는 방법이다. 예제에서와 같이 표면에서 심도 6m까지는 매립층, 모래 · 점토층의 토질이며 N치가 10 이하로 지내력은 약 5~10 ton/㎡ 정도로 추정할 수 있다. 심도 8m부터는 풍화암지대로 지내력을 약 40ton/㎡ 정도로 추정할 수 있다.

# 시 추 주 상 도

## DRILL LOG

| | | | |
|---|---|---|---|
| 공 사 명<br>PROJECT | 이천시 주상복합빌딩 신축공사 지반조사 | 공 번<br>HOLE No. | NH-2 |
| 위 치<br>LOCATION | 경기도 이천시 안흥동 315-5 외 | 지 반 표 고<br>ELEVATION | 19.65 m |
| 날 짜<br>D A T E | 2005년7월17일 | 지 하 수 위<br>GROUND WATER | (GL-) 10.7 m |
| | | 감 독 자<br>INSPECTOR | |

(주) 시료채취방법의 기호 REMARKS
- ○ 자연시료 U.D. SAMPLE
- ◎ 표준관입시험에 의한시료 S.P.T. SAMPLE
- ● 코어시료 CORE SAMPLE
- ⊗ 흐트러진 시료 DISTURBED SAMPLE

| 심도 Depth m | 층 후 Thick-ness m | 지층명 | 지 층 설 명 Description |
|---|---|---|---|
| 2.9 | 2.9 | 매립층 | ◆매립층(0.0 ~ 2.9m)<br>1) 0.0~0.1m : 아스콘 포장<br>2) 0.1~2.9m<br>- 성분 : 실트,점토 섞인 모래<br>- 색조 : 적갈색<br>- 상대밀도 : 느슨 |
| 3.5 | 0.6 | 점토층 | ◆점토층(2.9 ~ 3.5m)<br>- 성분 : 점토(점성 강함)<br>- 색조 : 암회색<br>- 연경도 : 보통견고 |
| 5.8 | 2.3 | 모래층 | ◆모래층(3.5 ~ 5.8m)<br>- 성분 : 실트 섞인 중립질의 모래<br>- 색조 : 갈회색<br>- 상대밀도 : 느슨 |
| 6.5 | 0.7 | 점토층 | ◆점토층(5.8 ~ 6.5m)<br>- 성분 : 실트질의 점토<br>- 색조 : 회색<br>- 연경도 : 보통견고 |
| 8.0 | 1.5 | 모래층 | ◆모래층(6.5 ~ 8.0m)<br>- 성분 : 실트 섞인 세립~조립질의 모래<br>- 특징 : 하부는 잔자갈 혼재<br>- 색조 : 회갈색<br>- 상대밀도 : 보통조밀 |
| 20.0 | 12.0 | 풍화암 | ◆풍화암(8.0 ~ 20.0m)<br>- 기반암인 흑운모화강암의 풍화암<br>- 완전풍화<br>- 원위치에서는 매우 강함<br>- 굴진시 조립질의 모래로 분리<br>- 갈색~회색<br>- 매우조밀<br><br>- 대부분 타격에 의한 샘플의 회수는 불가하며 굴진시 슬라임상(모래질)의 시료 회수 |

심도 20.0m에서 시추종료

| 시료 번호 | 채취 방법 | 채취 심도 | N치 (회/cm) |
|---|---|---|---|
| S-1 | ◎ | 1.5 | 8/30 |
| S-2 | ◎ | 3.0 | 6/30 |
| S-3 | ◎ | 4.5 | 10/30 |
| S-4 | ◎ | 6.0 | 7/30 |
| S-5 | ◎ | 7.5 | 24/30 |
| S-6 | ◎ | 9.0 | 50/ 5 |
| | US | 10.5 | 50/ 3 |
| | US | 12.0 | 50/ 2 |
| | US | 13.5 | 50/ 2 |
| | US | 15.0 | 50/ 2 |

표준관입시험 Standard Penetration Test

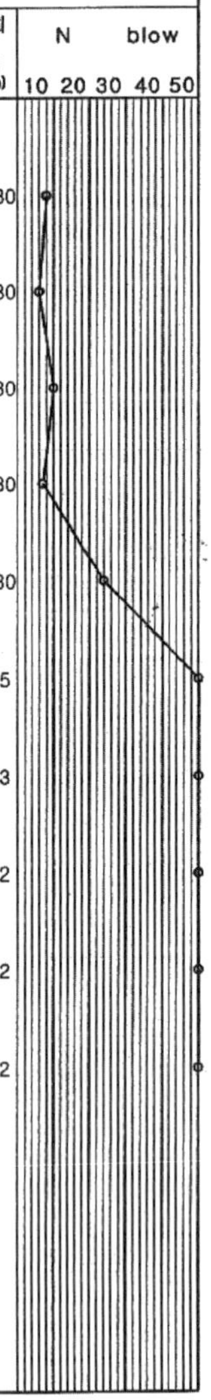


그림 1.16 시추주상도

# 4. 구조안전성 검토

과거에 설계하여 지어진 건물에 대한 현 시점에서의 구조 안전성 검토는 기존 건물의 현장 조사결과, 즉 실측된 부재단면, 콘크리트 강도, 철근배근상태, 지반상태 등의 모든 자료를 근거로 기존 도서와 비교·분석하고 주요 구조 부재에 대한 내력을 재평가하여 기존 건축물의 구조적 안전성을 판단해야 한다. 또한 준공 당시 계획되었던 실용도를 리모델링하려는 시점에서 용도와 심한 변경이 있는지를 조사하고, 개선된 최신 규준에 따라 지진하중과 풍하중, 설계방법 등을 모두 적용하여 구조 재검토를 실시한다. 과거에 건축된 리모델링 대상 건물은 정밀안전진단으로 건물의 현상태를 정확히 평가하고 최신 규준에 따라 설계되어 시공하므로 가장 안전한 건물로 재탄생하게 된다.

## 4.1 구조 시스템 검토

구조 검토를 실시하기 전에 기존 건물의 구조 시스템을 분석하여 리모델링 후의 구조 시스템 적용 가능성을 확인한다.

-중력저항 시스템, 횡저항 시스템, 증축부의 구조 시스템, 기초 시스템 등

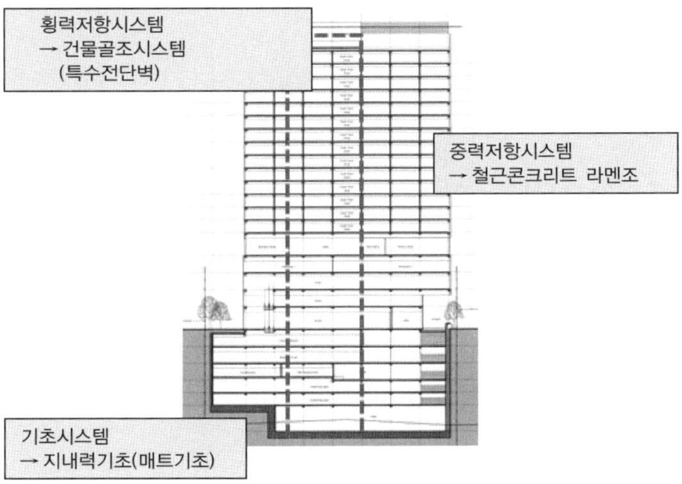

특히 증축부의 구조시스템은 어떤 구조공법으로 할 것인가를 공기와 공사비 등을 비교하고 장·단점을 분석하여 내진성능평가와 시공공법의 적정성에 따라 결정되어야 한다.

**표 1.20** RC조와 STEEL조 증축 비교 예

| 항목 | RC조 증축안 | STEEL조 증축안 |
|---|---|---|
| 구성요소 | 전단벽+RC슬래브 | 철골프레임+데크슬래브 |
| 장점 | ① 기존 구조체와 동일 재료임<br>② 층고 및 부재 사이즈를 기존과 동일하게 할 수 있음 | ① 공기 측면에서 유리<br>② 경량화로 자중 감소<br>③ 층고를 높일 수 있음 |
| 단점 | ① 공기가 길어 불리<br>② 기존 구조체와의 접합부가 많음<br>③ 기초파일 수량 증가 | ① 내화피복이 필요<br>② 층고 확보면에서 불리<br>③ 직접 공사비가 증가함 |

## 1) 중력 저항 구조시스템 선정의 예

| 구분 | 철근콘크리트구조 | 철골구조 | 철골철근콘크리트구조 |
|---|---|---|---|
| 형상 |  |  |  |
| 특징 | • 경제성, 사용성 유리<br>• 힘 흐름의 연속성 확보 유리<br>• 내화성, 내구성 우수 | • 건식공법으로 공기단축<br>• 구조체의 중량이 가벼움<br>• 높은 층고에 유리함 | • 장스팬에 유리<br>• 기둥 내화피복 불필요<br>• 시공비 증가 |
| 선정 | ● | | |

## 2) 바닥판 구조형식 선정의 예

| 구분 | 1방향 슬래브 | 2방향 슬래브(Wide 보) | 플랫 슬래브 |
|---|---|---|---|
| 형상 | 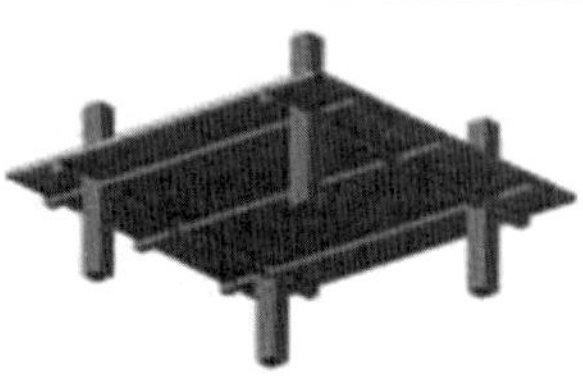 | 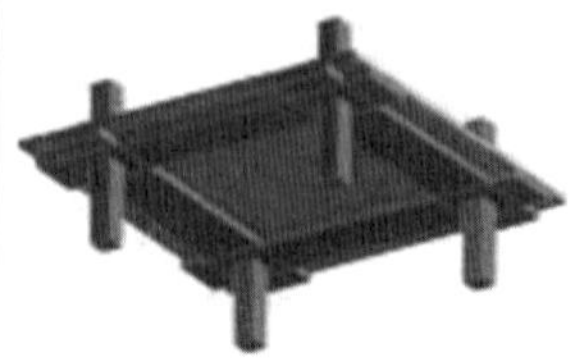 | 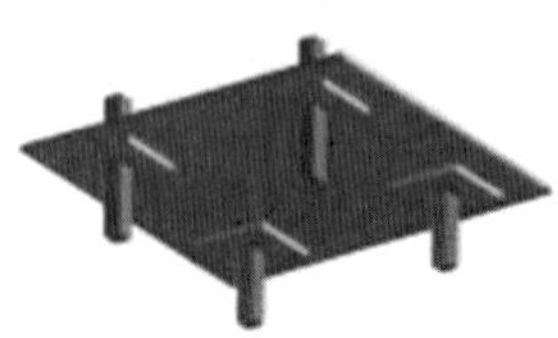 |

| 특징 | • 진동, 처짐성능 우수<br>• 경제성 우수<br>• 균열 유지관리 유리 | • 진동, 처짐에 불리<br>• 철근배근 및 거푸집 물량 증가<br>• 시공성 우수 | • 개구부 설치 제한적<br>• 진동, 처짐에 불리<br>• 균열 발생시 유지관리 어려움 |
|---|---|---|---|
| 선정 | ● | ● | |

### 3) 횡력 저항시스템 선정의 예

| 구분 | 건물골조시스템 | 모멘트-저항골조시스템 | 이중골조시스템 |
|---|---|---|---|
| 형상 | 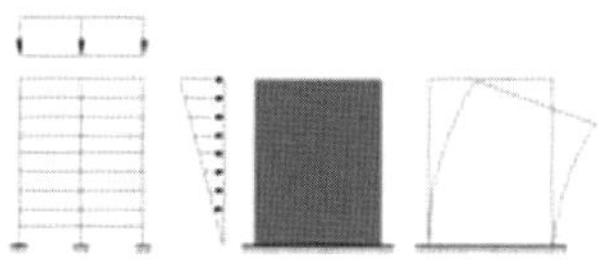 | 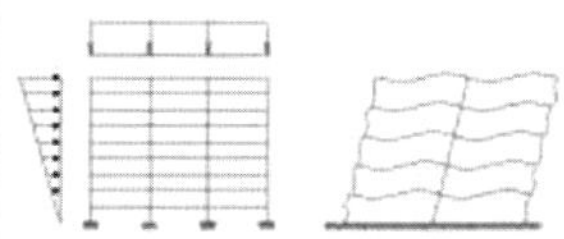 | 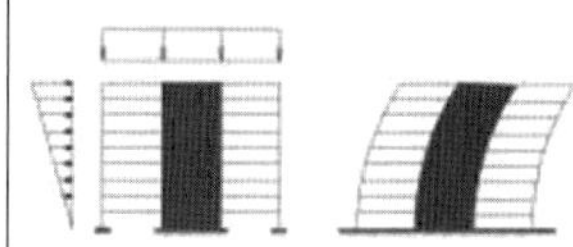 |
| 특징 | • 수직하중은 입체 골조가 저항<br>• 수평하중은 전단벽이나 가새골조가 저항 | • 수직하중과 수평하중을 보와 기둥으로 구성된 라멘골조가 저항하는 구조방식 | • 횡력의 25% 이상을 부담하는 연성모멘트골조가 전단벽과 조합되어 있는 구조방식 |
| 선정 | ● | | |

### 4) 기초구조시스템 선정의 예

| 구분 | 지내력기초 | 내림기초 | 말뚝기초 |
|---|---|---|---|
| 형상 | 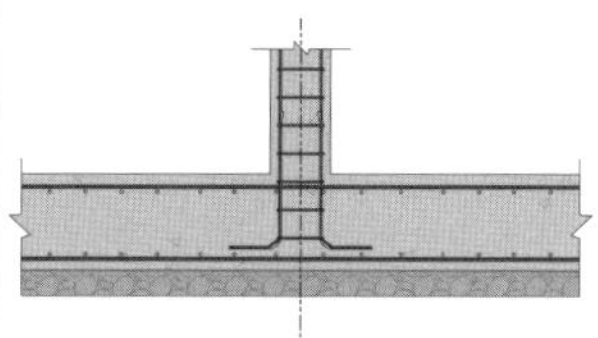 | 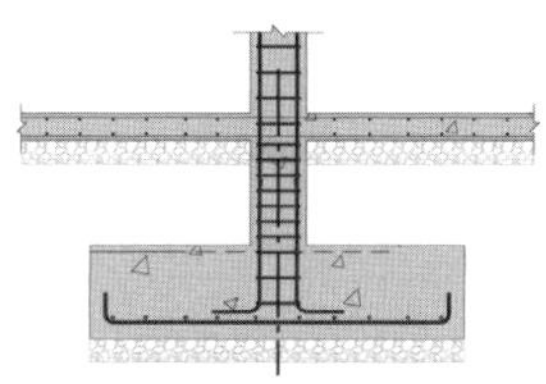 | 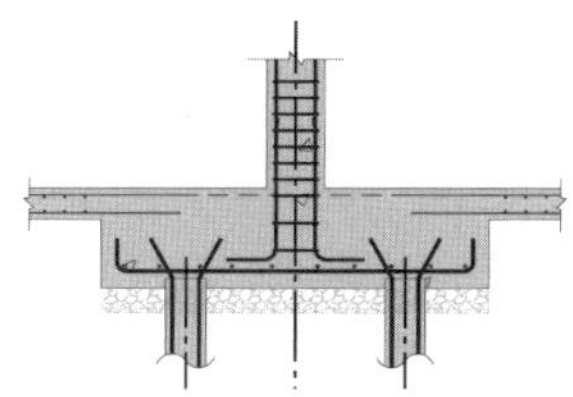 |
| 특징 | • 지내력이 큰 지반에서 유리<br>• 시공성이 우수함<br>• 공정단순화로 공기단축 | • 내림시공으로 공정이 다소 복잡함<br>• 복합기초 적용의 최소화<br>• 지내력 확보 가능 | • 지내력이 약한 지반 적용<br>• 경사지반의 부등침하량 제어에 유리<br>• 시공시 소음 및 진동 발생 |
| 선정 | ● | | |

## 4.2 적용 기준과 재료강도

기존 건물의 상태평가를 위해서는 과거 설계 당시의 구조기준을 적용할 수 있으나 안전성 검토나 수평 및 수직 증축을 계획하고 있는 구조물은 현행 기준을 적용하는 것이 합리적이다.

### 1) 적용 법령 및 기준의 예

| 적용법령 | 적용규칙 | 적용기준 | 참고기준 |
|---|---|---|---|
| 건축법/<br>건축법시행령 | 건축법시행규칙/<br>건축물의 구조기준 등에 관한 규칙 | 건축구조기준(KDS 41 00 00) | ACI 318-08<br>AISC/SEI 7-10 / AISC / SEI 41-06 |
| | | 콘크리트구조설계기준(KDS 14 20 00)<br>강구조설계기준<br>(KDS 14 30 00, 허용응력설계법)<br>(KDS 14 31 00, 하중저항계수설계법) | |

### 2) 재료 강도의 적용 예

콘크리트 강도

| 건물 | 적용부재 | 재료강도(MPa) | |
|---|---|---|---|
| 주동 | 슬래브 및 보 | 30MPa | |
| | 코어 벽체 및 기둥 | 6F 이상 | 30MPa |
| | | 1~5F | 35MPa |
| | | B5~B1F | 40MPa |
| | 지하외벽(D-Wall 시공 시) | 30MPa | |
| | 기초 | 24MPa | |
| | 기타(계단포함) | 24MPa 또는 동등 이상 | |

철근 강도

| 철근 설계기준 강도 | |
|---|---|
| $f_y$=400MPa | $f_y$=600MPa |
| D16 이하 | HD19 이상 |

철골, 볼트 강도

| 사용재료 | 번 호 | 명칭 | 강종 | 설계기준강도 | 해당부재 |
|---|---|---|---|---|---|
| H-형강 | KS D 3515 | 용접구조용 압연강재 | SM355A | $F_y$=325~355MPa | - |
| | KD D 3866 | 건축구조용 열간압연 H형강 | SHN355 | $F_y$=355MPa | - |
| 고력볼트 | KS B 1010 | 마찰접합용 고장력 육각볼트 | F8T | $F_y$=640MPa<br>$F_u$=800MPa | |
| | | | F10T | $F_y$=900MPa<br>$F_u$=1,000MPa | |
| 앵커볼트 | KS B 1016 | | SS400 | $F_y$=235MPa | |
| 베이스 플레이트 | KS D 3515 | 용접구조용 압연강재 | SM355A | $F_y$=325MPa | - |

## 4.3 적용 하중과 해석 프로그램

기존 건물의 안전성 평가를 위해서는 현행 구조기준에서 제시하는 활하중을 적용하여야 한다.

### 1) 바닥하중

고정하중(Dead load)은 건축도면의 재료마감 및 구조체 하중을 고려하여 산정하였으며, 활하중(Live load)은 건물의 특성이나 건축주의 요구사항을 우선으로 적용하고 기타 사항은 최신 건축구조기준에 따라 적용한다.

### 2) 풍하중

#### (1) 풍하중 계수 산정의 예

| 구분 | 적용기준 | 비고 |
|---|---|---|
| 기본풍속($V_0$) | $V_0$ = 26m/sec(서울) |  |
| 지표면조도구분 | $B$ | |
| 중요도계수($I_w$) | $I$<br>(중요도계수 : 1.0) | |
| 지형계수($K_{zt}$) | 1.0 | |

#### (2) 층별 풍하중 산정의 예

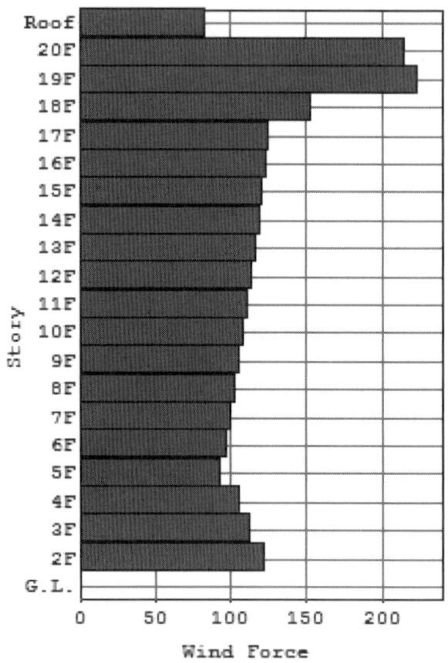


X방향 풍하중(KN)

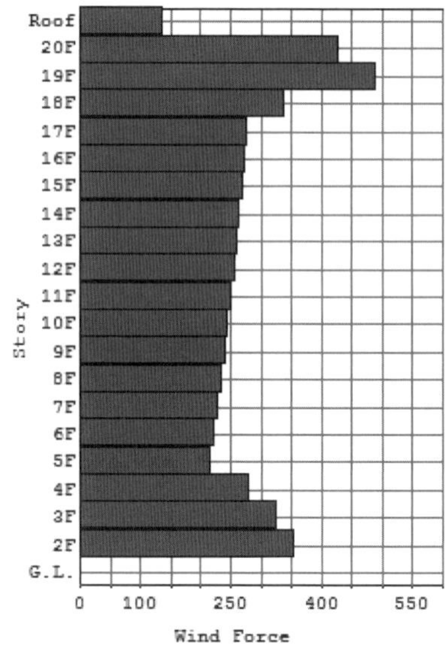


Y방향 풍하중(KN)

### 3) 지진하중

#### (1) 지진하중 계수 및 밑면전단력 산정의 예

<table>
<tr><th>구분</th><th>적용기준</th><th colspan="2">비고</th></tr>
<tr><td>지진구역계수($Z$)</td><td>0.11</td><td colspan="2">지진구역 : 서울($I$)</td></tr>
<tr><td>지반종류</td><td>$S_4$</td><td colspan="2">깊고 단단한 지반</td></tr>
<tr><td>위험도계수 : $I$</td><td>1.4</td><td colspan="2">평균재현주기 : 1,000년</td></tr>
<tr><td>중요도계수 : $I_g$</td><td>1.2<br>(중요도 $I$)</td><td colspan="2">내진등급 : $I$</td></tr>
<tr><td>단주기 지반증폭계수($S_{DS}$)</td><td>0.383<br>(내진설계범주 : $C$)</td><td colspan="2">$S_{DS} = S \times 2.5 \times F_a \times 2/3$, $F_a$=1.492<br>$S = Z \times I$</td></tr>
<tr><td>1초 주기 지반증폭계수<br>($S_{D1}$)</td><td>0.215<br>(내진설계범주 : $D$)</td><td colspan="2">$S_{D1} = S \times F_V \times 2/3$, $F_V$ = 2.092</td></tr>
<tr><td rowspan="3">횡력저항시스템</td><td rowspan="3">건물골조시스템<br>(철근콘크리트 특수전단벽)</td><td>반응수정계수($R$)</td><td>6.0</td></tr>
<tr><td>시스템초과강도계수($\Omega_0$)</td><td>2.5</td></tr>
<tr><td>변위증폭계수($C_D$)</td><td>5.0</td></tr>
<tr><td>지진응답계수($C_S$)</td><td>X방향 : 0.0310<br>Y방향 : 0.0310</td><td colspan="2">$0.01 \le = \dfrac{S_{D1}}{(R/I_E)T} < \dfrac{S_{DS}}{(R/I_E)}$</td></tr>
<tr><td>등가정적 해석법에 의한<br>밑면전단력($V$)<br>($V = C_S \times W$)</td><td>X방향 : 6,671kN<br>Y방향 : 5,266kN</td><td colspan="2">$C_S$ : 지진응답 계수<br>$W$ : 고정하중과 별도의 하중을<br>포함한 유효건물중량</td></tr>
</table>

(2) 설계응답스펙트럼(DESIGN RESPONSE SPECTRUM)

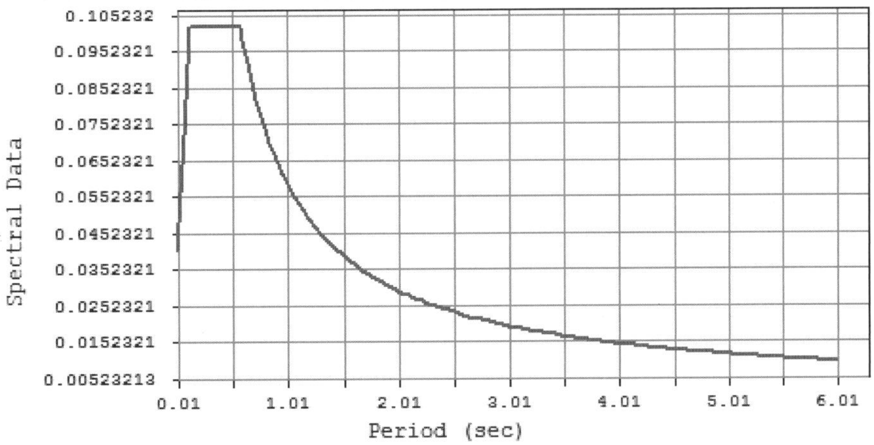


### 4) 해석 프로그램 적용의 예

| | |
|---|---|
| 부재해석 | 골조해석 - MIDAS GEN Ver.8.00 / 기초, 바닥판해석 - MIDAS SDS Ver.350 |
| 부재설계 | 각 부재별 설계프로그램(BeST 2.5.3) |

## 4.4 주요 구조 부재의 내력 평가

기존 구조물의 내력평가를 위하여 구조 시스템을 리모델링 계획안에 따라 합리적으로 가정하고 재료강도를 결정한 후 최신 기준에 따라 설계하중을 적용하여 현장에서 조사한 자료를 근거로 기존 도서를 현실에 맞게 수정하여 구조 재검토를 실시한다. 구조기준은 4~5년 주기로 개정됨에 따라 과거 설계 당시의 기준보다 강화되거나 변경된 내용이 있을 수 있으므로 현재 사용하는 기준에 맞도록 구조 재해석을 실시한다.

또한 지반상태를 고려한 현 기초의 내력부터 검토하여 기둥, 보, 슬래브, 벽체 등 모든 주요 구조부재의 내력을 평가하고 내력이 부족한 부재들을 가려낸다. 구조해석의 정확성을 위하여 3차원 구조해석 프로그램(MIDAS GEN, SAP2000 등)을 이용하며 다음 그림과 같이 구조물을 모델링하고 건물의 거동과 응력을 분석하여 주요 구조 부재의 내력을 평가한다.

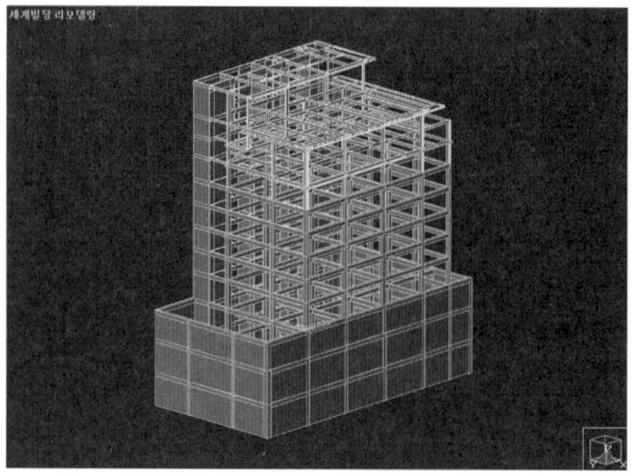

그림 1.17 구조물에 대한 모델링

### 1) 구조물의 사용성 평가

지진하중에 대한 최대 층간 변위비와 풍하중에 대한 최대 변위가 사용성을 만족하는 허용치 이내임을 검토하여 확인한다.

#### (1) 지진하중에 대한 구조안전성 검토 예

| 구분 | X방향 | Y방향 |
|---|---|---|
| 해석 모델 | 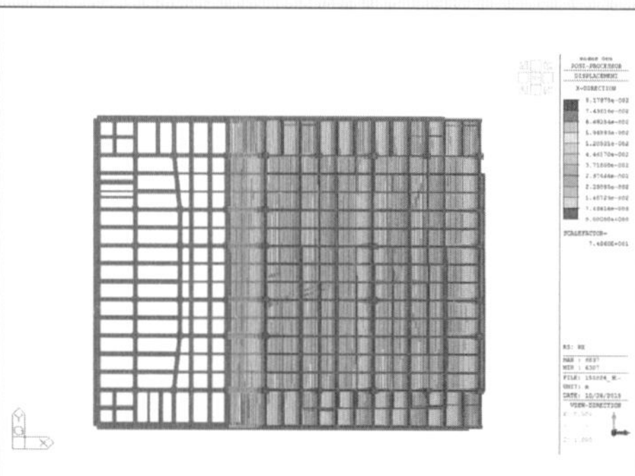 | 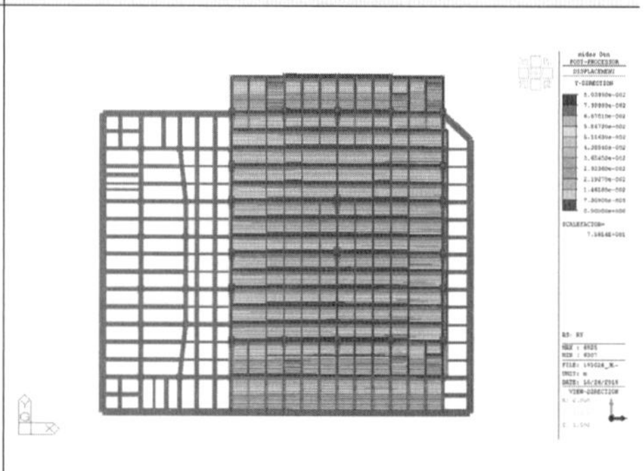 |
| 최대 층간 변위비 | 0.0103 < 0.015<br>OK | 0.0066 < 0.015<br>OK |

### (2) 풍하중에 대한 구조안전성 검토 예

| 구분 | X방향 | Y방향 |
|---|---|---|
| 해석 모델 | 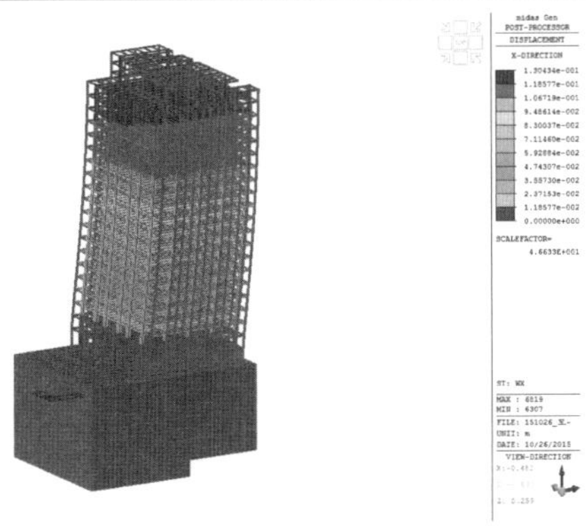 | 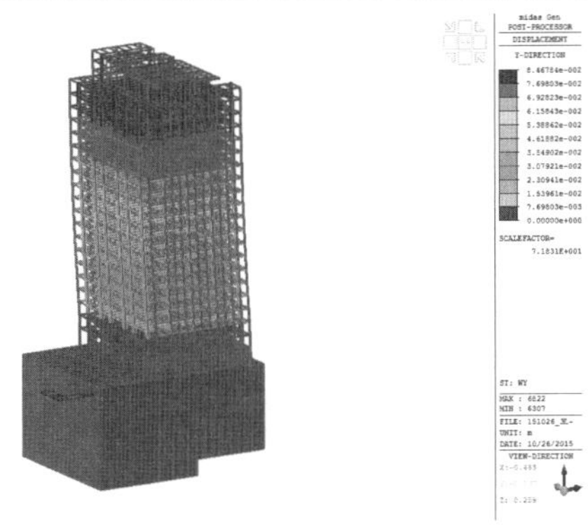 |
| 최대 변위 | 130.4mm(H/689)<br>< 179.6mm(H/500)<br>OK | 84.7mm(H/1060)<br>< 179.6mm(H/500)<br>OK |

## 2) 구조물의 내력 평가

기둥, 보, 슬래브, 벽체, 기초 등 주요구조부재에 발생되는 최대 응력(외력)에 대하여 내력이 충분한지를 확인한다(OK판정 부재). 만약 내력이 부족할 경우(NG판정 부재)는 부족한 정도를 분석하여 보강 설계를 실시한다.

**표 1.21** 기둥 내력검토의 예

(축력 : kN, 모멘트 : kN · m)

| 부재명 | 축력 | | 모멘트 | | 전단력 | | 판정 |
|---|---|---|---|---|---|---|---|
| | $P_u/\phi P_n$ | 축력 | $M_c/\phi M_n$ | 모멘트 | $V_u/\phi V_n$ | 전단력 | |
| C1 (500×300) | 내력($\phi P_n$) | 565.68 | 내력($\phi M_n$) | 112.81 | 내력($\phi V_n$) | 158.16 | O.K |
| | 외력($P_u$) | 449.89 | 외력($M_c$) | 90.32 | 외력($V_u$) | 30.76 | |
| | Ratio | 0.795 | Ratio | 0.801 | Ratio | 0.195 | |
| C1 (500×300) | 내력($\phi P_n$) | 565.68 | 내력($\phi M_n$) | 112.81 | 내력($\phi V_n$) | 158.16 | N.G. |
| | 외력($P_u$) | 492.89 | 외력($M_c$) | 132.32 | 외력($V_u$) | 78.76 | |
| | Ratio | 0.871 | Ratio | 1.173 | Ratio | 0.498 | |
| C3 (500×500) | 내력($\phi P_n$) | 791.96 | 내력($\phi M_n$) | 157.93 | 내력($\phi V_n$) | 221.42 | O.K |
| | 외력($P_u$) | 564.89 | 외력($M_c$) | 114.32 | 외력($V_u$) | 40.76 | |
| | Ratio | 0.713 | Ratio | 0.726 | Ratio | 0.181 | |

표 1.22 보 내력검토의 예

(kN · m)

| 부재명 | $M_u/\phi M_n$ | 모멘트 | | 전단력 $(V_u)$ | 판정 |
|---|---|---|---|---|---|
| | | 단부 | 중앙부 | | |
| 2G3 (300×600) | 내력($\phi M_n$) | 181.16 | 180.51 | 177.74 | O.K |
| | 외력($M_u$) | 164.22 | 168.91 | 166.20 | |
| | Ratio | 0.91 | 0.94 | 0.94 | |
| 2G4 (400×600) | 내력($\phi M_n$) | 242.16 | 241.51 | 237.74 | O.K |
| | 외력($M_u$) | 204.22 | 198.91 | 176.20 | |
| | Ratio | 0.84 | 0.82 | 0.74 | |
| 2G5 (400×700) | 내력($\phi M_n$) | 365.45 | 325.53 | 284.24 | N.G. |
| | 외력($M_u$) | 396.24 | 245.32 | 207.20 | |
| | Ratio | 1.08 | 0.75 | 0.73 | |

표 1.23 슬래브 내력검토의 예

(kN−mm)

| 부재명 | 구분 | 휨모멘트 | | | | 전단 | 판정 |
|---|---|---|---|---|---|---|---|
| | | 단변방향 | | 장변방향 | | | |
| | | 단부 | 중앙부 | 단부 | 중앙부 | | |
| RS1 (T=150) | 배근 | HD13@300 | HD13@300 | HD10@300 | HD10@300 | - | N.G. |
| | 내력 | 17.1 | 17.1 | 9.9 | 9.9 | 70.8 | |
| | 외력 | 21.6 | 14.7 | 10.8 | 4.5 | 30.0 | |
| | Ratio | 1.26 | 0.86 | 1.09 | 0.45 | 0.42 | |
| RS1 (T=150) | 배근 | HD13@300 | HD13@300 | HD10@300 | HD10@300 | - | O.K |
| | 내력 | 17.1 | 17.1 | 9.9 | 9.9 | 70.8 | |
| | 외력 | 7.2 | 4.9 | 3.6 | 1.5 | 10.0 | |
| | Ratio | 0.42 | 0.29 | 0.36 | 0.15 | 0.14 | |

## 4.5 내구성 향상 대책 및 보수 · 보강 방안 마련

기존 부재와 신설 부재의 내구성 향상 대책으로 콘크리트의 탄산화 방지대책을 마련하고 균열폭을 조사하여 허용 균열폭과 비교 · 검토한다.

## 1) 콘크리트 탄산화 방지대책의 예

| 탄산화 그래프 | 탄산화 깊이와 시간과의 관계 |
| --- | --- |
| 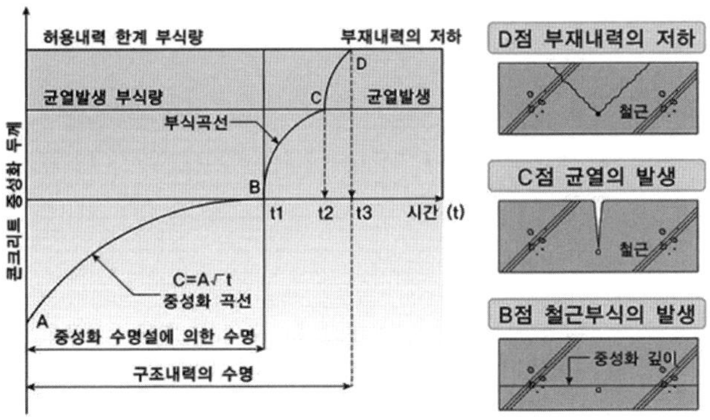 | $t=\dfrac{7.2}{R^2(4.6\times w/c-1.76)^2}\times X^2$<br>$\therefore\ X=\sqrt{\dfrac{100}{24.69}}=2.01\,\text{cm}$<br>$t$ : 탄산화 소요시간(년)<br>$w/c$ : 물/시멘트비(0.5)<br>$X$ : 탄산화 깊이(cm)<br>$R$ : 탄산화 비율(1.0) |
| • 슬래브 피복 30㎜ 이상, 보·기둥 피복 40㎜ 이상 확보함으로써 내구성, 내화성 증대 | |

## 2) 허용균열폭 검토

| 균열폭 검토 | 환경조건 | 허용균열폭(mm) | 균열 |
| --- | --- | --- | --- |
| $w_{max}=1.08\beta_c f_s{}^3\sqrt{d_c A}\times 10^{-5}$<br>$\beta_c$ : 1.20, $f_s$ : 0.6<br>$d_c$ : 첫 번째 단 철근 중심까지 피복두께<br>$A$ : 콘크리트의 단면적/철근 개수 | 건조환경 | 0.4 | 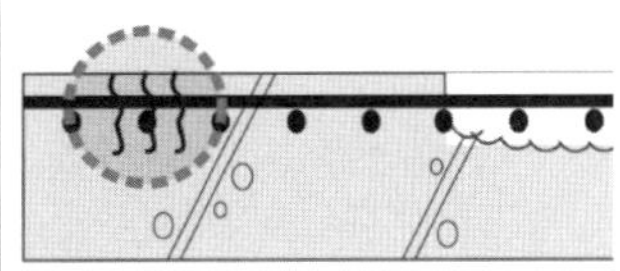 |
| | 습윤환경 | 0.3 | |
| | 부식성 환경 | $0.004t_c$ | |
| | 고부식성 환경 | $0.0035t_c$ | |
| • 내구성에 대한 균열검토 결과 최대균열폭 0.3㎜ 이하로 습윤환경에 있어서도 안전 | | | |

또한 내력이 부족한 부재(N.G.부재)들은 현장에 적합한 보강방법을 선정한다. 공법을 선택하려면 우선 ①경제적이며 ②공사가 가능한 환경인지를 판단해야 한다. 가령 보강대상 부재 근처에 움직일 수 없는 배관이나 전기배선이 지나가는지? 정밀가공 기계가 있어 먼지나 진동을 발생시키면 안 되는 환경인지? 물을 사용할 수 있는지? 등 많은 조건들을 고려하여 그 중 가장 적합한 공법을 선정해야 한다. 보강공법이 선정되면 보강설계를 실시하고 정확한 시공방법을 제시한다.

## 4.6 리모델링 공사 시 특기 사항

### 1) 수직 및 수평 증축 부위 접합부

증축형 리모델링 공사에서 시공 시 가장 주의해야 할 중요한 부분 중 하나는 그림 1.18과 같이 기존 구조체와 신설 증축부와의 접합부이다. 이 부분에서의 문제를 최소화하기 위해서는 신구 접합기술과 일체화 및 침하량 제어 등의 기술이 복합적으로 요구된다.

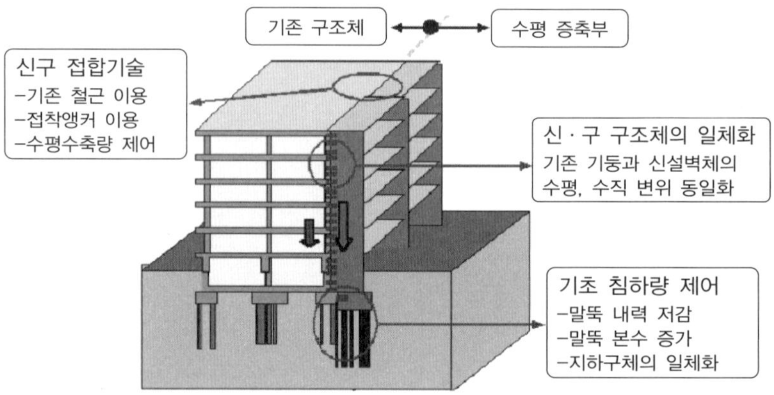


그림 1.18 수직 및 수평 증축 부위 접합부 공법

### 2) 내진벽체 신설 및 단면 증설 보강

내진성능이 부족하여 기존 건물 내부에 내진벽체를 신설할 경우에는 내진벽체의 수직 철근을 그림 1.19와 같이 연속시켜 시공해야 한다. 이 경우 바닥 슬래브의 배근상태를 철근 탐사로 확인하고 시공하여 슬래브 철근의 손상을 최소화해야 하며 만일 슬래브 철근이 손상될 경우는 구조검토시 반영하여 안전성을 확인하고 필요시 적절한 보강 대책을 마련해야 한다.

■ 내진벽 상세

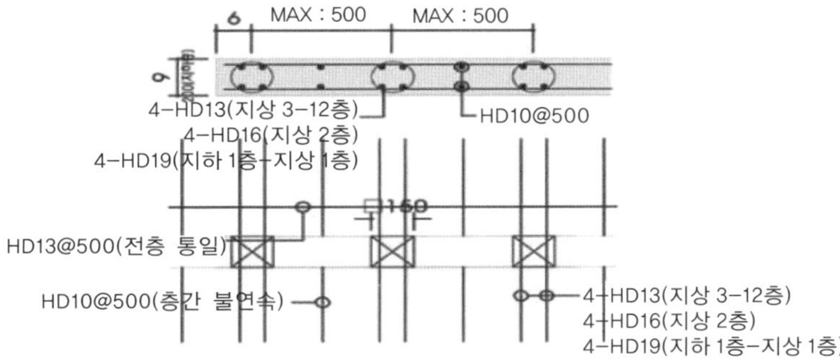


■ 내진 벽체 작업

코어 천공

철근 배근

**그림 1.19 내진벽체 신설 철근 배근**

기존 벽체를 단면 증설하여 보강할 경우에는 그림 1.20과 같이 신구 벽체를 케미컬 앵커 등의 Dowel Bar를 시공하고, 신구 접착제를 도포하여 신설부와 증설부의 콘크리트가 일체로 거동하도록 시공하여야 한다. 또한 증설 단면의 두께에 따라 콘크리트 타설이 어려울 수 있으므로 필요시 고유동성 혼화제를 사용하여 시공성을 용이하게 할 수 있다.

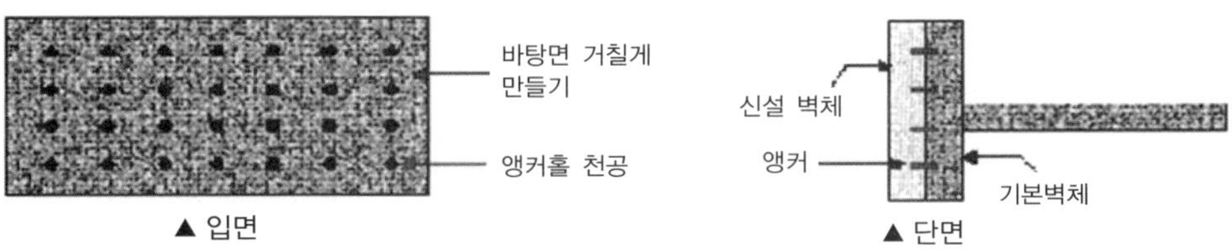


**그림 1.20 기존 벽체 단면증설 내진보강**

### 3) 기초보강 및 신설

구조검토 결과에 따라 <u>①기존 기초의 내력이 부족하거나 기존 건물 내에 내력벽이나 ②기둥을 신설할 경우에는 기존 기초를 보강하여야 한다.</u> 기초 보강 방법은 건물 최하층의 층고를 확인하고 장비 반입의 상황 등을 고려하여 현장여건에 적합한 기초 보강공법을 선정해야 한다. 수평 증축부의 기초를 신설할 경우에는 기존 기초와의 간섭을 고려해야 하므로 기존기초의 현황을 정확히 조사하여 시공이 가능한 공법을 선정해야 한다.

그림 1.21은 증축 시 기존기초와 신설기초의 파일 배치도이며, 그림 1.22는 기존 기초와의 간섭을 고려하여 신설기초를 소구경 파일로 설계한 사례이다. 그림 1.23은 건물 내부에서 소구경 파일로 기초를 보강하는 공사 과정이다.

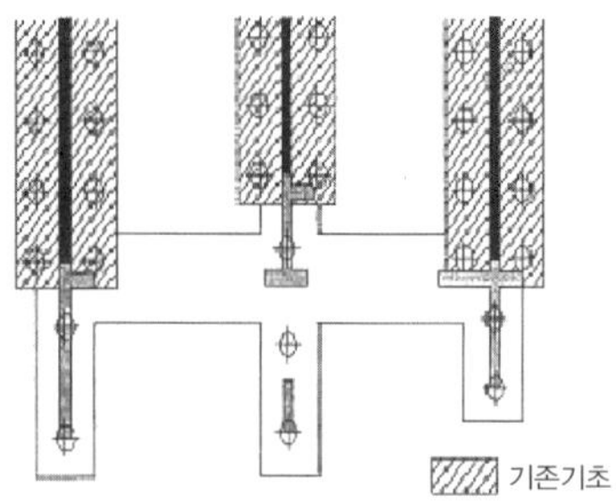


그림 1.21 기존기초와 신설기초 파일 배치

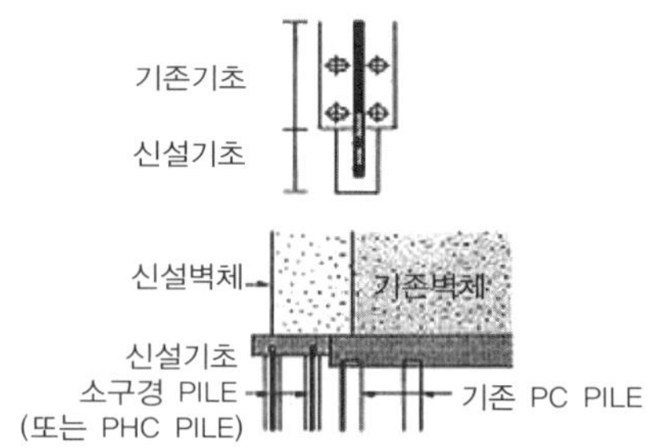


그림 1.22 소구경 파일 신설기초

① 작업 준비 및 기초 커팅

② 기초 커팅 후 말뚝 중심 보기

③ 천공 위치 장비 안착

④ Crawler 드릴을 이용한 천공작업

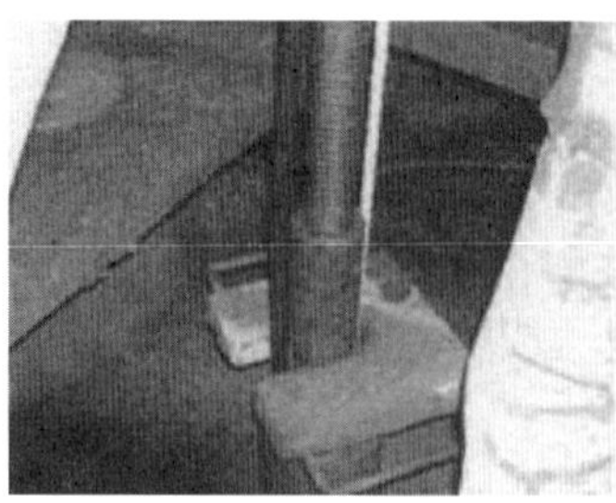

⑤ Thread Bar 연결 및 근입(주입 호스 동시 삽입)

⑥ Casing 인발 및 2차 시멘트 밀크 주입

그림 1.23 소구경 파일공사 과정

# 5. 보수 · 보강공사

## 5.1 일반사항

일반적으로 보수라는 것은 손상을 받아 하자가 생긴 구조물의 기능을 회복시키는 것이라고 생각되지만 손상을 받은 구조물의 기능만을 회복시킬 경우 다시 동일한 형태의 손상이 생길 가능성이 크고, 특히 환경, 하중작용에 의한 경우에는 현저하다. 따라서 보수 시에는 손상원인을 제거하거나 혹은 손상열화에 대한 저항성을 향상시켜 대상구조물의 상태성능(내구, 내염, 내화 등)을 개선하는 것이 주목적이다.

보수를 위하여 가장 먼저 실시해야 하는 것은 손상의 원인을 정확히 밝혀내는 것이고, 그 원인규명작업이 정확해야만 보수작업을 적절하게 실시할 수 있다. 건조수축에 의한 균열, 열응력에 의한 균열 또는 알칼리 골재반응에 의한 균열 등 외관상 그다지 차이가 없는 경우가 있으나 보수가 필요한 경우에 적용되는 보수방법은 차이가 있다. 또 철근 부식에 의한 콘크리트의 박리 및 하중작용에 의한 콘크리트 박리, 동결팽창에 의한 박리 등도 각각 그 원인에 따라 보수방법을 달리해야 한다.

보수공법 선정에 있어서 보수재료의 역학적 성질 및 내구성, 보수된 구조물의 성능, 보수방법의 경제성 등이 선정기준이 되며, 보수공법의 성능은 균열에 에폭시수지가 주입되는 정도, 주입한 수지와 콘크리트의 접착력 또는 단면 회복에 이용되는 재료와 기존 구조물과의 접착력 등 보수공사의 양부에 좌우되는 경우가 많다. 따라서 보수 작업 시에도 구조물의 신설 시와 마찬가지로 공사방법, 시공요령 및 시공관리에 관하여 충분한 검토가 필요하다. 보강공법 선정은 구조진단 및 구조설계에 의해 정해지지만 시공자가 현장 상황을 재검토하여 선정된 보강공법이 현장상황에 적합한지 여부를 판단해야 한다. 부적합하다고 판단될 시에는 원 구조기술자와 협의하여 조정해야 한다.

## 5.2 보수재료

### 1) 일반사항

균열보수에 있어서는 균열의 원인, 보수의 범위 및 규모, 환경조건, 안전성, 공기,

경제성 등을 고려하여 적절한 재료 및 공법, 시기 등을 선정하여야 하며, 보수에 사용되는 재료는 크게 수지계 재료와 시멘트계 재료로 구분할 수 있으며, 사용상의 주의나 요구되는 성질이 각각 다르다. 표 1.24는 보수에 사용되는 재료와 공법과의 관계를 나타낸 것이다.

**표 1.24 보수에 사용되는 재료와 공법과의 관계**

| 재료의 종류 | | 표면처리공법 | 주입공법 | 충전공법 |
|---|---|---|---|---|
| 수지계 | 레진모르타르 | | | ○ |
| | 에폭시수지 | | ○ | ○ |
| | 가용성 에폭시수지 | | ○ | ○ |
| | 탄성 실링제 | ○ | | ○ |
| | 도막탄성 방수제 | ○ | | |
| 시멘트계 | 폴리머시멘트 슬러리 | | ○ | |
| | 폴리머시멘트 페이스트 | ○ | | |
| | 폴리머시멘트 모르타르 | | | ○ |
| | 시멘트 필러 | ○ | | |
| | 팽창시멘트 그라우트 | | ○ | |

### 2) 수지계

일반적으로 사용되고 있는 재료의 종류로는 에폭시계, 폴리에스테르계, 폴리우레탄계, 고무아스팔트계 등이 있으며, 최근에 불소계의 수지가 사용되고 있다. 이러한 재료들은 접착성 및 내구성이 뛰어나며, 균열의 상태 및 적용하는 공법에 적합할 것 등의 성능이 요구된다. 이들 수지계 보수재료로 에폭시수지가 일반적으로 사용되고 있으며, 특성은 3차원의 망상구조로 변화하여 기계적인 특성을 발휘하는 열경화성 수지이다. 사용하는 경화제의 종류 및 조합방법에 따라 혼합물의 점도, 가사시간, 경화시간의 조절, 기계적 특성의 향상을 위하여 각종 첨가재료를 혼입하여 필요한 성능을 얻을 수도 있다.

수지계의 일반적 성질은 다음과 같다.

① 점도

점도는 기온에 따라 변화하며, 고온 시에는 낮아지고 저온 시에는 높아진다. 고점도의 것은 균열폭이 작을수록 주입에 요하는 시간이 길어진다.

② 가사시간

에폭시수지의 유동성이 확보되는 시간을 말하며, 작업성과 밀접한 관계를 가진다. 일반적으로 가사시간이 길면 초기강도의 발현이 늦어진다. 기온이 높으면 화학반응이 빨라지므로 가사시간이 단축된다.

③ 내역성

에폭시수지는 250℃를 전후로 하여 소량의 가스를 발생하면서 분해하여 405℃에서 수지의 2~5%가 가스로 된다. 이때 발생하는 가스의 주성분은 수소와 탄소의 화합물이 주종을 이룬다. 에폭시수지의 연속 내열온도는 강도 등의 기계적 성능을 고려하여 70℃ 정도가 적정한 것으로 알려져 있다. 현재 개발되어 있는 수지계 보수재료를 용도별로 주입재, 충전 단면 복구재, 표면피복재로 구분하여 각각의 특징을 정리하면 표 1.25~표 1.27과 같다.

**표 1.25 수지계 주입재의 특징**

| 일반명칭 | 주요 조성 | 특징 용도 |
|---|---|---|
| 에폭시수지계 균열주입재 | 에폭시수지 | 균열 추종성이 양호하며, 적용 가능 균열폭은 0.2~2.0mm |
| 실런트계 충전재 | 우레탄수지 | 단일성분으로 작업성이 뛰어남. 탄성계수가 작아 균열 추종성이 양호, 건축 및 토목구조물의 신축 줄눈부에 적합 |
| 폴리머시멘트계 주입재 | 에폭시수지계, 에멀션 미분발충진재, 조강시멘트 | 균열폭 5.0mm 이상에 적용. 습윤면에 대하여 접착성 우수. 알칼리 골재반응에 의한 성능저하의 보수에 적합 |
| 에폭시수지계 균열주입재 | 유연형 에폭시수지 | 경화물에 유연성이 풍부하여 진행성 균열에 적합. 균열 및 알칼리 골재반응에 의한 성능저하의 보수에 적합 |
| 요변성 에폭시수지계 균열주입재 | 에폭시수지 요변성 부여재 | 요변성을 부여하여 주입. 경화 후 흘러내림이 없음. 균열 및 콘크리트 구체와 외장재와의 들뜸 부위의 주입보수에 적합 |

표 1.26 수지계 충전 단면복구재의 특징

| 일반명칭 | 주요조성 | 특징 용도 |
|---|---|---|
| 에폭시수지재 줄눈충전재 | 에폭시수지 | 조성을 변화시켜 진행성 및 비진행성 균열에 적용가능. 구조물 바닥면의 보수, 요철부의 조정. 수평 및 상향시공이 가능. 중량이면서 진동이 발생하는 좌대의 보강 등에도 적용가능. 허니콤 철근 노출부의 보수에 적합 |
| 에폭시계 경량모르타르 | 특수변형 에폭시수지 | 부착성이 높으며 경량. 바름 두께를 두껍게 할 수 있으며 공기가 짧고 작업성이 뛰어남. 결손 부위의 충전에 적합 |
| 경량에폭시 수지모르타르 | 에폭시수지 경량골재 | 비중이 낮아 상향 시공성 양호. 얇게 시공하여도 드라이아웃이 없음. 단면 보수용으로 적합 |
| 에폭시수지 모르타르 | 에폭시수지 특수골재 | 요변성이 있는 에폭시수지와 골재로 구성되어 천장면이나 수직면에 시공하여도 흘러내림이 없음. 비투수성. 콘크리트 구조물의 방식 방청, 결손부의 보수, 요철부의 조정에 적합 |
| 수지프리팩트계 단면복구재 | 비닐에스테르 수지 골재 | 경화속도가 빠르면 강도가 높음 |
| 수중 및 지수요 충전재 | 에폭시수지 | 물에 젖어 있거나 누수되고 있는 부분에도 적용 가능 |
| 실런트계 충전재 | 2성분형 실리콘 | 내후성, 내수성, 내구성이 뛰어남. 프라이머 사용으로 대부분의 피착제에 접착 가능. 연신특성이 우수하여 진동, 신축에 대한 추종성이 뛰어남 |
| 합성수지계 프리팩트 콘크리트 | 비닐에스테르 수지 골재 | 경화속도가 빠르며 강도가 높음 |
| 우레탄계 충전제 | 2성분 우레탄수지 | 신축 추종성이 뛰어나며 흘러내림이 없음. 5mm 이상의 균열에 적용 |
| 에폭시계 단면복구재 | 에폭시수지 | 초경화성, 물로 반죽질기 조절 가능. 습윤부에 대한 접착성 양호, 대형 균열이나 결손부에 적합 |

표 1.27 수지계 표면 피복재의 특징

| 일반명칭 | 주요조성 | 특징 용도 |
|---|---|---|
| 아크릴 실리콘 도료 | 아크릴 실리콘수지 | 내구성, 방식성, 상온경화성, 내산, 내알칼리성이 뛰어남. 무기계 바탕과의 접착이 양호 |
| 도막계 콘크리트 보호제 | 에폭시수지 폴리부타디엔계 고무, 아크릴 우레탄수지 | 콘크리트 보호재로 요구성능, 시공조건에 따라 재료 공법의 선정이 가능 |

| 일반명칭 | 주요조성 | 특징 용도 |
|---|---|---|
| 에폭시수지계 콘크리트 피복재료 | 에폭시수지 폴리우레탄수지 | 내수, 내염수, 내화학, 약품성에 뛰어남 도막의 외관이 균일함. 콘크리트구조물의 염해대책에 적합 |
| 우레탄계 도장재 | 우레탄수지 | 구체의 진동에 대한 추종성 양호 |
| 불소계 도장재 | 1액 상온건조형 불소수지 | 재도장(덧바름)이 가능. 내후성, 내산성, 내알칼리성, 염분차단성 등이 우수함. 침투성 흡수방지제의 병용으로 콘크리트와의 부착성 증대 가능 |
| 실리콘계 도장재 | 실리콘수지 | 내후성, 내열성, 내한성, 균열 추종성, 발수성, 방수성, 내약품성, 접착성, 방청성, 투습성, 난연성 등이 우수함. 콘크리트 및 강구조물의 보호 피막재로 사용 |

### 3) 시멘트계

일반적으로 사용되고 있는 재료의 종류는 폴리머시멘트 슬러리, 시멘트페이스트 모르타르, 시멘트 필러, 팽창시멘트 그라우트 등이 있으며, 체적변화가 적고 시공성 및 내구성이 뛰어나며 균열의 상태 및 적용하는 공법에 적합할 것 등의 성능이 요구된다.

시멘트 주입재는 균열폭이 0.2mm 이상의 비교적 큰 균열에 사용되는 것으로 미세한 균열에는 적용이 곤란하다. 시멘트계 보수재료의 대부분은 습윤면에 대한 접착력은 크지만, 건조한 면에 시공할 경우 바탕재와의 경계부에서 드라이아웃에 의한 박리에 주의하여야 한다. 시멘트계의 보수재료는 방청처리재, 단면 복구재, 표면피복재로서 사용되는 경우가 가장 많으며, 요구되는 성능은 보수보강주입 그라우트에 요구되는 성능과 거의 동일하다.

- 주입재의 경우, 유동성이 뛰어나며 추종성이 좋을 것
- 재료분리 저항성이 클 것
- 무수축성일 것
- 접착성이 양호할 것
- 내구성이 뛰어날 것

주입재의 경우 이들 5가지 성능 전부가 요구되며, 방청처리재, 단면복구재, 표면피복재의 경우에는 무수축성, 접착성, 내구성이 중요한 기준이 된다. 특히, 유기계(수지계)의 단면복구재를 사용한 경우, 바탕콘크리트의 접착 계면에서 열팽창 수축에 의한 균열, 철근부식이 일어날 가능성이 있으므로 주의를 필요로 한다.

현재 시멘트계 보수재료로 널리 사용되고 있는 것은 폴리머시멘트 모르타르로 보통 시멘트 모르타르 및 콘크리트에 비해 내후성, 탄산화 및 산소 확산에 대한 저항성이 뛰어나다.

폴리머시멘트 모르타르계 보수재는 혼합비율에 따라 열팽창계수의 조절이 가능하며 시멘트계 재료에 탄성 및 신장능력을 부여할 수 있는 이점을 가진다.

그러나 현재로는 시공성·건조수축 등의 면에서 수지계에 비하여 성능이 떨어진다.

**표 1.28 시멘트계 보수재료의 특성**

| 재료 | 장점 | 단점 | 적용 |
|---|---|---|---|
| 실리카흄 | 초고강도, 수밀성<br>내구성 향상 | 고가<br>단위수량·점성 증가 | 고품질 뿜칠, 내마모성이 요구 |
| 뿜칠콘크리트 | 부착력-대, 수축-소,<br>시공 용이 | 품질이 기능공에 의존,<br>기능공 필요 | |
| 섬유보강 콘크리트 | 균열저항성-대<br>피로저항 향상 | 표면부 섬유분식<br>섬유의 분산이 곤란 | 균열제어, 뿜칠<br>프리캐스트 |
| 폴리머 | 부착성-대<br>양생 1일 이내<br>투수·투기성-소<br>내화학 저항성-대 | 가사시간이 짧음.<br>혼합, 취급이 특수<br>기능공 필요 | 포장, 충전, 화학적 침식 개소 |
| 팽창시멘트계<br>(팽창성 무수축 그라우트) | 취급 용이<br>동결융해 저항성 증가 | 배합이 시멘트 성분이나 비빔온도에 영향을 줌<br>거푸집 필요 | 공극충전, 균열충전 |
| 석고계<br>(무수축 팽창성 그라우트) | 취급 용이<br>경화가 빠름<br>공기양생 | 습윤상태에서 불안정,<br>경화가 빠름. 물에 용해되기 쉬움 | 건조조건에서 볼트 파이프 고정 |
| 산화금소계<br>(팽창성 무수축 그라우트) | 고강도<br>피로성상 양호<br>내충격성 양호 | 건습조건 하에서 불안정,<br>녹에 의한 오염 | 볼트고정, 크레인 레일의 설치. 중량물이 필요한 경우 |
| 칼슘 알루미네이트계<br>(팽창성 무수축 그라우트) | 경화가 빠름<br>내산, 내황산염, 내열 | 가사시간이 짧음. 경화온도 높음. 강도저하를 일으키는 경우가 있음 | 지수용의 충전 |
| 프리팩트<br>셀프마감재 | 취급 용이<br>부착력-대<br>펌프압송-가<br>마감불필요 | 옥외사용 불가<br>동결융해 저항성 없음 | 바닥이나 바닥마감재 |
| 프리팩트 개량 포틀랜드 시멘트 혼합물 | 취급 용이. 특성 포틀랜드시멘트계에 가까움 | 경화가 늦음<br>저온에서 사용 불가 | 포장보수, 구조물 국부적 보수 |

## 5.3 보수공법

### 1) 표면처리공법

#### (1) 일반사항

이 공법은 폭 0.2mm 이하의 미세한 균열에 적용되는 공법으로 균열이 발생한 콘크리트의 표면에 도막을 형성하여 방수성, 내구성 등이 기능을 향상시키는 공법으로 균열부분만을 피복하는 공법과 전체를 피복하는 방법이 있다.

표면처리공법은 균열을 따라 콘크리트 표면에 피막층을 형성하는 "균열부 표면처리공법"과 광범위한 콘크리트 표면 자체를 피복하는 "전면처리공법"으로 분류한다.

균열부 표면처리공법은 보통 0.2mm 이하의 미세균열에 대해 방수성과 내구성을 확보할 목적으로 사용되며, 구조성능의 개선, 미관 확보를 위해서는 효과적이지 못하다. 또한 전면처리공법은 건축물의 마감공법으로 콘크리트의 내구성, 방수성, 미관성 확보를 위해 사용하지만 구조성능의 개선에는 효과적이지 못하다.

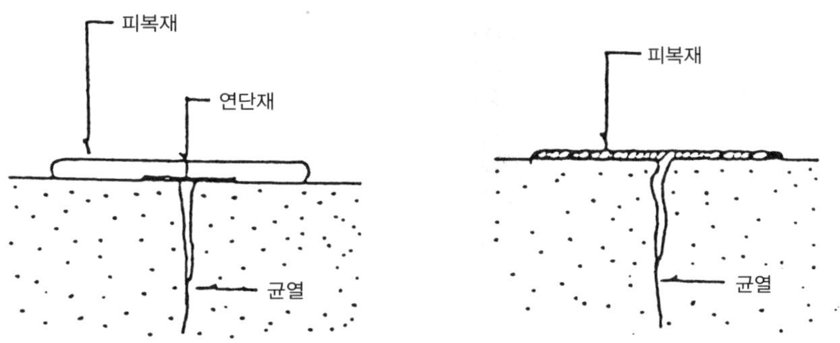


**그림 1.24 표면처리공법**

#### (2) 시공방법

① 폴리머시멘트 페이스트/모르타르 공법

㉠ 균열의 성장이 정지된 경우 : 균열의 성장이 정지된 상태에서는 단순히 표면처리하여 보수할 수 있다. 즉 균열선을 따라 폭 50~100mm를 와이어 브러시로 닦아낸 후 폴리머시멘트 페이스트나 모르타르(두께 약 2mm 정도)로 균일하게 도포한다.

㉡ 균열의 성장이 진행되는 경우 : 균열의 성장이 진행될 때 경화 후의 재질이 단단한 폴리머시멘트 페이스트나 모르타르로 보수하면 보수 부위에 다시

균열이 발생하므로 변형성과 신장성이 큰 재료를 사용하여야 한다. 즉 균열 면을 와이어브러시로 완전히 청소한 후 균열선을 중심으로 폭 30~50mm, 두께 2~4mm로 실(seal)재를 도포하여 바닥의 변형을 이 테이프 사이에서 흡수할 수 있도록 한다.

② 에폭시수지 모르타르 도포공법

㉠ 모르타르 면 및 구조체의 내구성과 연관되지 않은 구체 콘크리트 면에서의 결함부와 콘크리트 표면의 박리, 박락이 발생한 비교적 큰 결손 부위에 에폭시수지 모르타르를 도포하는 경우에 적용한다.

㉡ 구체 콘크리트의 철근이 노출된 결함부에도 적용하며 한 번에 두껍게 바를 수 있다.

**표 1.29 결함 부위의 에폭시수지 모르타르 도포공법**

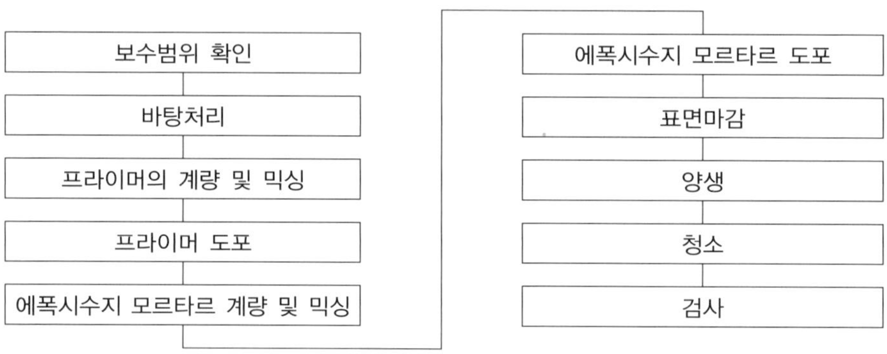


③ 에폭시수지 실공법

모르타르 표면의 균열폭이 0.2mm 정도 미만의 균열 부위의 표면을 실(seal)하는 경우에 적용하고, 균열이 거동하지 않는 경우에는 퍼티상의 에폭시수지를 균열이 거동하는 경우에는 가요성 에폭시수지를 사용한다.

**표 1.30 결함 부위의 에폭시수지 실 도포공법**

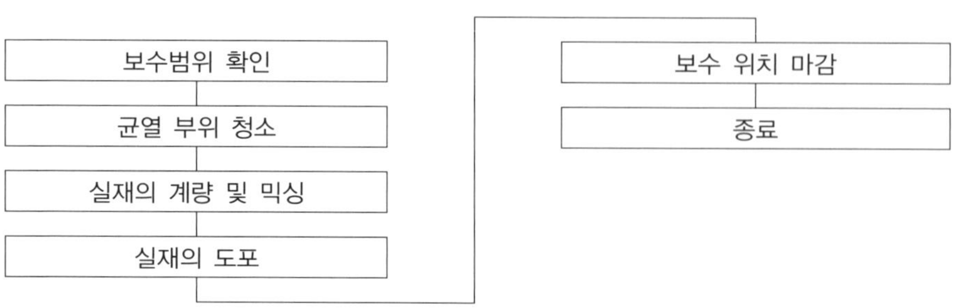

## 2) 주입공법

### (1) 일반사항

균열보수의 대표적인 공법으로 폭 0.2mm 이상의 균열보수에 적용한다. 균열에 수지계 또는 시멘트계의 재료를 주입하여 방수성, 내구성을 향상시키는 공법으로 마감재가 콘크리트 구체로부터 들떠 있는 경우에도 적용할 수 있다.

### (2) 시공방법

기 공법을 적용함에 있어서는 시공시기에 맞는 가사시간 및 균열폭에 대응한 점도의 재료를 선정하는 것이 중요하다. 주입공법에 따른 일례는 그림 1.25와 같다.

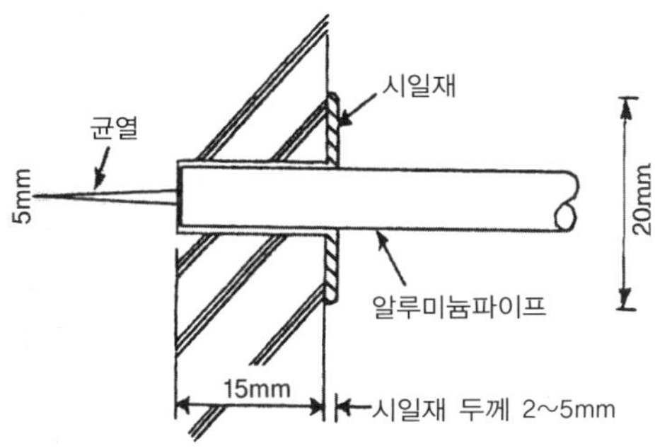


| 균열폭(mm) | 파이프 간격(mm) |
|---|---|
| 0.3 이하 | 50 ~ 100 |
| 0.3 ~ 0.5 | 100 ~ 200 |
| 0.5 ~ 1.0 | 150 ~ 250 |
| 1.0 이상 | 200 ~ 300 |

그림 1.25 주입공법

에폭시수지를 진행성 균열의 보수에 사용하는 경우, 가용성(可溶性)의 것을 사용하거나 충전공법을 고려할 필요가 있으며, 에폭시수지 주입공법과 앵커핀과의 병용으로 균열부의 일체화를 증대시켜 온도변화 등에 의한 균열의 움직임을 적게 하는 방법도 고려할 필요가 있다.

## 3) 충전공법

### (1) 일반사항

충전공법은 균열폭이 0.2mm 이상인 균열 부분을 V-cut 또는 U-cut하여 균열부에 보수재료를 충전하는 충전공법과 3mm 이상의 균열폭에 대하여 직접 보수재료를 흘려 넣는 유입공법으로 분류할 수 있다. 충전공법은 주로 콘크리트 구조물의 내구성, 방수성을 회복시키기 위하여 사용되며 변동하는 균열 및 미세균열의 보수에 적합하다.

충전공법과 유입공법 외 균열이 많이 발생한 콘크리트면을 균일하게 chipping하여 콘크리트를 타설하는 공법도 이 공법에 포함시킬 수 있다. V-cut, U-cut공법은 보수할 균열을 따라 V형 또는 U형으로 콘크리트를 cut하여 콘크리트면을 와이어브러시 등으로 청소한 다음 필요에 따라서는 프라이머를 바른 후에 합성수지나 합성수지 에멀션, 혼합시멘트모르타르, 보통 시멘트모르타르, 아스팔트모르타르 등을 충전하고 충전재가 충분히 경화한 후에 표면을 그라인더, 샌드페이퍼 등으로 평탄하게 마감한다. 보통 시멘트모르타르 같은 건조수축이 크고, 더욱이 접착강도가 얻어지기 어려운 보수재료를 사용하는 경우에는 보수재료와 콘크리트 cut면과의 표면처리가 일어나기 쉬우므로 일반적으로 V-cut보다는 U-cut을 실시하는 것이 바람직하다. U-cut은 균열을 따라 커터로 서로 평행한 두 줄의 홈을 낸 후 그 사이를 chipping해 나간다.

### (2) 시공방법

균열의 폭이 0.5mm 이상으로 비교적 큰 경우의 보수에 적합한 공법으로 균열을 따라 모르타르 마감 또는 콘크리트를 V컷하여, 그 부분에 보수제를 충전하는 방법이다. 이 공법은 철근이 부식되어 있는 경우와 부식되지 않은 경우에 따라 보수방법이 다르다.

#### ① 철근이 부식되지 않는 경우

그림 1.26과 같이 균열을 따라 약 10mm 폭으로 콘크리트를 U형 또는 V형으로 따낸 후, 이 부위에 실링재 가용성 에폭시수지 또는 폴리머시멘트모르타르, 폴리머모르타르 등을 충전하여 보수한다. U형 절단방법은 균열선을 중심으로 양쪽에 커터로 홈을 낸 후 그 사이의 콘크리트를 제거하는 것이며, V형 절단방법은 원추형의 다이아몬드 조각을 전동드릴 끝에 장착하여 균열선을 따라 제거하는 방법이다.

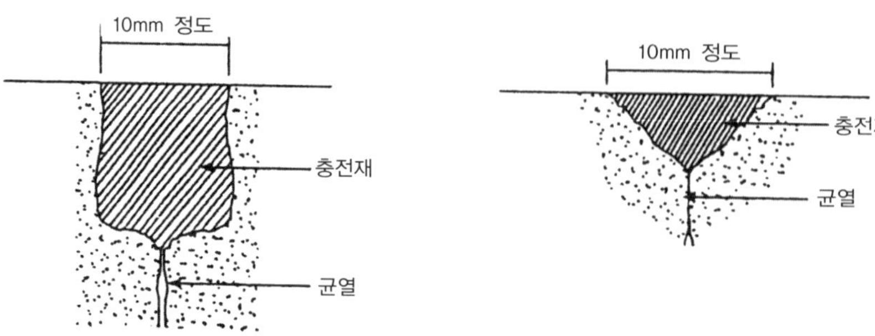


**그림 1.26** 철근이 부식되지 않은 경우의 충전공법

표 1.31 철근이 부식하지 않은 경우 충전공법 - 시공순서

1. 보수범위 확인
2. 균열조사
3. 균열면 U형 또는 V형 절개
4. 절개면 청소
5. 충진재료 충진
6. 양생
7. 모르타르 미장마감
8. 종료

② 철근이 부식되어 있는 경우

그림 1.27과 같이 철근이 부식되어 있는 부분을 처리할 수 있을 정도로 콘크리트를 쪼아내어 철근의 녹을 완전히 제거하고 철근의 방청처리, 콘크리트 면에 프라이머를 도포한 후 폴리머시멘트 모르타르, 에폭시수지 모르타르 등의 재료를 충전한다.

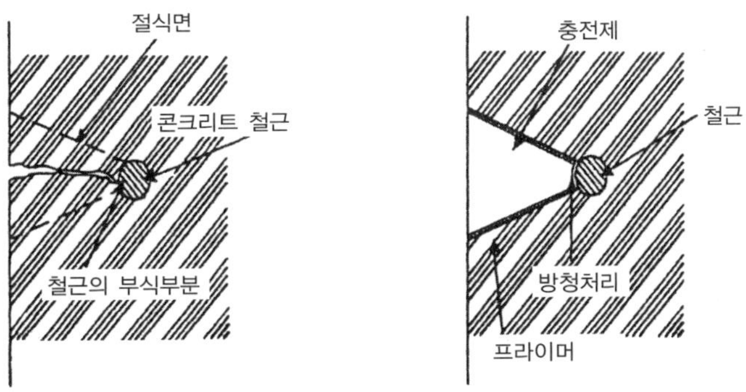


그림 1.27 철근이 부식되어 있는 경우의 충전공법

표 1.32 철근이 부식한 경우 충전공법 - 시공순서

1. 보수 범위 확인
2. 균열면의 콘크리트 깎아내기 철근 노출
3. 철근의 녹 제거 청소
4. 철근 표면에 방청제
5. 프라이머 도포
6. 콘크리트 결손 부분에 충전제 충전
7. 표면마감
8. 양 생
9. 청 소
10. 검 사

이 방법은 철근이 부식되어 있는 경우의 철근콘크리트구조물의 내구성 회복을 목표로 하는 균열 보수의 주된 방법으로 환경조건에 따라 여러 가지의 재료 및 공법이 사용될 수 있다. 일반적으로 보수재료에 의해 물리적으로 부식을 방지하는 방법, 콘크리트에 알칼리성을 부가하여 화학적으로 부식을 방청하는 방법, 이들을 혼용하는 방법 등 3가지로 크게 나눌 수 있다.

▲ 주입 위치 바탕처리
시공 위치 돌출부 / 공사 방해물 등을 그라인더를 이용하여 제거

▲ 에폭시 퍼티 실링
주입제 누출을 방지하기 위한 에폭시 퍼티 실링

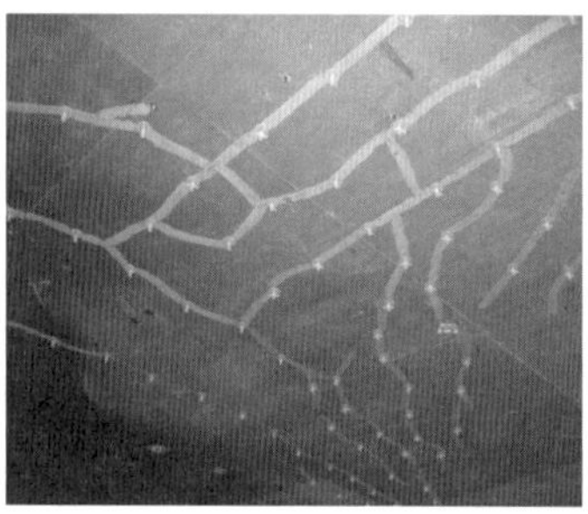

▲ 주입구 부착
수지 주입용 주입구를 에폭시 퍼티를 이용하여 부착

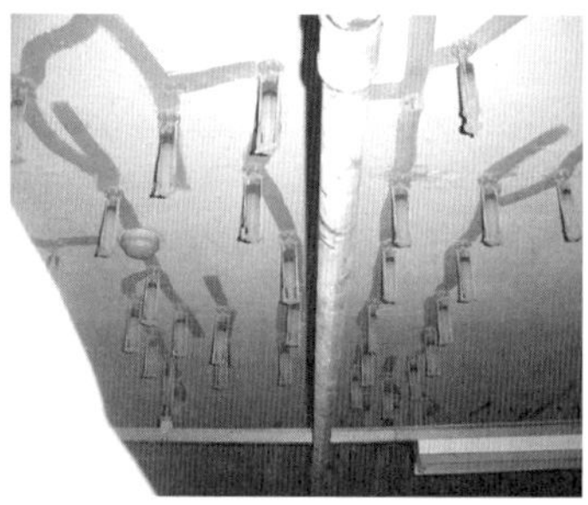

▲ 주입기 부착
주입이 완료된 뒤 양생을 거친 후 주입구 제거 / 마감

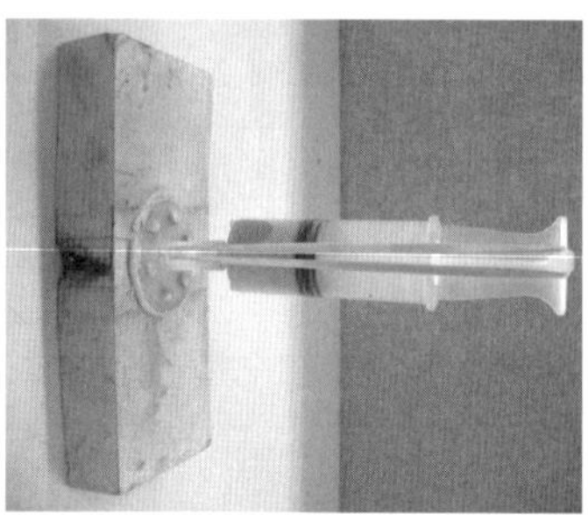

▲ 균열보수 샘플

▲ 주입용 에폭시수지
A : 주재, B : 경화제

그림 1.28 균열 보수공사 시공장면

### 4) Epoxy Resin 주입공법

주입에 사용될 Resin은 철근, 강재 및 콘크리트와 유해한 반응을 갖지 않고 내구성이 있으며 자외선에 강하고 접착력이 양호해야 한다. Epoxy Resin 주입에 의해 철근부식 방지 및 구조물의 안전성을 회복시킬 수 있다.

저압저속의 주입공법은 주입량 점검이 용이하고 또 균열 속 깊이까지 주입할 수 있는 특징을 지니고 있으나 주입기(injector)에 주입재료가 남아 재료 손실이 많은 점도 있다.

에폭시수지 주입공법에 있어서 시공시기에 따른 가사(可使)시간 및 균열폭에 적응한 점도를 갖는 재료를 선정하는 일이 중요하다. 에폭시수지의 점성에 따라서는 대상으로 하는 균열에 충분히 주입할 수 없는 경우가 있으므로 주의를 요한다.

에폭시수지에 대해 용제량을 많게 하는 것은 점성을 작게 하고 시공이 용이하게 하나 접착력의 저하를 가져와 소기의 목적을 달성하지 못하는 경우가 있으므로 주의해야 한다.

진행성 균열에 대해서는 에폭시수지의 변형이 문제가 된다. 일반적으로 사용되고 있는 에폭시수지의 변형량은 2% 정도로, 이 같은 재료를 사용하면 보수한 균열 부근에 새로운 균열이 발생하는 경우가 많다. 따라서 이 같은 균열에 대해서는 가소성의 에폭시수지를 사용한다든가 충전공법의 채용을 검토할 필요가 있다.

### 5) Cement Suspension 주입공법

미세한 입도의 시멘트를 물과 접촉시키면 cement suspension이 형성되는데, 이것은 시멘트와 물이 화학반응으로 고결체가 형성되기까지는 시멘트 입자가 물 속에서 부유 상태로 존재한다. 고결재(gel) 형성을 위해서는 몇 시간 정도 소요되며 이 동안 suspension 안의 시멘트 입자는 침전한다. 따라서 균열 주입을 위한 시멘트는 아주 미세한 입도를 가진 것을 사용하는 것이 바람직하다.

Cement Suspension은 물, 시멘트, 분말규사, 혼합제(물유리)의 혼합물인데 이 중 혼화제는 건조수축과 물의 표면장력을 감소시켜 Cement Suspension이 균열 안으로 깊게 침투하도록 하는 역할을 한다. 경우에 따라서는 특수 주입 보조재료를 혼입하여 콘크리트 안에 존재하는 공동 등을 충전할 수 있고, 동시에 구조물의 방수효과를 높일 수 있다. Cement Suspension의 주입을 위해서는 사전에 균열표면을 숏크리트(shotcrete) 등으로 밀봉해야 하고, Cement Suspension이 흐를 수 있는 충분한 폭(2㎜ 이상)의 균열이 존재해야 한다.

### 6) 단면 복구공법

철근콘크리트 건축물의 리모델링 현장에서 가장 많이 볼 수 있는 하자가 콘크리트 단면결손이다. 이는 대부분 콘크리트 내부에 배근된 철근의 피복두께 부족이나 콘크리트의 탄산화 등으로 철근이 부식하면서 표면이 팽창하여 콘크리트 내부에 균열이 발생하거나 들뜸현상이 나타난다. 이러한 경우는 들뜬 부위를 파취하고 철근의 부식된 부분을 제거한 다음 폴리머계의 단면 복구용 모르타르로 보수하면 콘크리트 부재의 기능을 원상회복시킬 수 있다.

① 콘크리트 파취

② 철근 녹제거, 방청제 도포

③ 알칼리성 회복제 도포

④ 단면복구용 모르타르 도포

⑤ 단면복구 시공 후

**그림 1.29 단면복구 시공 장면**

### 7) 조적조 균열 보수

조적벽체 및 미장재 등의 마감재에 발생한 균열은 다음과 같이 U-Cutting 후 에폭시계 탄성실링재 처리로 마감이 요구된다.

① 시공순서

㉠ 균열조사 : 균열상태, 폭, 깊이 등을 충분히 조사하여 공정순서를 확인한다.

㉡ 바탕처리 : 와이어브러시, 디스크 샌더 등으로 균열 주위를 깨끗이 정리한다.

㉢ U-Cutting : 시공(균열) 부위를 U-Cutting한다.

㉣ 청소 : U-Cutting한 부위의 분지 등 이물질을 완전히 제거한다.

㉤ 프라이머 도포 : U-Cutting한 부위에 에폭시 실링재의 접착을 최대한 향상시키기 위하여 에폭시 프라이머를 골고루 도포한다.

㉥ 실링 : 에폭시 프라이머를 도포한 후 약 1~2시간(25℃) 경과 후에 탄성 에폭시 실링재를 코킹 건에 장착하여 실링한다.

㉦ 마감시공 : 탄성 에폭시 실링재가 완전히 경화, 양생(약 7일)된 이후에 시행하거나 핸디코트를 시공한 후 마감한다.

② 보수 · 보강도

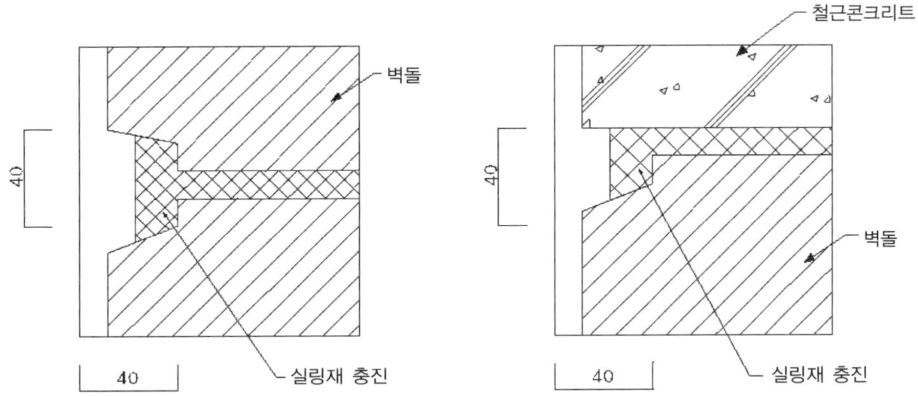


**그림 1.30 조적벽체 및 마감재 균열부위 보수방법**

## 5.4 보강재료

주된 보강재료에는 탄소섬유 시트, 유리보강섬유, 아라미드섬유, 강재 등이 있다.

### 1) 탄소섬유 시트

탄소섬유 시트의 구성재료는 에폭시수지와 탄소섬유인데, 탄소섬유는 직경 7~14㎛의 연속섬유로서 직경이 매우 작기 때문에 인장응력이 집중되기 쉽고 돌출부에 약한 특징을 가지고 있다. 제조방법에 따라 피치계, PAN계, 성능상 고강도형 및 고탄성형으로 나누어진다. 그 ①강도가 철근에 비하여 매우 높고(약 10배), ②탄성률은 거의 동등하며 ③강재와 달리 항복현상이 없다는 역학적 특성을 갖고 있으며, ④철근과 비교하여 경량이고 (약 1/4) 녹이 슬지 않아 내구성이 뛰어나며 ⑤유연성이 있기 때문에 작업성에서 우수한 기능적 특성을 가지고 있다. 탄소섬유의 사용형태는 섬유를 겹쳐서 실 모양으로 한 탄소섬유 스트랜드형과 섬유를 일방향으로 배열해 만든 탄소섬유 시트를 사용하는 경우가 대부분이다.

### 2) 유리보강섬유

유리보강섬유의 구성재료는 에폭시수지와 유리섬유이며, 이 중 유리섬유는 촙드 스트랜드, 매트로빙크로스, 얀 크로스, 서피스 매트류 등이 사용된다. 유리섬유는 인장강도가 크며, 충격에너지의 흡수량이 크고, 내열성이 우수한 특징이 있다. 또한 불연성이며 화학적 내구성이 우수하고, 비흡수성으로 표면수분 흡착률이 0.3% 이하이며, 전기적 저항성이 우수하다.

### 3) 강재

보강공법에 사용되는 강재는 보통 강판, 철근, H형강, I형강 등이 사용되며, 이와 같은 보강재는 보강공법에 따라 적합한 것을 선택 · 사용해야 한다. 보통 강재와 강재의 접합에는 강재 볼트접합이나 용접이 이용되고, 콘크리트와 강재와의 접합에는 앵커용 볼트가 사용된다.

강판접착보강공법의 경우 강판은 SS400이 일반적으로 사용된다. 강재의 역학적 특성은 인장시험, 휨시험, 충격시험 등의 재료시험을 통하여 결정된다. 강재의 시험은 한국공업규격(KS)에서는 인장시험을 KS B 0801, KS B 0802에, KS B 0803, KS B 0804에, 충격시험을 KS B 0809, KS B 0810에 규정하고 있다.

## 5.5 보강공법

주된 보강공법에는 강판접착공법, 보강섬유접착공법, 프리스트레싱공법, 단면증설공법, 교체공법, 앵커공법 등이 있다.

### 1) 보강설계

보강 시에는 균열의 원인, 하중조건, 필요한 내력, 보강의 범위와 규모, 환경조건, 안전, 공사기간, 경제성, 관리의 용이성 등을 고려하여 계획한 보강목적이 달성되도록 보강방법, 보강시기 및 보강재료를 선정하고, 단면 및 부재의 설계를 행한다. 또한 보강된 부재내력의 산정은 구조의 형식, 부재 단면의 재원 및 재료의 역학적 특성에 기인하여 적절한 방법으로 행하며, 보강된 부재의 안전성은 내력 및 작용하중을 적절히 결정하여 확인한다.

### 2) 강판접착공법

본 공법은 콘크리트구조물의 콘크리트 표면, 특히 인장측 표면에 강판을 접착하여 기설구조물과 일체화시킴으로써 내력 향상을 도모하는 공법이다. 이 공법 선정 시에는 콘크리트 표면의 상태, 시공조건 등에 따라 종합적으로 판단해야 하지만 강판접착에 의한 보강효과는 시공 여부에 좌우되므로 적절한 접착제 선정과 충분한 시공관리가 필요하다.

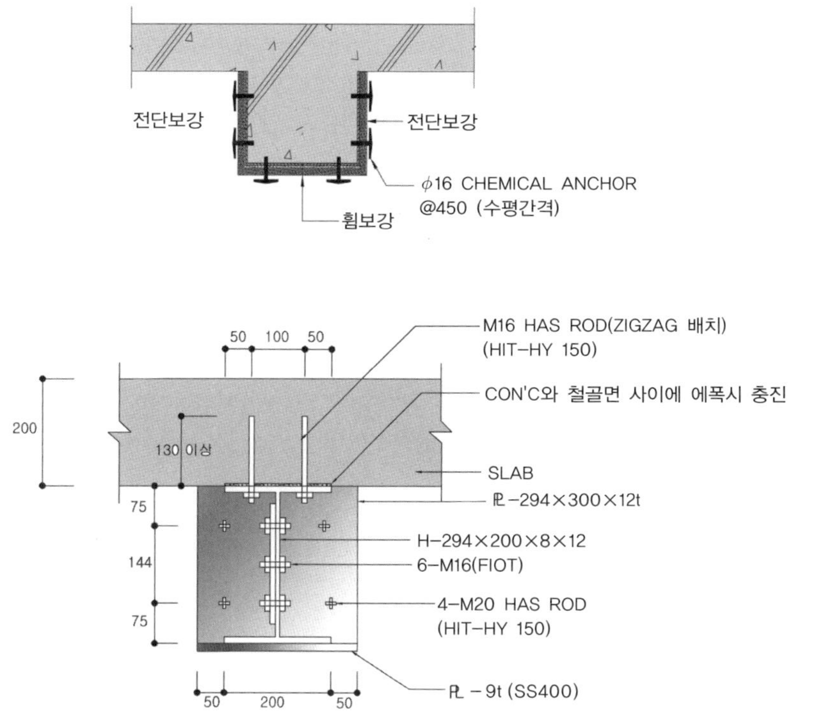


그림 1.31 강판 보강공사 시공상세

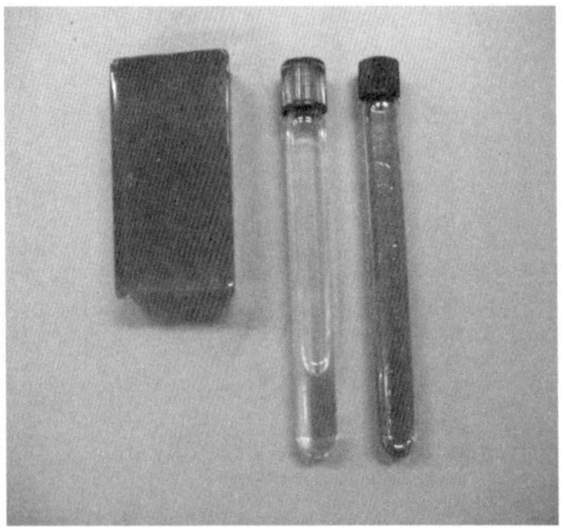

▲ 주입용 에폭시수지 주재 및 경화제
갈색 : 주재(2-비율), 투명 : 경화제(1-비율)

▲ 보강 위치 확인

▲ 형강/철판 가공
설계치수대로 강재를 가공한다.

▲ 보강 위치 바탕처리
보강재와 모재의 접착을 위하여 모재 면을 그라인딩한다.

▲ 강판 부착

▲ 볼트 캡 시공

▲ 에폭시 퍼티 실링

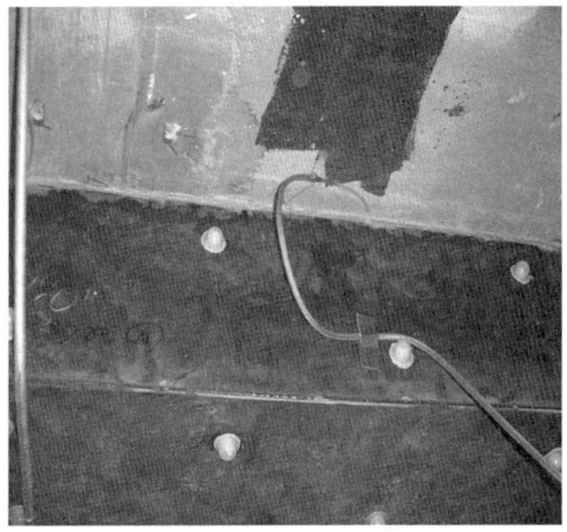

▲ 주입관 설치

▲ 주입 후 타격 검사 망치 등을 이용한 충진 여부 확인

▲ 보강 부재 녹막이도장 후 최종 마감도장

### 3) 보강섬유접착공법

강판의 시공성능이 자체의 무게 등으로 큰 부위에 적용될 경우 용접개소 증가 등의 문제가 있으므로 최근에 개발된 재료가 보강섬유(FRP : fiber reinforced plastics)이다. 보강섬유는 시공이 단순하며 재료의 무게가 경량이고 가공성이 우수하여 부식되지 않기 때문에 심한 부식환경에서도 적용할 수 있는 보강에 적절한 좋은 재료이다. 그러나 재료의 특성상 파괴 후 거동이 취성적인 우려가 있으므로 유의해야 하며, 보강섬유는 에폭시 접착제에 의해 전적으로 구조거동이 좌우되므로 보강섬유 전용 에폭시 사용이 중요하다. 균열용 에폭시나 강판접착용 에폭시를 사용할 경우 기대하는 구조보강효과를 얻지 못할 수 있으므로 유의해야 한다. 일반적으로 보강섬유에는 유리섬유, 탄소섬유, 아라미드섬유 등이 있으며, 이들 섬유는 방향성이 있으므로 보강하고자 하는 방향으로 보강섬유가 배치되도록 접착해야 한다.

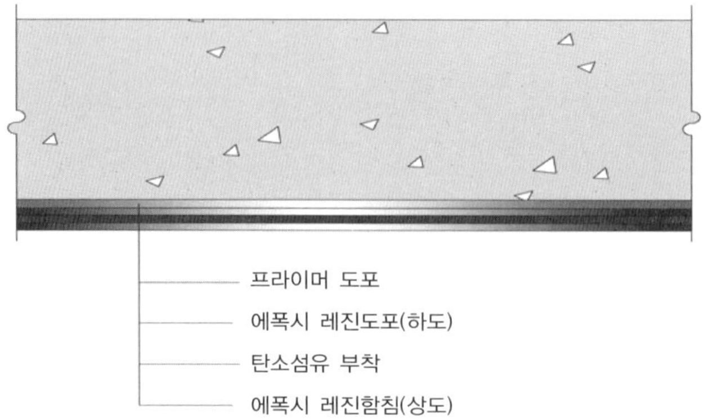


※ 탄소섬유는 흑연섬유로도 지칭되며, 탄소원자의 결정구조를 이용한 고강도섬유로 최근 복합재료에 사용되는 보강섬유의 대종을 이루고 있다.

그림 1.32 탄소섬유 보강공사 시공상세

표 1.33 탄소섬유시트 제원

| 구분 | 최대 인장강도 | 실제 인장강도 | 설계 인장강도 | 설계 인장탄성률 | 비고 |
|---|---|---|---|---|---|
| 탄소섬유 | 49,000 | 47,000 이상 | 35,500 이상 | $2.35\times10^6$ | |
| 강재【SD30】 | - | - | 3,000 | $2.1\times10^6$ | |

▲ 레진 및 프라이머
투명 : 바탕처리용 프라이머
녹색 : 탄소섬유 부착용 에폭시 레진

▲ 탄소섬유 보강
시공 샘플

▲ 시공 위치 먹매김

▲ 시공 위치 방해물 제거

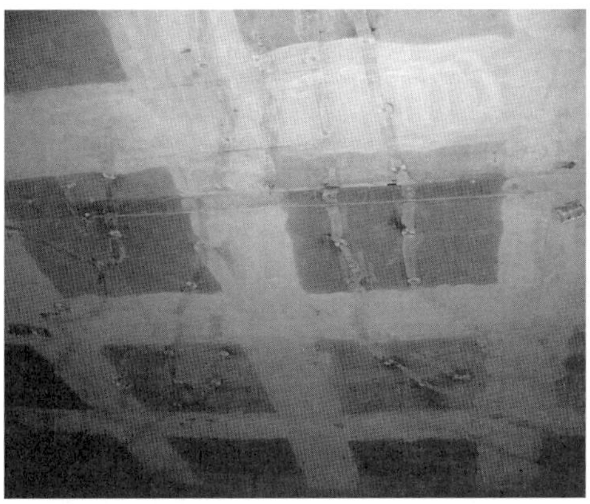

▲ 시공 위치 바탕갈기

▲ 바탕처리용 프라이머 도포

▲ 레진 도포(하도)

▲ 탄소섬유 부착

▲ 레진 함침(상도)

#### 4) 프리스트레싱공법

프리스트레스 도입에 따른 보강은 프리스트레스력을 부여함으로써 부재에 발생하고 있는 인장응력을 감소시켜 균열을 복귀시킬 뿐 아니라 압축응력을 부여하는 것을 목적으로 하는 공법으로 구조물의 내력 및 강성의 증강, 균열폭의 감소 등이 가능하게 된다. 이 공법은 구조물의 국부적인 보강보다는 오히려 부재 전체 또는 구조물 전체에 걸쳐 휨모멘트, 전단력, 축력의 작용상태를 변화시키고, 때로는 변형상태를 개선시키는 것을 목적으로 이용하는 경우가 많고 그 때문에 일반적으로 공사규모는 커지며 다른 공법보다도 넓은 작업공간을 필요로 하는 경우가 많고 또 설계, 시공도 다른 공법보다 복잡하다. 프리스트레싱 공법의 시공방법은 구조물의 종류나 본 공법 적용의 목적에 따라 여러 방법이 취해지고 있어 공사의 긴급도, 공사기간, 안전성 및 경제성 등을 종합적으로 판단하여 결정할 필요가 있다.

#### 5) 단면증설공법

단면증설공법은 손상열화를 받은 부재의 상면에 콘크리트와 모르타르 등을 두껍게 하는 보강공법이다. 예를 들면, 도로교와 철도교 등에서 피로열화에 따라 변형이 증가해서 기능이 저하한 경우에 상판 상면에 콘크리트를 타설함으로써 상판두께를 크게 해서 내하력과 강성을 회복시키는 공법이다. 유사한 공법으로서는 보를 새로 설치하는 증설공법이 있고, 기존의 보 사이에 신설 보를 증설하는 것에 의해서 내하력과 강성을 회복시킨다. 이들 단면증설공법이나 신설 보 증설공법은 상판의 단면내력을 회복시키기도 하고 보강에 가장 효과적인 방법이다.

### 6) 교체공법

교체공법은 손상되어 있는 부분만을 제거하고 콘크리트를 새롭게 타설해서 손상을 받지 않은 다른 부분과 같은 정도의 기능으로 회복시키는 부분교체공법과 부재를 전면적으로 제거하고 새로 교체하는 전면교체공법이 있다. 두 공법 모두 내하력과 강성을 회복시키는 효과는 확실하다.

상판이 전면적으로 손상을 받은 경우에는 상판을 전면 제거해서 프리캐스트판으로 교체하는 것도 유효하고, 교통소통을 조기에 할 수 있다고 하는 이점이 있다.

### 7) 앵커공법

앵커공법은 균열이 구조내력에 지장을 주는 경우 균열 부분을 강봉 등으로 봉합시켜서 내하력을 회복시키려고 하는 것이다. 이 공법은 보강해야 할 부위가 넓지 않은 경우에 적용할 수 있는 방법으로 배근량이 부족하여 철근을 배근할 필요가 있을 때 사용한다. 슬래브의 상부 면을 철근이나 강판이 매입될 정도로 U형을 제거하여 철근이나 강판을 매입한 후 제거된 부위의 홈에 에폭시수지 접착제를 사용, 철근을 고정시키는 공법이다. 이 경우 보강 부위 주변의 균열은 에폭시수지로 보강해야 한다.

# 6. 내진보강공사

## 6.1 리모델링을 위한 내진보강 개요

### 1) 내진보강의 필요성

최근 들어 한반도도 지진 활동기에 접어들고 있다는 연구결과가 발표되면서 지진재해에 대한 대책을 하루빨리 마련해야 한다는 목소리가 높아지고 있다. 그러나 우리나라에서는 지난 200여 년 간에 걸쳐 큰 규모의 지진이 거의 발생한 적이 없으므로 아직 내진설계와 그에 대비한 내진진단 및 보수·보강의 중요성을 정확하게 파악하지 못하고 있는 실정이다.

그리고 건축구조기준에서는 내진설계 하중이 종래에 비해 합리적으로 되어 리모델링을 위해 기술적으로 가장 중요하게 다루어야 할 기술로 부각되고 있으며, 특히 평면을 증축하는 건물에 중요하게 되었다.

현재 리모델링의 대상이 되는 공동주택의 대부분은 내진설계가 도입되기 전에 설계된 경우가 대부분이며, 수직증축 및 평면의 증축을 수반하는 경우가 많기 때문에 최근의 내진설계기준을 적용해야 하므로 공동주택의 내진보강공법이 건축비 및 공기에 차지하는 비율은 매우 높다고 할 수 있다.

따라서 지진피해 사례를 통하여 지진의 특성을 분석하고, 현재 지진 발생이 많은 국가에서 사용되는 내진보강 설계에 대한 사례를 살펴봄으로써 건축물의 리모델링을 위한 내진보강공법에 대해 설명하겠다.

### 2) 지진피해 사례 및 분석

#### (1) 철근콘크리트조 건물의 지진피해

RC건축물의 손상모드와 붕괴모드를 보면, ①1층 기둥에서는 주두, 주각의 전단파괴가 가장 많고, 다음으로 ②휨파괴, ③기둥 중앙에서의 사장력 파괴가 그 뒤를 잇고 있다. 여기서는 손상모드의 상세한 설명은 피하겠으나, 일반적으로 전단파괴는 취성적인 파괴로서, 발생과 동시에 내력이 저하되어 부재는 수평력 및 연직력을 유지할 수 없게 되고 순간적으로 붕괴에 이르게 된다. 기둥 중앙에서 X자형으로 발생하는 전단파괴를 사장력 파괴, 주두 · 주각에서 휨파괴와 서로 전후로 발생하는 파괴를 단순히 전단파괴라고 한다. 한편, 휨파괴는 주근의 항복에 의해 발생하는 손상모드로 전단파괴에 비해 인성이 크고 부재의 변형능력도 높다.

지진에 의한 손상모드를 일본의 경우를 예로 연대별로 분류하면 전단보강근이 적게 배근되었던 1970년 이전에는 기둥의 전단파괴와 사장력 파괴가 현저하였으나 이러한 파괴양상은 1970년대 이후에 설계된 건물에서는 급격히 감소하고 그 대신 휨파괴가 늘어났다. 기둥의 전단보강이 크게 강화된 1980년대 이후에 설계된 필로티 형식의 기둥 단부에서의 휨파괴도 많이 보였다. 이렇게 시대에 따라 파괴형식이 다르게 나타나는 것은 지진피해가 거듭되면서 각국의 설계기준이 강화되어 사장파괴와 전단파괴 등과 같이 위험성이 높은 파괴를 막기 위한 노력이 있었기 때문이다.

주두, 주각에서의 전단파괴는 전단보강근에 의한 구속효과가 약하기 때문에 큰 소성 변형능력을 발휘하지 못하고 전단파괴에 도달한 것으로 추정된다. 그리고 사장력에 의한 기둥의 전단파괴는 부재 중간부에서의 전단보강근이 부족했기 때문에 발생한 것으로 판단된다. 그러나 최근의 건물에서는 전단보강근을 조밀히 배근하기 때문에 주두·주각에서의 휨 힌지가 발생하고, 큰 소성변형을 받았음에도 불구하고 붕괴에 이르지 않은 것으로 판단된다.

그러나 우리나라 건축물의 대부분을 차지하고 있는 노후화 건물들은 내진설계가 이루어지지 않았기 때문에 지진 발생빈도가 높은 나라에서 1970년 이전에 나타난 파괴양상을 나타낼 것으로 보이므로 지진에 대한 위험성을 그대로 내포하고 있다고 예상된다.

그리고 이들 층이 붕괴·대파된 건물은 기본적으로 기둥붕괴형의 메커니즘을 이루고 있다. 기둥은 연직하중을 지지하는 가장 중요한 부재이고, 최종 붕괴형을 상정하여 그 위험성을 제거해야 할 것으로 판단된다.

건물이 지진에 의해 어떤 형태로 어느 정도 파괴될 것인가는 건물을 구성하는 기둥과 보, 벽 등의 구조부재 특성에 따라 결정된다. 철근콘크리트조의 경우 일반적으로 RC 건물을 구성하는 구조부재에는 축력(압축력, 인장력), 전단력 및 휨모멘트가 작용하고 있다. 그에 대응하여 부재의 파괴모드도 축(압축)파괴, 전단파괴, 휨파괴 등과 같은 기본형 및 이를 조합한 형태로 분류된다. 이들의 손상모드 가운데 철근의 항복에 의한 휨파괴만이 인성적 파괴이고, 전단 파괴와 콘크리트의 압축파괴를 동반한 파괴는 최대내력에 도달한 직후에 내력저하가 발생하는 취성파괴이다.

구조물을 구성하는 부재 중 하나라도 전단파괴와 같은 취성적 파괴를 일으키게 되면, 다른 부재가 최대강도에 도달할 때에는 취성파괴된 부재의 강도가 이미 현저히 저하했기 때문에 건물 전체의 보유내력이 작아지게 된다. 더욱 중요한 것은, 예를 들어 연직하중을 지지하고 있는 부재가 취성파괴를 하여 수평내력이 저하하게 되면, 연직방향의 내하력도 동시에 저하되어 건물 중량을 지지할 수 없게 되어 연직방향으로 파괴된다.

따라서 철근콘크리트조의 내진성을 향상시키기 위해서는 적어도 기둥, 보 부재는 휨파괴 이전에 전단파괴, 부착파괴 등의 취성파괴가 발생하지 않도록 하고 기둥의 연직방향 내하력을 확보하기 위해서는 기둥보다 보의 휨파괴를 선행시키도록 유도해야 한다.

#### (2) 철골조 건물의 지진피해

철골구조의 경우는 1990년 중반까지의 지진피해를 입은 구조물은 강구조의 탁월한 변형능력에 의해 대소성 변형에 의한 손상이 거의 대부분이었으나, 1994년의 Northridge 지진과 1995년의 고베지진에서는 부재, 특히 접합부와 기둥에서의 취성파단이 다수

발생하여 큰 충격을 주었다.

그림 1.33은 고베지진에서의 철골구조 접합부의 파단형태를 나타낸 것으로 파단은 거의 대부분 보의 하부 플랜지에 집중되었다.

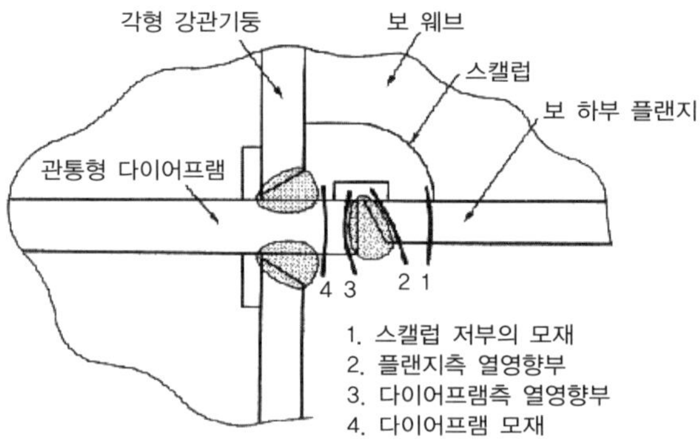


**그림 1.33 기둥 · 보 접합부의 파단형태**

출처 : 철골조 건물 피해조사보고서, 日本建築學會近畿支部

하부 플랜지의 파단면은 그림 1.33에 나타낸 바와 같이 스캘럽 밑면부, 엔드 탭 부근, 용접 지단부 등을 기점으로 하고 있으며, 플랜지 모재, 다이어프램 모재, 플랜지측 열영향부, 다이어프램측 열영향부로 진전되고 있다.

이러한 취성파단의 원인으로는 다음을 들 수 있다.

① 강재의 인성 부족

② 저온에서의 충격에너지 흡수능력 부족

③ 후판 사용에 의한 변형능력 저하

④ 스캘럽 등과 같은 단면결손 부분에서의 응력집중현상 발생

그리고 기둥에서의 취성파단은 3종류의 기둥에서 취성파괴가 확인되었다. 초고층 건물의 Built-Up기둥에 사용된 ㄷ형의 압연형강에 의한 상자형 단면, 브레이스구조의 기둥에 사용된 냉간성형 각형강관, 순라멘구조에 사용된 콘크리트 충진 부분에서의 냉간성형 각형강관이다.

브레이스의 경우 평강, 산형강 등의 비교적 작은 단면을 사용한 경우, 단부는 거싯 플레이트에 볼트로서 접합한 형식으로 부재좌굴 이외에 볼트 접합부의 파단, 거싯플레이트의 모살용접부 파단 등 접합부의 파단에 의한 손상을 입고 있으며, 구조체의 잔류 변형이 크게 나타나거나 붕괴에 이른 경우가 많다.

강관, H형강 등과 같이 비교적 큰 단면을 사용한 경우에는 부재좌굴 외에 각형강관의 강관벽이 단부에서 국부좌굴된 경우도 있다. 대부분은 접합부 근방에서 손상이 나타났으며, 거싯플레이트의 면외 휨 변형, 고력볼트 마찰접합의 미끌림과 볼트파단 등이 많다.

주각의 경우는 앵커볼트의 파단이 많이 보였다. 이 건물들에서는 1층에 현저한 잔류층 변형이 발생하고 있으나, 기둥이 거의 변형되지 않고 건물이 수평방향으로 이동하고 있는 경우도 있다. 그리고 파단에는 이르지 않았으나 앵커볼트가 인장력에 의해 신장 혹은 인발된 경우가 많다.

### 3) 내진보강의 개념 및 프로세스

기존 건물에 내진보강을 하기 위해서는 먼저 기존 건물이 현재 어느 정도의 내진성능을 확보하고 있는가에 대한 평가가 필요하다. 그 결과에 따라 내진보강의 필요 여부가 결정된다. 이러한 개념을 그림 1.34에 나타냈다. 횡축은 시간의 경과를 나타내고, 종축은 그 건물이 가지고 있는 성능레벨을 나타내고 있다. 건물은 준공 후에 시간의 경과에 따라 물리적으로 그 성능이 열화하게 된다. 그러나 건물의 성능에 대한 사회적 요구는 점점 높아지게 되어 어느 일정 시간이 지난 후의 신축건물에 비해 기존 건물은 상대적으로 성능이 열화된 것으로 비교된다. 이러한 성능열화를 사회적 열화라고 한다.

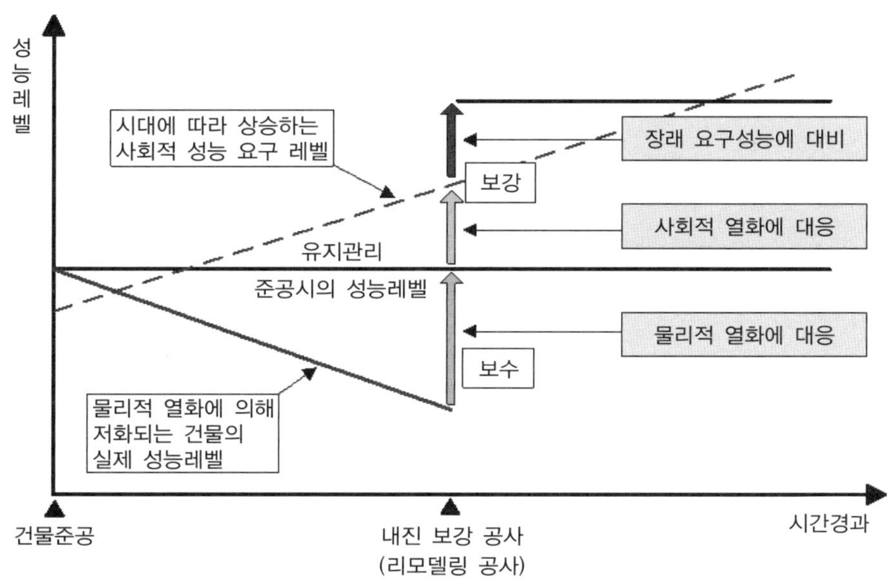


**그림 1.34** 내진성능평가 및 보강시점의 개념

따라서 물리적 혹은 사회적 열화가 일정수준 이상으로 진행되면, 리모델링을 필요로 한다. 리모델링 시에 물리적 열화를 회복시켜 준공 시 건물의 성능레벨까지 회복시키는 것을 보수라고 하고, 사회적 열화 및 리모델링 시의 사회적 요구성능 이상을 확보하는 것을 보강이라고 할 수 있다. 그러나 보수 및 보강을 위해서는 기존 건물이 어느 정도 열화가 발생했는지를 평가해야만 보수 및 보강 시점을 결정할 수 있으며, 그 정도가 정량적으로 제시되어야 한다.

따라서 장래에 발생할 지진에 대해 건물의 내진 안전성을 확보하기 위해서는 건물의 내진성능을 판정하고, 필요에 따라 내진보강 등의 대책을 강구해야 할 때가 있다. 내진성능 및 보강 여부 판정에 필요한 일반적인 순서는 다음과 같다.

① 건물의 내진성능평가
② 필요로 하는 내진성능의 설정
③ 보강 여부의 판정
④ 내진보강공법의 결정
⑤ 보강요소와 기존 골조의 접합상세 결정
⑥ 보강건물의 내진성능 확인
(④~⑥은 보강이 필요하다고 판정된 경우)

위의 항목 중에 「① 내진성능의 평가」에서 「③ 보강 여부의 판정」까지가 내진진단의 범위이고, 「④ 공법의 결정」에서 「⑥ 내진성능의 확인」까지가 내진보강의 범위에 포함된다.

건축물의 내진성능은 강성, 강도, 변형능력(인성), 응답성상, 지진동과 지반의 특성 등에 의존하므로 그 성능을 정확하게 평가하는 것은 매우 어렵다. 그러나 그중에 수평내력 및 변형능력이 건물의 내진성능을 지배하는 가장 중요한 요인이다. 따라서 건물의 내진성능을 평가할 때에는 수평내력 및 변형능력을 고려하는 것이 중요하다. 건축물의 내진안전성 평가 시에는 예상되는 지진동에 대해 필요로 하는 내진성능, 즉 보강의 여부를 판정하는 기준을 설정하는 것도 중요하다. 판정에서는 건물의 중요도(용도), 지진활동도, 건설지에서 예상되는 지진동의 레벨이 중요한 요인이 된다.

건물에 보강이 필요한 경우 목표가 되는 내진성능, 구조 종별, 지반조건, 거주자의 유무, 보강에 필요한 비용 등을 감안하여 보강공법을 결정하게 된다. 또한, 기존 건물과 새롭게 설치하는 보강요소의 접합 부분 성능은 건축물 전체의 내진성능에 큰 영향을 주기 때문에 접합상세는 매우 중요한 검토항목 중 하나이다.

내진보강을 위해서는 보강건물의 내진성능을 재평가하고 보강목표를 설정하는 과정이 필요하다. 따라서 지진이 빈번히 발생하는 국가에서는 각국 나름대로의 내진진단법을 적용하고 있으나 국내에서는 아직 몇몇 연구기관에 의해 내진진단법에 대한 연구가 진행되고 있는 상황이고, 기준이 마련되어 있지 않기 때문에 여기서는 내진진단법에 관한 내용은 생략하고, 내진보강공법에 대해서만 내용을 다루기로 한다.

그림 1.35는 2개의 골조가 수평력을 받았을 때, 어떻게 변형하는가를 나타낸 것이다. 종축은 하중, 횡축은 변형을 나타내고 있다. 골조A는 큰 내력을 가지고 있으나 변형능력이 적고 취성파괴를 일으킬 수 있는 위험한 골조의 대표적인 예이다. 이에 비해 골조 B는 내력은 작으나 변형능력이 뛰어난 골조이다. 또한 사선으로 나타낸 면적은 골조가 흡수할 수 있는 에너지를 나타내고 있다. 만약 면적 A와 면적 B가 같으면 양 골조는 지진에 대하여 에너지 흡수능력이 같고 저항능력이 같다고 할 수 있다. 따라서 A보다 B의 「내력」을 작게 해도 되며, B는 최소의 힘으로 견딜 수 있게 된다.

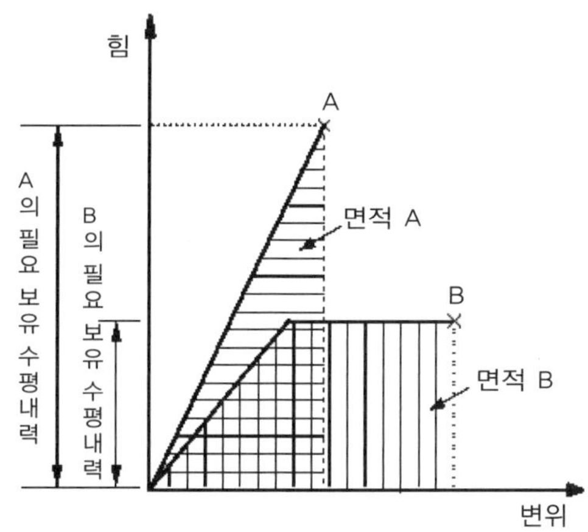


**그림 1.35 수평력에 의한 변형량**

현재는 건축물을 B타입으로 많이 설계하고 있으나, 리모델링의 대상이 되는 건물은 내진설계가 적용되기 이전의 건물이 많기 때문에 A타입의 거동을 나타내는 경우가 많이 존재하고 있다. A와 같은 건물의 경우 필요 보유수평내력은 건물을 완전 탄성체로 보게 되면 건물 중량 W와 같다는 것을 알게 되었다.

## 6.2 내진보강공법

### 1) 내진보강공법의 종류

앞에서 설명한 바와 같이 먼저 기존 건물의 내진성능을 평가하기 위한 내진진단을 실시하고, 그 결과를 바탕으로 건축물의 내진성능이 부족하다고 판단되면, 그 건물에 대한 내진보강이 필요하게 된다. 내진보강공법에는 여러 방법이 있을 수 있으나 주로 철골에 의한 보강과 철근콘크리트에 의한 보강방법으로 나눌 수 있으며, 경제성, 작업성, 시공성 등을 고려하여 그 현장에 가장 알맞은 공법을 선택하여 내진보강공법을 결정하게 된다.

먼저, 철골에 의한 보강에는 그림 1.36에 나타내는 바와 같이 브레이스, 모멘트 기둥 등의 증설, 강판에 의한 기존 부재의 보강, 보와 브레이스 등의 접합부의 보강 등의 방법이 있고, 이들을 단독 혹은 조합하여 사용하고 있다.

철근콘크리트에 의한 보강 예를 그림 1.37에 나타내었다. 철근콘크리트 벽의 증설, 기둥과 브레이스의 콘크리트 피복 보강, 강관기둥의 콘크리트 충전 보강, 주각부 보강 등이 있고, 이들을 단독 혹은 조합하여 사용하고 있다.

### 2) 기존 구조체와 보강부재와의 일체성

내진보강은 기존의 구조체에 새롭게 부재를 추가함으로써 그 목적을 달성하게 되며, 내진보강에서는 기존 구조체(부재)와 추가 부재가 일체가 되는 것이 가장 중요하다. 앞에서 나타낸 바와 같이 철근콘크리트조 보강에서는 일체화를 실현하기 위해 보강방법에 따라 특별한 접합상세가 필요하다.

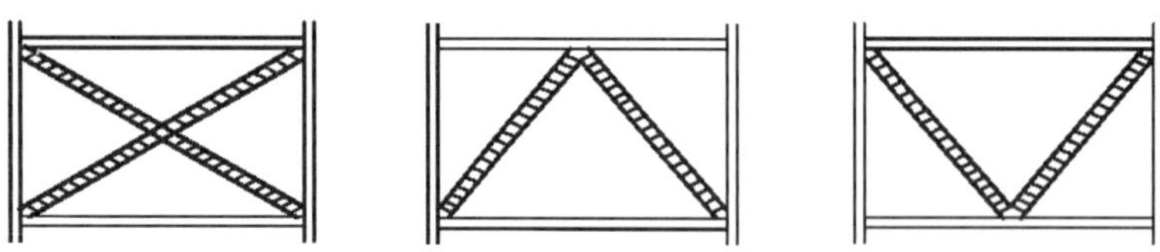

(a) 브레이스 보강

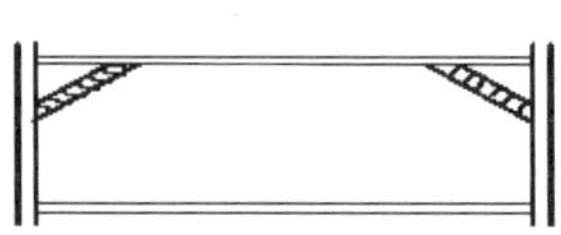

(b) 버팀재 보강

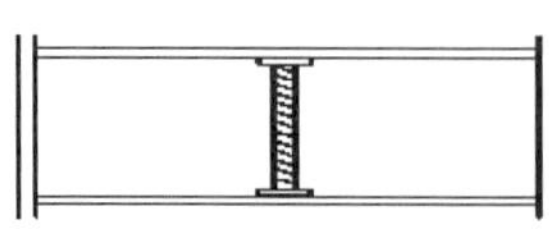

(c) 모멘트기둥

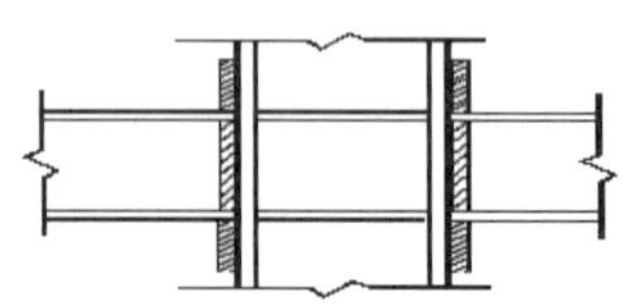

(d) 붙임판 보강(기둥)

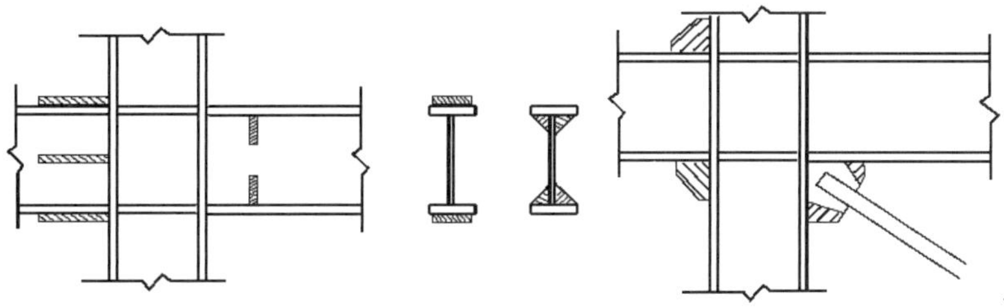

(e) 붙임판 보강(보)　　　(f) 붙임판 보강(접합부)

**그림 1.36** 철골에 의한 보강 예

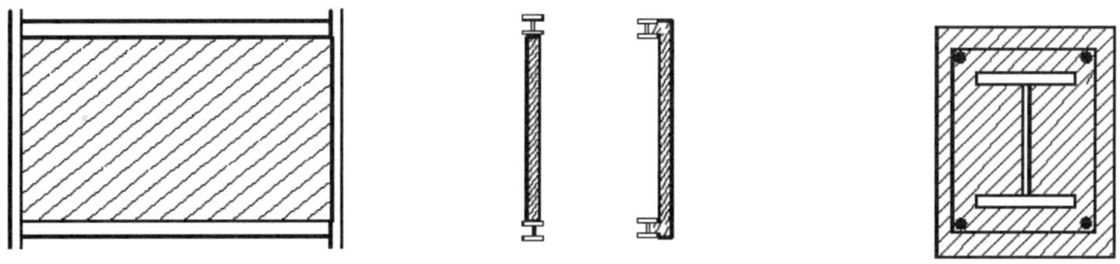

(a) RC벽의 증설　　　(b) 콘크리트 피복

(d) CFT 보강　　　(e) 기둥저부 콘크리트 타설

**그림 1.37** 콘크리트에 의한 보강 예

한편, 철골조에서는 철골 또는 철근콘크리트에 의한 내진보강은 기존 건물과의 일체성을 확보하기가 비교적 쉽다. 철골에 의한 보강에서는 「용접」이라는 수단을 이용함으로써 직접 부재를 접합할 수 있다. 또한 철근콘크리트에 의한 보강에서는 stud connector 등 적당한 접합물을 기존 철골부재에 용접함으로써 쉽게 일체화시킬 수 있다. 따라서 철골조 건축물에 대한 내진보강은 철근콘크리트조에 비해 비교적 쉽게 기존 건축물과의 일체성을 확보할 수 있다.

### 3) 보강재료의 선택

기존 건축물에 대한 보강방법으로는 보통 철골을 이용하는 방법과 철근콘크리트를 이용하는 방법이 있음을 앞에서 설명하였다. 여기서는 각각의 보강방법의 장단점에 대해서 살펴보겠다.

#### (1) 철골에 의한 보강

일반적으로 건물중량은 구조 종별에 의해 크게 변하게 된다. 철근콘크리트조 또는 철골철근콘크리트조는 1.2~1.5t/㎡, 이에 비해 철골조는 단독주택과 공장건축 등을 제외한 일반건물에서는 약 0.5~0.8t/㎡ 정도이다. 따라서 내진보강에 따른 건물중량의 증가에 대하여 철골조 건물은 철근콘크리트조 건물에 비해 민감하기 때문에 중량이 큰 철근콘크리트에 의한 보강보다는 철골에 의한 보강이 유리하고, 특히 기초에 대한 영향이 작아지게 된다.

그러나 이러한 경우에도 그림 1.38에 나타내는 바와 같이 보강브레이스를 몇 층에 걸쳐 설치한 경우 이 브레이스에 지진이 발생했을 때 큰 수평력 Q가 작용하여 브레이스가 있는 기둥에 상방향으로 인장력 T1이 크게 발생하여 기초가 떠오르게 되는 등 기존 구조체에 영향을 미치는 경우가 있으므로 보강계획 시에는 다방면에 걸쳐 충분한 검토가 필요하다.

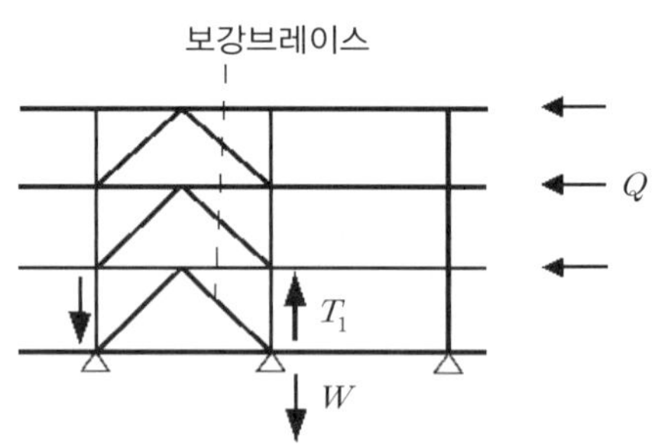


**그림 1.38** 브레이스 보강에 의한 기초의 부상

철골에 의한 보강은 공장제작을 기본으로 하고 있으므로 현장시공이 간단할 것으로 생각되나 반드시 그러한 것은 아니다. 기존 구조체는 다소 처짐이 발생하고 있다. 이는 철골의 공장제작상의 오차, 현장조립상의 오차, 이외에 지반의 침하와 경년에 따른 구조체의 변형에 의한 것이다. 따라서 보강부재의 제작 시에는 부재마다 현장실측을 할 필요가 있으며, 부재치수의 정확도를 확보하기 위해서는 많은 노력이 필요하다.

그리고 보강부재의 건물 반입, 운반, 보강 부위에 설치 등의 작업도 신축공사와 달리 중장비 사용에 제약을 받게 된다.

또한 부재 간의 접합은 보통 용접에 의존하게 되지만 상향용접 등의 시공상 난이도가 높은 용접자세를 피할 수 없는 상황이 자주 발생하게 되고, 보강 용접부와 기존 철골의 용접비드와 뒷받침쇠의 간섭이 발생하는 등 시공상 곤란이 따르는 경우가 많아 용접부의 품질을 확보하기는 쉽지 않다. 그리고 용접불꽃의 화재 위험성에 대비해야 하며, 유해한 금속가루에 대비한 환기가 필요하고 시공 시에는 엄격한 품질관리와 안전관리가 필요하다.

#### (2) 철근콘크리트에 의한 보강

철근콘크리트에 의한 보강, 특히 철근콘크리트 벽에 의한 보강의 경우는 보강효과도 크고, 또한 철골보강에 의한 경우에 비해 시공상의 문제도 적으며, 경제적이다. 반면, 철근콘크리트조 건물에 비해 건물 중량이 가벼운 철골조에서는 철근콘크리트 보강에 따른 건물중량의 증가에 의해 건물 상부구조뿐만 아니라 기초와 말뚝 등의 하부구조에 대해서도 큰 영향을 주게 된다.

이상과 같이 철골에 의한 보강, 철근콘크리트에 의한 보강에는 각각의 장단점이 있으나 철골건축물에 대해서는 보강에 따른 기존 건물에의 중량 증가가 적고 기초 등에 미치는 영향이 적다는 이유로 보통철골에 의한 보강이 채택되는 경우가 많다.

### 4) 내진요소의 배치계획

내진보강에서 기존 건물과 보강재료의 일체성을 확보하는 것은 매우 중요하다는 것에 대해서는 이미 설명하였다. 보강재와의 일체성 확보 이외에도 내진요소를 구조물 내에 어떤 방법으로 배치하느냐에 따라 내진보강효과는 크게 달라질 수 있다. 내진요소의 배치계획은 대체로 다음과 같은 원칙에 의해 배치하면 된다.

① 내진보강 요소는 구조물 전체에서 내진성능을 발휘하기 위해 중심적 역할을 할 수 있는 구면 혹은 부위에 배치한다.

② 지진력을 가장 효과적으로 전달할 수 있도록 계획한다.

③ 스팬이 긴 Wall Girder의 바깥쪽 구면은 보의 시공상태가 좋지 않은 경우가 많으므로, Wall Girder 이외의 구면에 내진요소를 배치한다.

④ 건물의 돌출부에는 내진요소를 배치하더라도 그 효과가 작기 때문에 돌출부는 피해서 배치한다.

⑤ 지진력의 부담이 큰 부위에 내진요소를 배치하는 것은 피한다. 불가피한 경우는 연층벽 등을 이용한다.
⑥ 내진보강 요소는 분산 배치한다.

### 5) 소성변형능력을 향상시키기 위한 보강방법[연성(인성)보강]

그림 1.39에서 보는 바와 같이 소성변형을 증대시켜 구조물의 내진성능을 확보하는 방법을 생각할 수 있다. 강구조 골조의 경우 소성변형능력을 향상시키기 위한 요인은 대략 다음과 같다.

① 접합부의 내력 ······································· 보유접합내력
② 판요소의 국부좌굴 ······························· 폭 두께비
③ 부재의 횡좌굴(전체좌굴) ······················· 횡보강재의 간격

기둥과 보로 이루어진 구조체에서는 보 단부의 소성변형(회전변형)에 의해 지진에너지가 흡수되도록 설계를 하는 것이 내진성능을 확보하기 위해 바람직한 설계라고 할 수 있다. 그러나 우리나라에서는 이러한 점을 충분히 고려하여 설계된 경우가 드물고 리모델링 대상 건물의 대부분이 내진설계를 실시하기 전에 건축된 경우가 많다. 따라서 내진보강 설계 시에는 보 단부가 종국내력(전소성 모멘트)을 발휘하고 충분한 회전변형이 생길 때까지 기둥과 보의 접합부가 파단하지 않도록 하기 위하여 기둥을 어느 정도 보강해주는 것이 바람직하다.

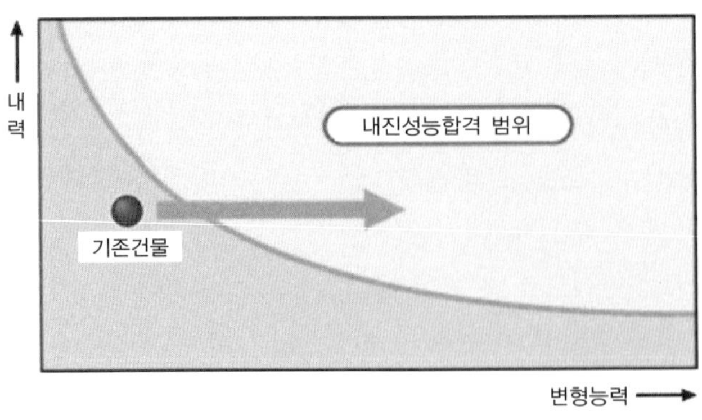


**그림 1.39** 변형능력 향상에 의한 내진성능 확보

브레이스 구조에서는 브레이스가 항복내력을 발휘하기 전에 브레이스 접합부가 파단하게 되면 브레이스의 인장에 의한 에너지 흡수는 기대할 수 없다. 부재가 전 내력을 발휘하고 충분히 소성변형을 할 수 있기 위한 부재단의 접합조건을 보유내력접합이라고 하나, 기존 건물의 접합부를 보강에 의해 보유내력접합으로 하는 것은 시공 면에서 신축 공사에 비해 까다로운 문제점들을 내포하고 있으나 그 예를 그림 1.40에 나타냈다.

일반적으로 폭 두께비가 크게 되면 부재(판)는 단면성능을 충분히 발휘하지 못하고 국부좌굴을 발생시키게 되고 내력이 저하하게 된다.

주변 단순지지의 판이 일정한 압축력을 받았을 때의 응력과 변형의 관계는 실험에 의하면 그림 1.41의 경향을 나타내게 된다. 이 그림에서 A는 판두께가 얇은, 즉 폭 두께비가 큰 경우를 나타내고 B는 폭 두께비가 작은 경우를 나타내고 있다. A는 항복 후 바로 좌굴이 발생하여 내력이 저하하고 있다. B는 항복 후에도 변형 경화역에 들어가 내력은 계속 상승하고, 좌굴이 발생한 후에도 계속 내력이 상승하고 있음을 알 수 있다. 따라서 판요소의 폭 두께비를 개선하면 부재로서의 변형능력을 향상시킬 수 있으며, 그 개선방법의 예를 그림 1.42에 나타내었다.

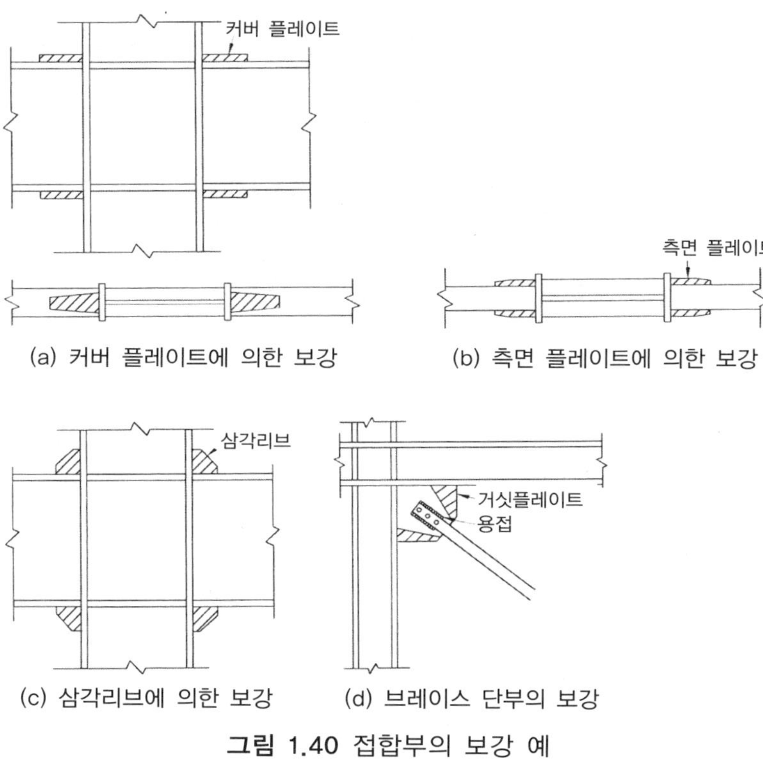


(a) 커버 플레이트에 의한 보강 (b) 측면 플레이트에 의한 보강

(c) 삼각리브에 의한 보강 (d) 브레이스 단부의 보강

**그림 1.40** 접합부의 보강 예

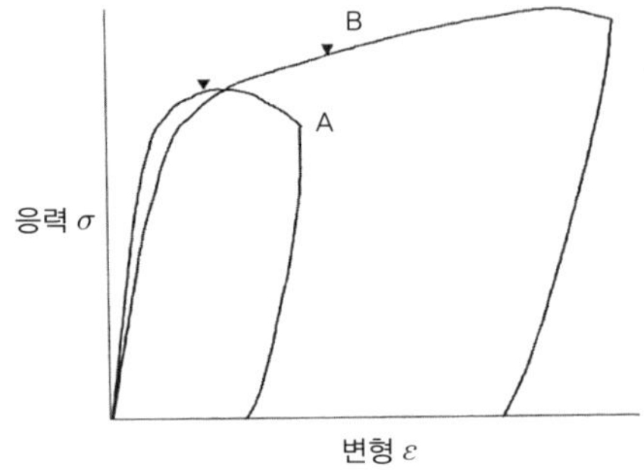


**그림 1.41** 압축력을 받을 경우

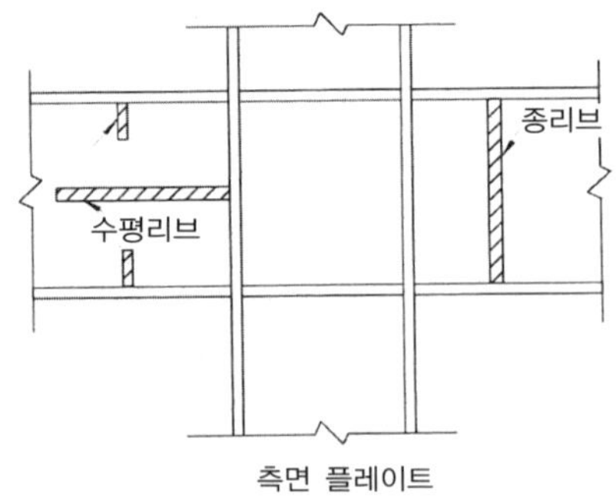


**그림 1.42** 폭 두께비의 개선 보강

H형 단면의 횡방향 구속이 없는 상태에서 휨모멘트를 받은 경우, 휨모멘트가 어느 한계에 달하면 보는 횡좌굴을 일으키고 내력은 저하한다. 이 횡처짐이 발생하는 것을 늦추기 위한 방법으로서 그림 1.43과 같이 하부 플랜지에 횡방향의 연결재(횡보강재)를

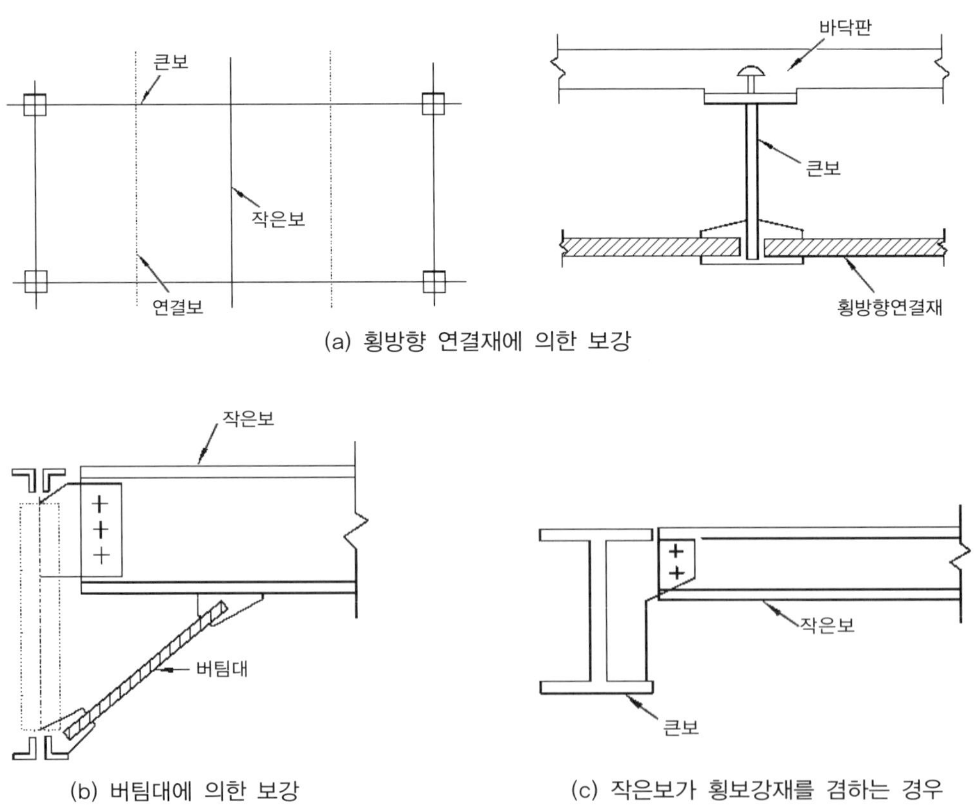


**그림 1.43** 횡보강재의 예

설치하든지 경사재를 설치하는 방법이 일반적이다. 또한, 큰 보에 작은 보를 설치하는 경우는 횡구속재로서의 역할을 하게 되나, 큰 보와 작은 보의 높이 차가 클 경우에는 버팀재를 추가시킨다.

이상과 같이 구조골조에 소성변형능력을 부여함으로써 내진성능을 향상시킬 수 있다.

### 6) 내력 향상을 위한 보강방법(강성보강)

그림 1.44(a)에 나타내는 바와 같이 내력을 향상시켜 내진성능을 확보하기 위해서는 브레이스, 버팀재, 모멘트 기둥, 판보강 등의 여러 종류가 있으며, 그 방법은 표 1.34에 나타낸 것과 같이 다양하게 개발되어 있다. 그러나 그중에서 채광 통풍이 유리하고 출입구 설치 등의 여러 이점을 고려하여 그림 1.44(b)에 나타낸 것과 같이 브레이스에 의한 보강공법을 가장 많이 사용하고 있다.

X형 브레이스는 인장력에 강한 강재의 재료특성을 효율성 있게 살려서 부재단면을 작게 할 수 있고, 접합부의 상세도 간단하여 철골가공이 용이하며, 경제적인 측면에서도 다른 방법보다 유리하여 가장 합리적인 내진요소라 할 수 있다. 그러나 평면적으로는 출입구와 창 등의 개구부를 설치할 수 없으며 건물의 기능을 저해할 수 있는 형상이므로 배치상의 제약조건이 많다.

한편, K형 브레이스는 그림 1.45에 나타낸 바와 같이 출입구와 창 등의 개구부를 비교적 쉽게 설치할 수 있으며 평면계획에 미치는 영향이 적게 할 수 있으므로, 브레이스에 의한 보강방법에는 주로 K형 브레이스를 채택하는 경우가 많다.

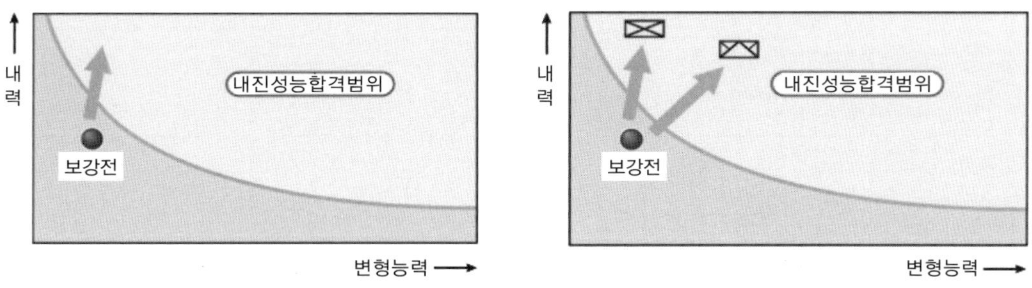


(a) 내력 향상을 위한 보강　　(b) 브레이스 보강에 의한 내력 향상

**그림 1.44** 내력 향상에 의한 내진성능 확보

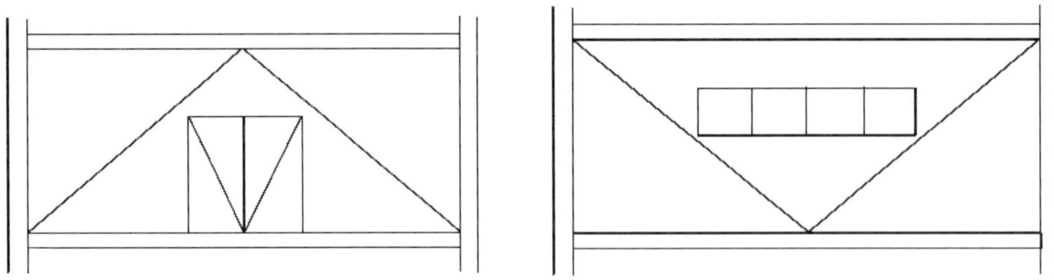


**그림 1.45** K형 브레이스와 개구부

**표 1.34** 내력 향상을 위한 내진보강

| 보강구법 | 비용 | 공기 | 건축 · 설비 등의 정합성 | 거주하면서의 시공성 |
|---|---|---|---|---|
| 철근콘크리트 벽 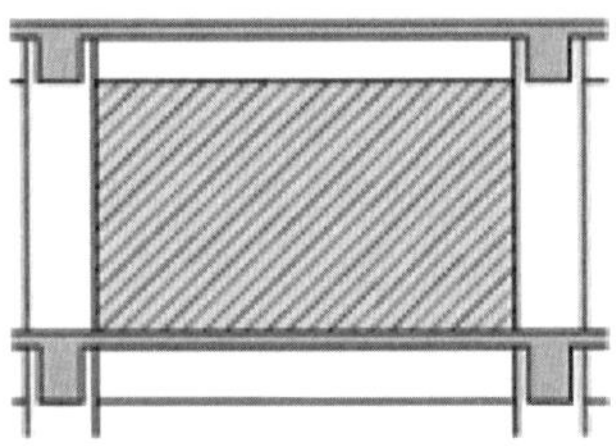 | ○ | △ | 개구부 치수에 제한 ○ | 콘크리트 타설 필요 현장마감 용이 ○ |
| 철골 브레이스 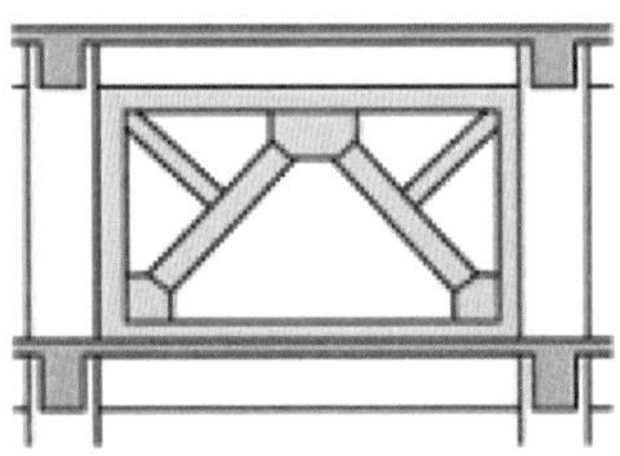 | ○ | ○ | 채광통풍 확보 용이 ◎ | 외부시공에 적용 용이 반입 크기 제한 ◎ |
| 강판벽 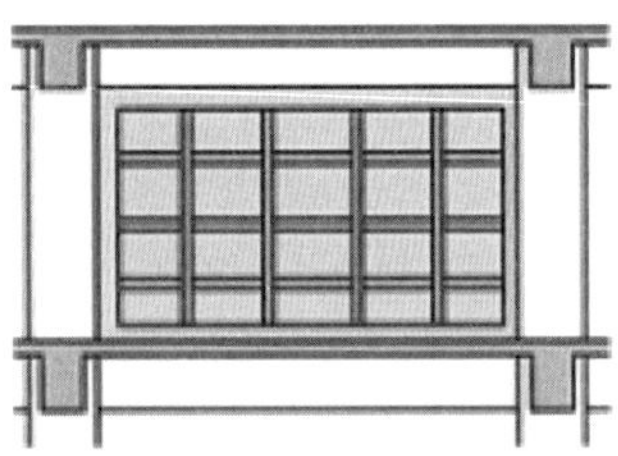 | ○ | ○ | 개구부 치수에 제한 ○ | 반입 크기 제한 마감 난이 ○ |

| 보강구법 | 비용 | 공기 | 건축 · 설비 등의 정합성 | 거주하면서의 시공성 |
|---|---|---|---|---|
| 벽개구부의 폐쇄 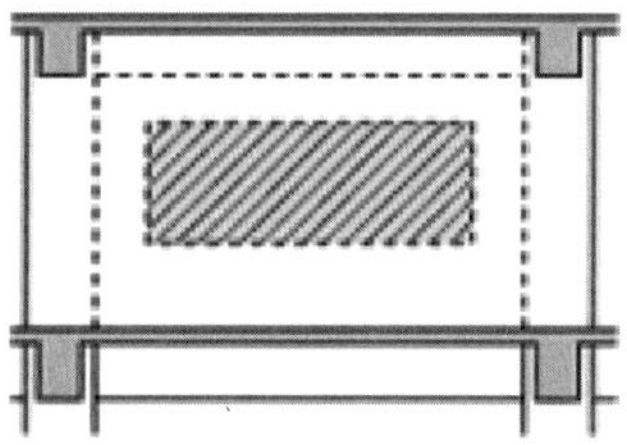 | ○ | △ | 거실공간에의 영향 작다 ○ | 적은 보강량 ○ |
| 프리캐스트 판벽 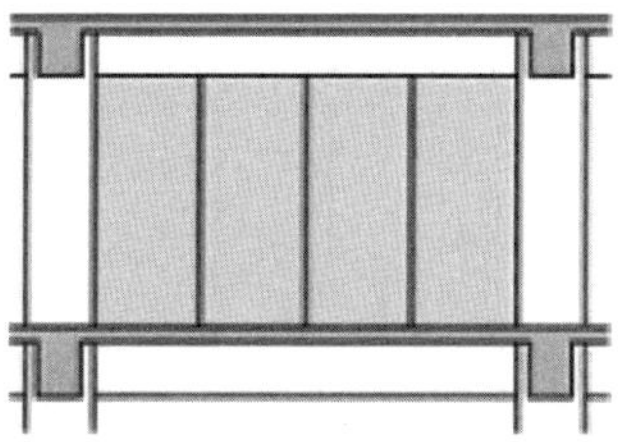 | ○ | ◎ | 개구부 치수 제한 ○ | 설치 간단 ◎ |

### 7) 입력 저감형 보강공법

입력 저감형 보강공법은 기존의 제진 및 면진구조를 이용하여 구조물에 입력되는 지진에너지를 저하시켜 강구조물의 내진성능을 확보하려는 보강방법이다.

제진구조란 입력된 지진에너지를 제어하는 장치를 설치하여 구조체에 영향을 적게 하는 공법을 말하며, 면진구조란 입력되는 지진에너지의 경로를 차단하는 장치를 설치하여 지진압력 에너지를 저하시키는 공법을 말한다.

그림 1.46은 제진구조의 원리를 이용하여 표 1.35에 나타낸 것과 같은 방법이 탄소성 이력댐퍼 혹은 점탄성 이력댐퍼를 설치하여 구조체의 내력과 변형 능력을 향상시켜 에너지 흡수능력을 향상시킴과 동시에 응답제어 효과를 효율적으로 이용하여 지진입력 에너지를 적게 하는 방법이다.

그림 1.47은 적층고무, 납댐퍼 등을 구조체의 1층 주각부 혹은 중간층에 사용하는 방법으로 보강에 의한 구조성능 향상보다는 지진입력 에너지를 크게 저하시키는 원리를 채택하고 있으며, 박물관, 중요문화재 등에 활발하게 적용되고 있다.

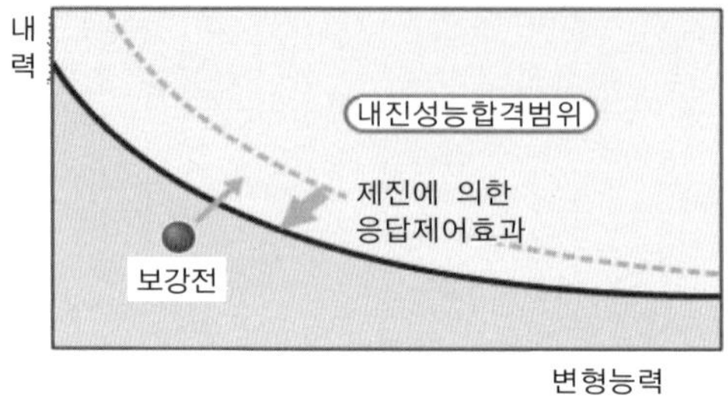


그림 1.46 제진에 의한 보강

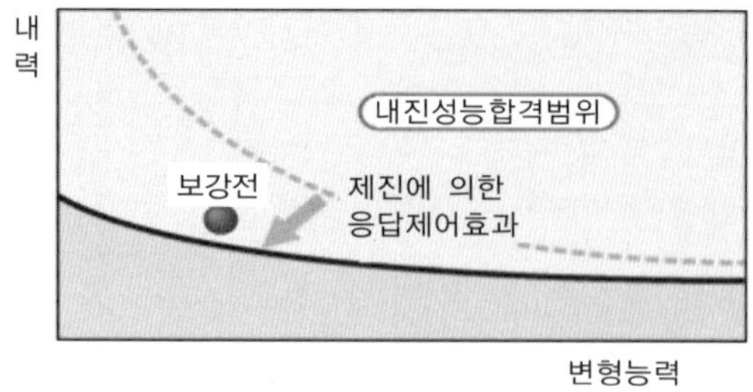


그림 1.47 면진에 의한 보강

표 1.35 입력 저감형 내진보강

| 보강구법 | 비용 | 공기 | 건축 · 설비 등의 정합성 | 거주하면서의 시공성 |
|---|---|---|---|---|
| 제진보강 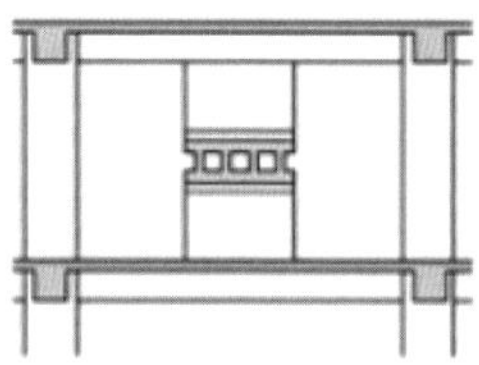 | ○ | ○ | 개구부에 대응 용이 ○ | 보강개수 적다. 외부시공에 적용 용이 ◎ |
| 면진보강 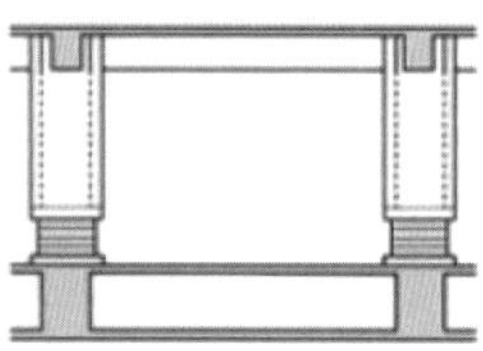 | △ | ○ | 내화피복 필요 주거공간에의 영향 적다. ○ | 기초면진 최적 면진층 이외는 무보강 ◎ |

## 6.3 내력 · 인성 향상형 내진보강 사례

### 1) RC벽의 신설 및 증설에 의한 보강(Kajima건설)

그림 1.48에 나타낸 세계무역센터 빌딩(동경소재, 1970년 완공)의 별관 건물에 대해 내진 보강한 예를 살펴보겠다. 이 별관 건물의 지하 부분은 본관과 일체로 되어 있으며, 지상 부분은 본관과 익스팬션 조인트로 연결되어 있다. 별관의 구조형식은 지상 5층 · 지하 3층의 RC조 건물이다.

그림 1.48 내진보강 대상 건물

### (1) 내진진단

이 건물의 1층은 버스터미널, 2층은 하우징센터, 3~4층은 사무소이며, 5층은 건물 전체의 에너지를 관리하는 층으로 구성되어 있는 복합용도의 건물이다. 만약 대지진으로 별관이 피해를 입어 에너지 센터의 운전에 지장이 발생한다면, 본관의 건물이 피해를 입지 않더라도 기능을 상실할 우려가 있다.

내진진단에 앞서, 콘크리트 조사와 육안검사에 의한 열화조사를 실시하였다. 5층의 일부 보에 균열이 발견되었으나 구조체의 열화는 거의 없었으며, 콘크리트도 설계기준 강도를 거의 만족하였다. 그러나 도면에 의해 진단을 한 결과, 그림 1.49에 나타낸 바와

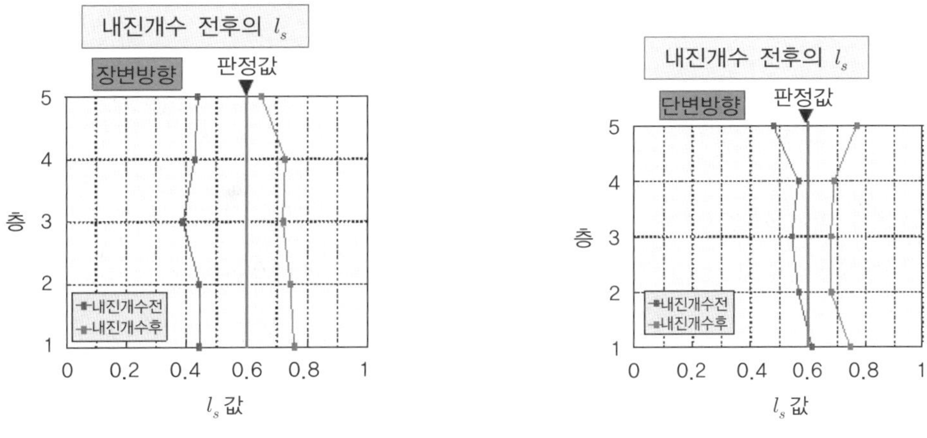


그림 1.49 내진진단 결과 및 보강에 의한 효과

같이 내진진단 지표 $I_s$치가 전체적으로 일본의 판정기준인 0.6에 조금 모자랐다. 이 결과를 근거로 내진보강공사를 결정하였다.

### (2) 내진보강설계

별관의 내진설계 성능을 향상시키기 위한 방법으로, 그림 1.50과 같이 철골 브레이스, 강판벽, 제진댐퍼 설치 등의 방법에 대하여 검토하였다. 그 결과, 가장 기본적인 RC 내진벽의 신설과 증설에 의한 방법을 선택하였다.

기둥과 보를 보강하게 되면 공사범위가 크게 되고 브레이스와 강판을 사용하는 것도 검토되었으나, 내진보강공사에서는 양중을 위한 중장비의 크기에 한계가 있으므로, 부재들을 작게 분할하지 않으면 반입이 어렵고, 그에 따라 시공 공정이 까다롭게 되어 비용 상승의 원인이 되었다. 따라서 원래 이 건물이 RC벽으로 이루어진 건물인 점과 시공성과 보강효과 면에서 RC내진벽이 가장 유리하였던 것으로 나타나 RC 내진벽을 신설 혹은 증설하는 것으로 정하였다.

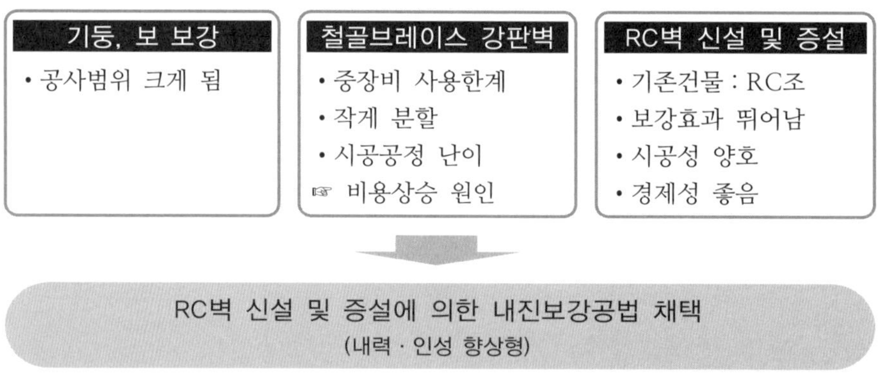


그림 1.50 내진보강공법의 검토

결국, 그림 1.51과 같이 외벽을 실내측에 증설하고 코어 및 계단실 옆에 RC벽을 신설하였다. 벽두께는 150mm~300mm까지 4종류의 두께를 사용하였고, 그림 1.49와 같이 보강 후에는 내진보강 목표 레벨치를 만족하도록 설계하였다.

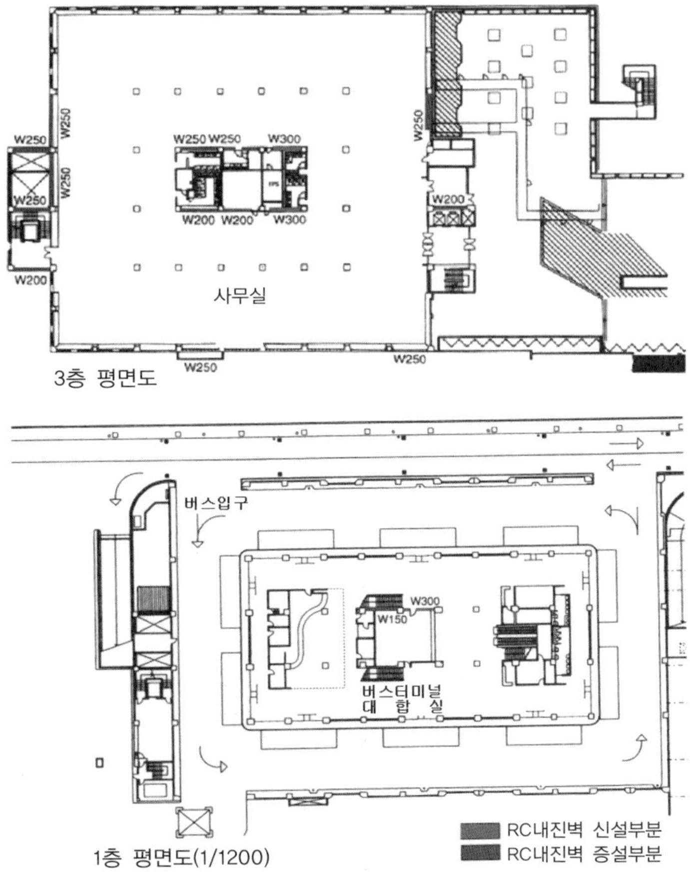


**그림 1.51 내진벽의 신설 및 증설**

### (3) 시공

내진보강공사는 건물을 사용해가면서 보강공사를 진행할 수 있도록 하여 공사 중의 업무를 중단하지 않도록 계획하였다.

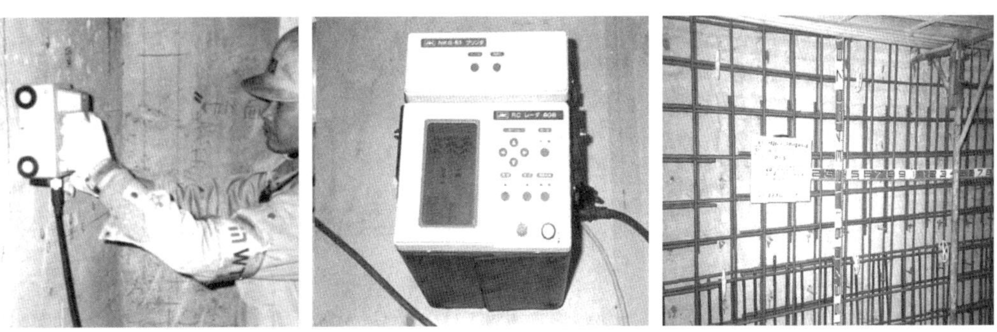

기존 RC벽의 초음파탐상에 의한 철근배근조사 · 증설 부분의 배근상황

양생모습 · 콘크리트 타설(2층) · 벽콘크리트 타설, 상부 보

**그림 1.52** 벽의 증설시의 시공순서

RC벽을 증설할 때에는 그림 1.52와 같이 우선 벽에 설치된 설비기기를 철거하고 마감재를 철거한 후에 구조체에 앵커근을 타설하였다. 앵커근 타설 시에는 사전에 초음파 탐사에서 기존 구조체 내의 철근배근을 조사하여 겹치지 않도록 하였다. 그리고 도면에서는 읽을 수 없는 전기배관 등의 위치를 확인하기 위하여 부분적으로 기존 벽에 대해 X선 투영조사를 하였다.

### 2) 철골 브레이스에 의한 건물 외부 보강(Kajima건설)

그림 1.53은 1975년에 완공된 오피스 건물에 대하여, 건물 외주부에 철골브레이스를 신설하여 내진 보강한 예이다. 이 건물은 건축면적이 964㎡, 연면적 11,879㎡이며, 구조형식은 SRC조, 지하 1층 · 지상 12층 · 옥탑 1층이다.

**그림 1.53** 내진보강 대상 건물

### (1) 내진진단

내진진단에서는 X, Y방향 모두 거의 대부분의 층에서 내진 목표 성능치를 만족하지 못하였다. 가장 큰 원인은 기둥의 내력이 부족한 것으로 드러났다. 13mm 후프근이 100mm 간격으로 배근되어 있었으나 철골단면이 작고 주근도 부족하여 기둥의 전단 파괴 가능성이 큰 것으로 판명되었다.

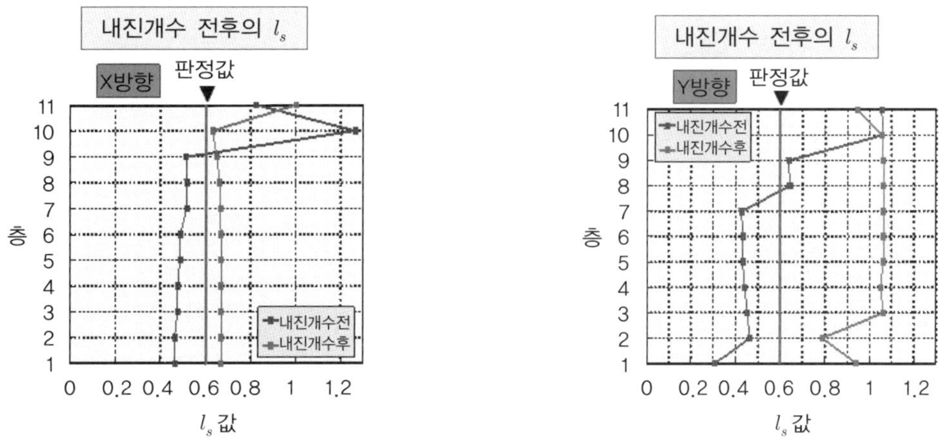


**그림 1.54** 내진진단 결과 및 보강효과

### (2) 내진보강 설계

내진보강 방법으로는 그림 1.55에 나타낸 바와 같이 3개의 안을 검토하였다. 코어 내의 기둥 보강과 내진벽의 증설과 같은 종래의 방법과 1층에 면진층을 두는 면진 보강 구법, 그리고 건물의 외부에 철골브레이스를 설치하는 방법이었다. 먼지와 진동 등이 업무에 지장을 초래할 수 있다는 판단에 따라 건물 내부에서 보강하는 방법은 제외시켰다.

면진보강법은 건물을 사용하면서 보강공사의 시공이 가능하나, 면진층보다 하부에 위치하는 층의 엘리베이터 샤프트를 매달 필요가 있으며, 시공에는 최소한 20일 정도가 소요되어 이 기간 동안에는 사용할 수 없게 되는 문제가 발생하였다.

**코어내 기둥 보강**
건물 내부 보강은 먼지, 진동 때문에 영업업무에 지장을 초래

**1층 면진화공법**
면진화한 경우 수평변위에 대응할 수 있는 엘리베이터 샤프트가 필요
(공사기간 20일)
☞ 엘리베이터 사용 불가

**외부에 철골브레이스 설치**
영업에 미치는 영향이 가장 적다.

**외부에 철골브레이스를 신설하는 내진보강공법 채택**
(내력 · 인성 향상형)

그림 1.55 내진보강공법의 검토

따라서 최종적으로 건물을 사용하면서 시공이 가능하도록 외주부에 철골브레이스를 신설하는 보강법을 채택하였다. 이 방법을 사용한 경우에 구조해석에서 가장 중요하게 파악해야 할 것은 지진력이 슬래브를 통하여 어떻게 브레이스에 전달될 것인가이다.

브레이스는 그림 1.56과 같이 건물의 4면에 설치하였으며, 되도록 현관을 피하고 의장을 고려하여 설치장소를 결정하였다. 브레이스재는 되도록 실내에서 시야에 미치는 영향이 적도록 2층마다 크로스시켜 상업빌딩으로서의 상품가치가 떨어지지 않도록 하였다.

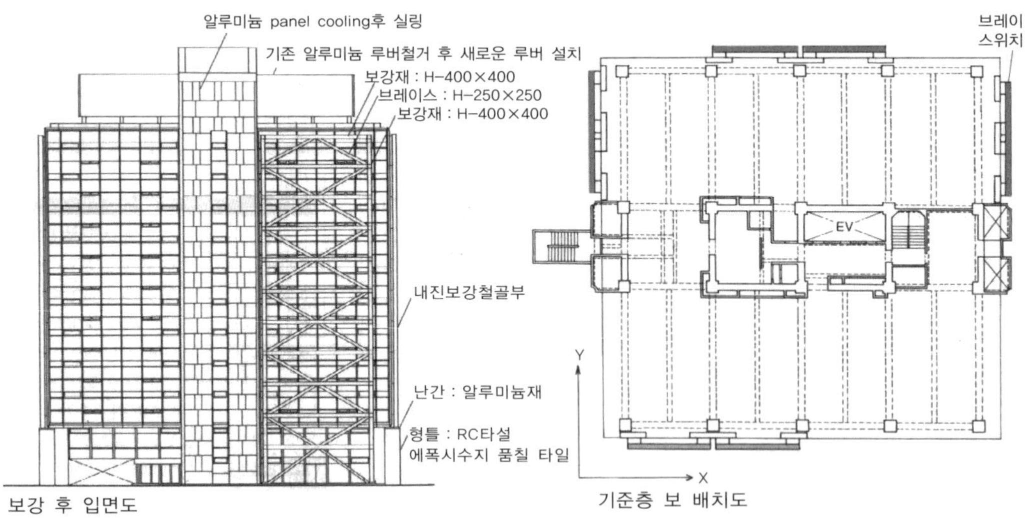


그림 1.56 철골브레이스에 의한 내진보강계획

#### (3) 시공

브레이스와 구조체의 슬래브는 16mm의 플레이트를 이용하여 접합하였으며, 시공순서는 그림 1.57에 나타냈다. 중량은 200~250kg이며, 슬래브를 관통하도록 기둥열상으로 지름 25mm의 코어 볼링을 하고 22mm의 앵커볼트를 삽입하여 에폭시수지를 충전하였다. 슬래브의 하부 면에도 보조플레이트를 설치하여 체결하였다.

그림 1.57 기존 구조체와 증설브레이스의 연결

### 3) 인성 및 내력 향상을 위한 기술개발 동향

#### (1) 격자형 내진블록 내진벽 공법(Taisei건설)

격자형 내진블록 내진벽은 공장에서 성형한 PCa블록을 현장에서 접합하고 격자상의 내진벽을 설치하는 공법이다. 부재는 ㅁ자와 L자형의 강판에 PCa블록을 씌운 형태이다.

시공은 2일 정도에 완료할 수 있으며 시공순서는 그림 1.58에 나타내었다.

그림 1.58 격자형 블록 내진벽의 시공순서

(2) 공법 철골브레이스 접착공법(POSCO건설)

철골브레이스를 사용한 내진보강공법은 실적이 많고 효과적인 공법이나, 기존 구조체에 앵커를 타설할 때 진동과 잡음이 발생하게 되어 업무에 지장을 주지 않는 시공이 어려워진다. 소음을 최대한 줄이면서 브레이스를 설치하기 위해 철골브레이스 접착공법을 사용하였다.

공법 자체는 그림 1.59~1.60과 같이 기존의 RC구조체에 철골브레이스를 설치하고, 그 틈새에 에폭시수지를 충전하는 매우 간단한 공법이다.

그림 1.61과 같이 종래의 설치방법과 거의 같은 정도의 내력을 발휘하고 있을 뿐만 아니라 변형능력은 오히려 더욱 향상되고 있음이 실험을 통하여 밝혀졌다. 접착공법의 변형능력이 오히려 향상되는 이유는 종래의 설치방법은 일체성을 확보하는 면에서는 우수한 공법이나, 변형능력이 상대적으로 떨어지는 채움 모르타르에서 균열이 발생하는 반면, 접착공법은 기존 기둥에서 직접 응력을 받아 변형하기 때문에 변형능력이 더욱 크게 나타나는 것으로 판단된다.

철골브레이스의 설치 시에는 틈새의 크기를 작게 할수록 강도적으로 유리하나, 철골브레이스 설치의 용이성을 고려하면 약 20mm 정도가 적당할 것으로 보고 있다. 최대 50mm 정도까지는 강도적으로 문제없이 사용할 수 있으나, 틈새가 너무 크게 되면 에폭시수지가 고가이기 때문에 비용이 많이 상승하게 된다.

에폭시 주입은 경화와 발열 정도를 고려하여 슬래브 상부, 양기둥 면, 보 하부로 나누어 3일 정도로 나누어 주입하는 것이 좋다.

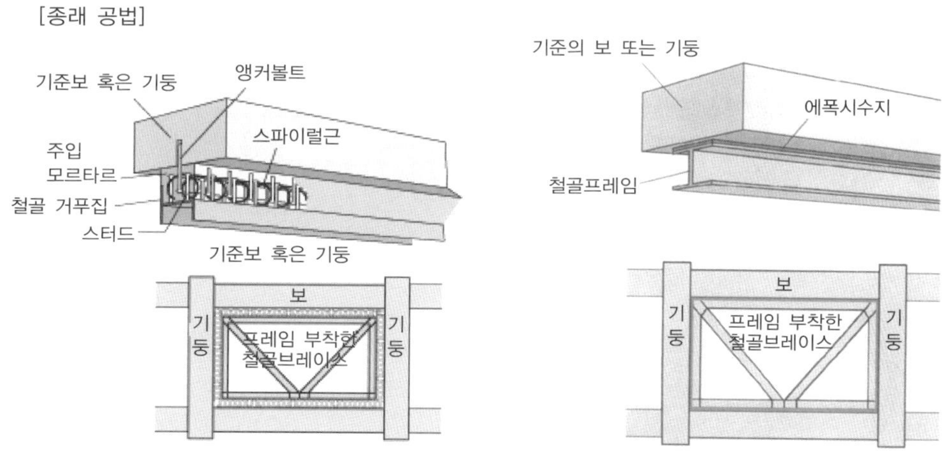


그림 1.59 종래 브레이스보강공법과 철골브레이스 접착공법

1) 브레이스 조립　　2) 에폭시수지 주입　　3) 완료상황

그림 1.60 접착공법에 의한 철골브레이스의 설치

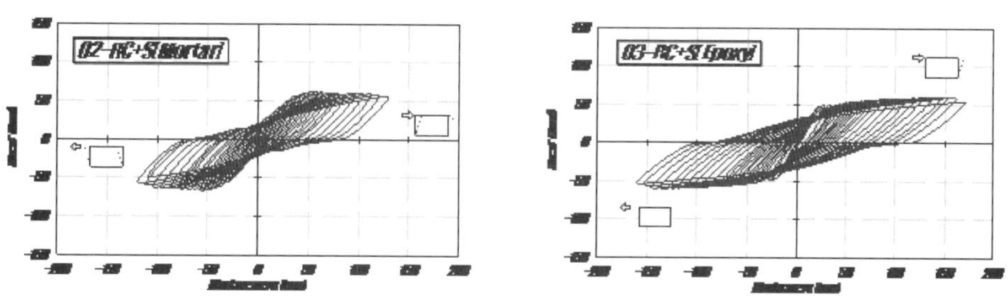

1) 종래 공법　　2) 에폭시 접착공법

그림 1.61 보강공법의 차이에 의한 하중-변형 관계

### (3) 공장제작 탄소섬유 성형판 공법(Takenaka 건설)

탄소섬유 성형판 공법은 그림 1.62와 같이 미리 공장에서 ㄷ자로 가공한 탄소섬유 성형판을 현장에서 기둥에 붙이는 것이다. 시공순서는 그림 1.63에 나타낸 바와 같고 순서는 다음과 같다.

① 기둥에 강판플레이트를 붙인다.
② 기존 기둥을 2장의 탄소섬유 성형판으로 싸고 강판플레이트에 고정시킨다.
③ 성형판과 기둥 사이에 무수축 모르타르를 충전한다.
④ 모르타르 경화 후 성형판의 연결 부분에 탄소섬유시트를 붙인다.

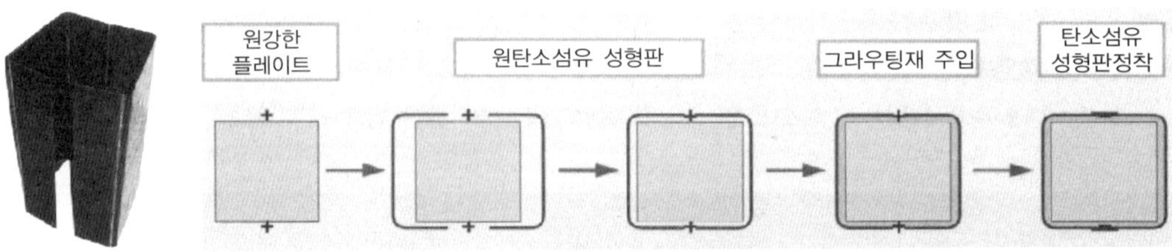


그림 1.62 성형판 탄소섬유 패널의 형태 및 설치순서

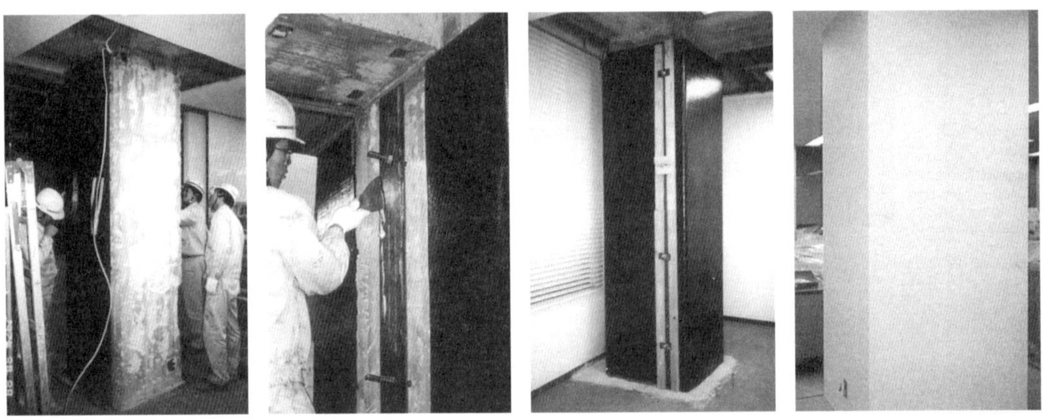

그림 1.63 성형판 탄소섬유 패널의 시공순서

### (4) 연속섬유를 이용한 내진보강공법

연속섬유를 이용한 보강방법(그림 1.64)이 있다. 연속섬유란 고강도, 고내식성, 경량, 비자성 등의 특징을 가지는 직경 5~20㎛ 정도의 매우 작은 섬유의 총칭을 나타내며, 탄소섬유, 아라미드섬유, 유리섬유 등이 포함된다.

연속섬유를 이용한 내진보강이란, 연속섬유로 만들어진 시트를 수지를 이용하여 구조체에 부착하는 보강공법으로, 부재의 휨 및 전단보강에 이용된다. 이 외에, 연속섬유로 만들어진 스트랜드를 수지를 발라가면서 구조체 외주에 둘러싸는 전단보강공법도 있다.

연속섬유시트 보강공법의 경우, 보와 기둥에서는 시트섬유의 방향을 주근방향(기둥에서는 상하방향)으로 부착하면 휨보강, 전단보강근의 방향으로(기둥에서는 수평방향) 부착하면 전단보강이 된다. 그리고 보의 전단보강에서는 바닥슬래브가 있기 때문에 측면과 바닥 면에 ㄷ자형으로 부착하는 경우가 많다. 수지로는 주로 에폭시수지를 이용하고 있다.

**그림** 1.64 연속 섬유시트의 적용 예

(a) 전단인장(사장력)파괴 (b) 전단압축파괴 (c) 슬래브 보의 미끌림파괴

**그림** 1.65 연속섬유로 보강한 부재의 파괴형태

## 6.4 입력저감형 내진보강 사례

### 1) 면진보강에 의한 내진보강

그림 1.66에 나타낸 미술관에 대한 면진구법에 의한 내진보강 사례를 살펴보겠다. 이 건물은 일본의 동경에 소재하고 있으며, 동양에서 유일하게 르 코르뷔지에가 설계한 건물로 상당히 기념적인 의미를 가지는 건물이다. 따라서 현재의 건물을 그대로 보전한다는 방침 아래 내진보강공사를 하기로 결정하였다.

그림 1.66 면진보강 대상 미술관 건물

#### (1) 내진진단

이 건물의 특징은 1층에 직경 600mm의 세장한 원기둥이 필로티 형식으로 세워져 있다는 것이다. 이 기둥은 1959년 당시의 설계기준에 따라 기둥의 띠근은 $\phi$9mm의 원형철근이 200mm 피치로 배근되어 있어 전단내력이 낮은 상태이다.

지진발생 시에 이 건물은 1층이 필로티 형식으로 되어 있어 전단력에 대한 내력이 상당히 낮은 상태이기 때문에 내진보강공사가 신속히 필요한 것으로 판단되었다. 그리고 이 건물은 불특정다수가 출입하는 공공건물이기 때문에 중요도가 높고, 높은 내진성능을 요구하는 건물이다.

#### (2) 내진보강 설계

이 건물은 디자인적으로는 우수한 건물이나, 구조적으로는 불안감을 줄 수 있다는 진단결과에 따라, 그림 1.67과 같이 강도형 보강, 인성형 보강, 제진, 면진구법에 대해서 검토하였다. 처음에는 내진벽을 설치하는 「강도형 보강」과 기둥과 보를 보강하는 「인성형 보강」의 재래식 보강법을 제안하였다. 그러나 필로티에 내진벽을 설치하든지 기둥단면의 증설에 의해 비례감을 바꾸게 되면, 르 코르뷔지에의 디자인을 변경하는 효과가 나타나 보존이 어렵다는 견해에 따라 이 제안은 제외시켰다.

따라서 재래의 보강공법에 의해서는 현 건물의 디자인을 보존할 수 없다는 판단 아래, 면진과 능동형 제진에 의한 내진보강공법을 검토하였다. 여기서도 '대지진에서도 전혀 피해를 입지 않을 수 있는 보강을 목표로 한다.'라는 점에서 변형을 전제로 하는 제진기술은 제외되었다. 따라서 면진에 의한 보강구법이 적극적으로 검토되었다. 면진 구법의 장점은 건물을 보존한다는 것에 그치지 않고 지진입력이 경감되기 때문에 관내에 있는 인명과 미술품을 지킬 수 있다는 점에서도 매우 큰 효과를 발휘할 수 있다.

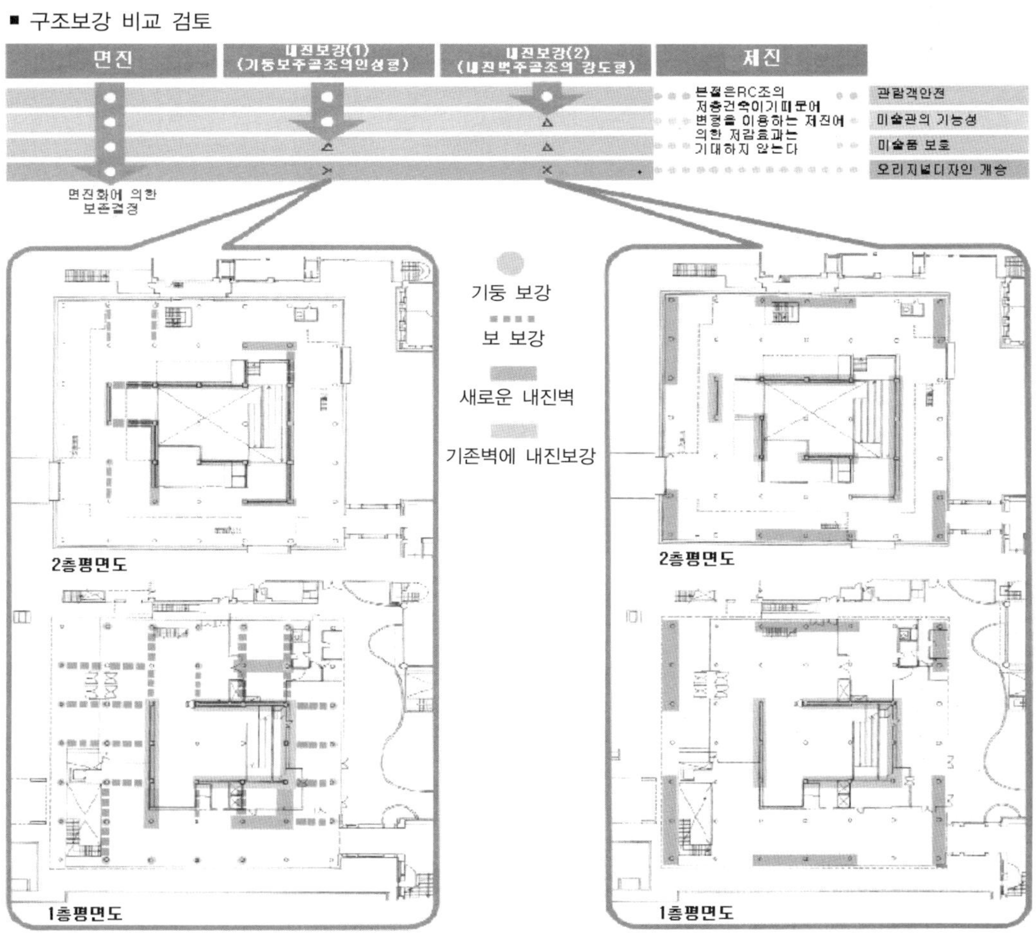


그림 1.67 내진보강구법의 검토

면진을 사용하기 위해서는 중요도를 가미하여 일정한 변위로 제한시킬 수 있는지가 중요한 검토사항이었다. 변위량은 증설 중인 21세기 갤러리와의 클리언스를 위해 30cm를 상한으로 하였다.

면진장치로는 고무받침과 댐퍼가 별도로 된 분리형과 고감쇠 적층고무를 후보로 선정하였다. 지하피트의 형상이 복잡하고 스페이스에 여유가 없다는 점에서 분리형을 피하고, 중소규모의 지진 시에도 면진효과가 기대되는 고감쇠 적층고무를 채택하였다.

이 내진보강공사는 '건물의 보존'을 목표로 하고 있기 때문에 건물을 3차원 모델의 상태에서 해석하는 부재계 입체진동 해석을 하였다. 여기서 각 부재의 여유도를 구하여 전 부재마다의 안전율 2.0을 확보하고 내진안전성을 확인한다.

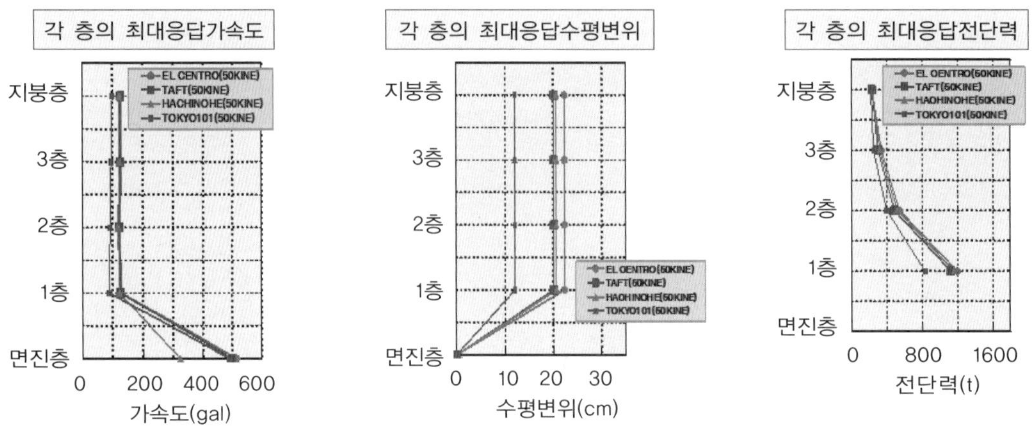


그림 1.68 내진보강 후 응답해석 결과

### (3) 시공

본 공사에서는 그림 1.69와 같은 시공계획을 마련하였다. 우선 기존건물의 기초보를 보강하고, 건물의 자중을 반력으로 하여 강관말뚝을 압입한다. 건물의 하중을 일단 이 말뚝에서 받아, 지하피트를 구축하여 면진장치를 설치한 후에, 강관말뚝으로부터 면진장치로 구조체의 하중을 이동시킨다. 토간 콘크리트를 보강한다든지, 구조체의 주변으로부터 하부를 굴삭하는 등, 지하에서 많은 작업을 동반하는 난공사이다.

각 시공단계의 상황을 그림 1.70~1.73에 나타냈다.

시공상 주의해야 할 중요한 점은 강관말뚝 압입의 관리치이다. 말뚝에 어느 정도 하중이 걸린 단계에서 건물의 하중이 기초로부터 말뚝으로 이동하였는가를 판단하는 것이 어렵다. 따라서 본 공사에서는 변위량으로 하중의 이전을 판단하였다. 그 값은

3mm였으며, 이 값은 건물에 유해 균열이 발생하지 않는다고 판단되는 허용침하량(기둥 스팬의 1/1,000)에 안전율을 2.0으로 한 값이기도 하다.

그리고 면진구법을 발전시킴으로써 공사 중의 건물의 기능을 유지하면서 보강공사를 하는 것도 가능하다. 향후 역사적 건축물의 보존과 공사 중에도 기능유지가 필요한 병원 등의 건물에서 내력보강에도 이러한 구법은 채용될 가능성이 높을 것으로 판단된다.

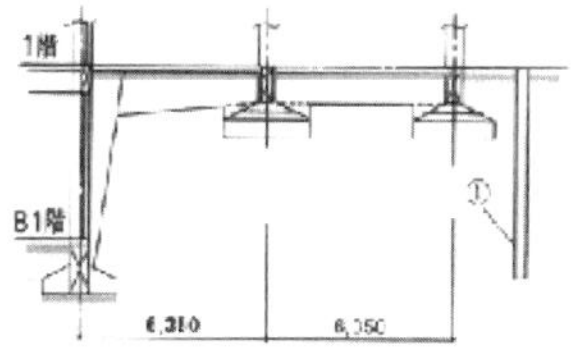

1

① 흙막이 말뚝 설치

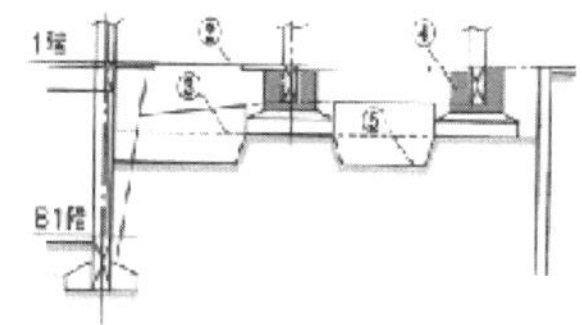

2

② 1층 봉당 슬래브 해체
③ 1차 터파기(부팅 아랫부분까지)
④ 1층 기초보 구체보강
⑤ 2차 터파기(강관말뚝 압입 스페이스를 확보하기 위해)

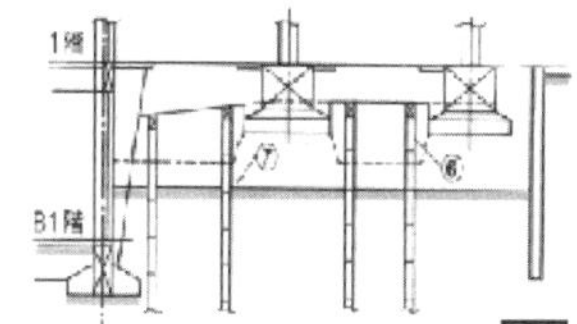

3

⑥ 강관말뚝 압입
⑦ 3파 터파기(1층 기초하부 터파기 완료)

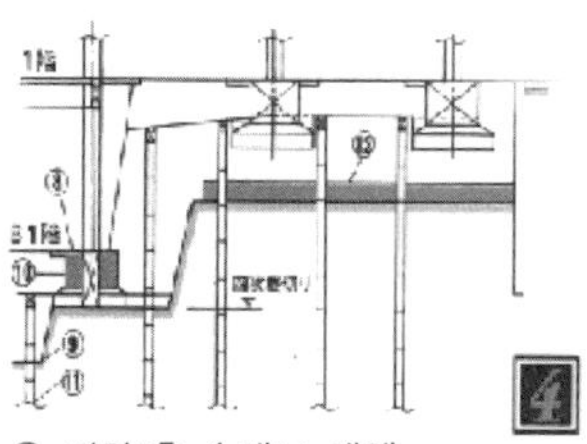

4

⑧ 지하1층 슬래브 해체
⑨ 지하1층 바닥, 보, 하부 터파기
⑩ 지하1층 기초보 구체보강

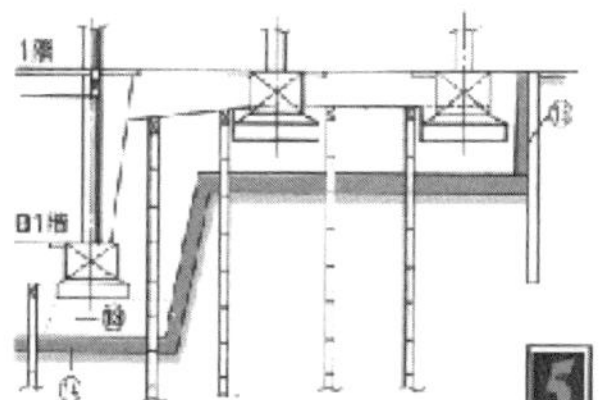

5

⑬ 지하1층 푸팅하부 터파기
⑭ 저반구체 구축(지하1층 기초하부)
⑮ 옹벽 구축

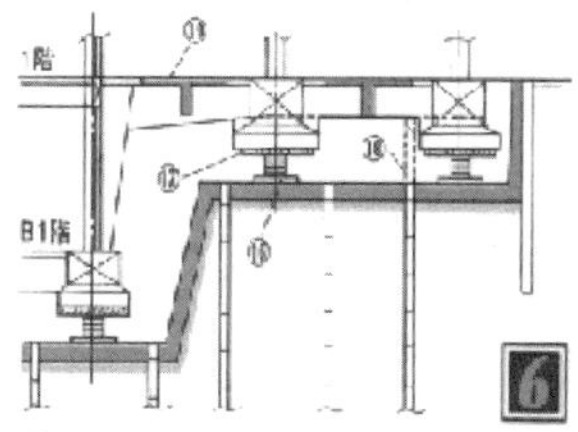

6

⑯ 면진장치 설치(기존 기초하부)
⑰ 면진장치 상부(기초 하부) 콘크리트타설
⑱ 강관말뚝 절단 및 철거
⑲ 1층, 지하1층 슬래브 구축 (슬래브구조)로 한다.

**그림 1.69** 면진장치의 시공순서

**그림 1.70** 기초 밑에 강관 말뚝을 압입한 상황

그림 1.71 기초 굴삭공사 상황

그림 1.72 면진장치 설치공사 상황

그림 1.73 면진장치 설치상황

### 2) 제진보강공법(Kajima건설)

다음으로 제진댐퍼를 이용하여 내진보강을 한 사례를 살펴보도록 하겠다. 그 대상 건물은 그림 1.74에 나타낸 바와 같은 시내 중심가에 자리 잡은 백화점 건물이다. 이 건물은 지하가 SRC조, 지상층은 S조로 되어 있으며, 지하 2층에서 지상 9층까지가 상업시설로 되어 있다. 이 건물은 중심가에 자리 잡고 있으며 지하는 하루 80만 명이 이용하는 지하철 역사가 있고 지상부분에는 백화점이 있다. 따라서 내진보강공사에서는 지하철 역사와 백화점을 사용하면서 주변 지역에 영향이 적은 구법을 이용하는 것이 관건이 되었다.

#### (1) 내진진단

이 건물은 1964년에 준공하였으며, 길이 170m에 달하는 건물에 구조적으로 편심이 작용하지 않도록 하기 위하여 순수 라멘구조로 설계되어 있다. 단지 지금의 내진설계법에서의 지진력의 크기는 건설 당시에 비해서는 크게 설정되어 있다. 그리고 지하 상점가와 근린상업시설의 건설로 주변 지하부분의 개발이 진행되어, 지하 1층이 실질적으로 지상 1층이 되어 내진성능을 더욱 저하시켰다.

내진진단에 앞선 현지조사에서는 철골부재의 리벳접합부, 용접부 및 녹에 의한 열화 정도를 조사하였으며, 병행하여 콘크리트의 내구성 조사를 실시하였다. 내진진단에서는 우선 현지조사 결과와 건설 당시의 설계도서와 검토서 등으로부터 모델을 작성하고 보유 수평내력을 구하였다. 지상 4층 이상의 층에서 내력이 부족함을 알 수 있다.

그림 1.74 내진보강 대상 건물

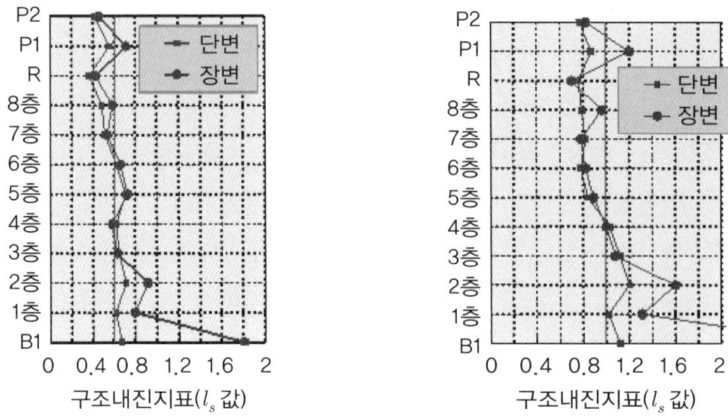


그림 1.75 내진진단 결과

### (2) 내진설계

구법의 선정단계에서는 세 가지의 방법을 비교 검토하였다. 기둥, 보 부재를 보강하는 인성형의 재래구법, 제진구법, 면진구법이었다.

재래구법의 경우 대부분의 기둥, 보를 보강해야만 한다. 원래의 건물이 순 라멘구조이고 구조적인 내력을 균형 있게 배분하기 위해서는 역시 균형 있는 보강을 할 필요가 있다. 각 층마다 공사를 진행하는 시공계획도 있을 수 있으나 그 층의 대부분의 상점이 영업을 중지해야만 한다.

또한 면진구법에 대해서는 대지의 거의 끝부분까지 건물이 지어져 있다는 점과 지하철 역사가 있어 지하에 면진 층을 두는 것은 매우 어렵기 때문에 중간층 면진을 검토하였다. 이 경우 면진 층의 상하층에서 변형이 발생하기 때문에 배관과 엘리베이터 등의 설비와 외벽 등에도 변형성능이 필요하다. 따라서 면진구법에 의한 시공비는 제진 방식에 비해 약 2배가 될 것으로 추정되었다. 그리고 면진 층의 기둥이 캔틸레버가 되기 때문에 현재 크기보다 상당히 크게 해야만 하고 면진 층의 설치개소에서 기둥을 두껍게 해야만 한다. 그에 따라 매장면적이 좁아지게 된다.

이상의 검토 결과를 바탕으로, 탄소성 댐퍼를 이용한 제진구법을 채택하였다. 다른 구법에 비해 장점은 다음과 같이 정리할 수 있다.

① 댐퍼에 의한 내력 향상과 지진에너지의 흡수라는 효과가 기대된다.

② 기존의 기둥, 보의 보강을 하지 않아도 된다.

③ 이용객이 많은 지하층과 지상 1, 2층의 보강이 필요 없다.

본 설계에서 이용한 댐퍼는 그림 1.76~1.77에 나타낸 것과 같이 변형능력이 일반강재보다 약 2배를 나타내는 극저항복점강을 사용하였으며, 강판에 육각형의 구멍을 둔 허니콤 댐퍼이다. 기존의 기둥, 보가 항복하기 이전에 제진댐퍼가 탄소성의 거동을 반복하여 지진에너지를 흡수하는 것이다.

그리고 이러한 댐퍼는 대지진을 받아도 구조체를 교체할 필요가 없다. 일반적으로 내진보강을 하면, 주변 부재에도 힘이 작용하기 때문에 보강개소가 크게 늘어나게 된다. 여기서는 댐퍼 설치의 균형을 취하기 위해 기존의 기둥, 보를 보강하지 않아도 되도록 댐퍼 설치의 균형을 취하고 있다. 그리고 댐퍼와 보의 접합에 사용하는 강재의 크기로 접합부에 걸리는 힘을 제어하였다.

댐퍼는 진단에서 부족한 내력에 비례하도록 배치하였다. 그에 따라 층에 따라 보강개소는 다르다. 단, 댐퍼의 설치에 의해 힘을 더욱 많이 받게 되어 댐퍼를 설치한 주변의 기둥, 보에도 힘이 작용하게 된다. 내력이 부족한 곳은 4층 이상의 층이었으나 3층도 댐퍼를 설치하였다. 보강하는 곳에는 건물의 기능상의 제약도 있다. 본 설계에서는 외주부와 코어 주변의 칸막이벽 부분을 이용하여 보강 전과 같이 건물을 사용할 수 있도록 하였다.

그림 1.76 허니콤 댐퍼

그림 1.77 허니콤 댐퍼 설치완료

### 3) 제진보강 기술의 개발현황

기존의 건물의 내진성능이 현저히 낮든지 보강의 목표레벨이 높은 경우, 벽을 설치하든지 브레이스를 설치하는 종래의 방법에서는 성능을 향상시키는 데 한계가 있었다. 보강개소가 너무 많아져 건물의 사용성이 나빠질 우려가 있기 때문이다. 따라서 <u>건물의 내력과 인성을 향상시킬 뿐만 아니라 제진댐퍼를 적절하게 사용하여 지진 시의 응답을 저감시키는 방법</u>이 다양하게 개발되고 있다.

면진구조와 마찬가지로 제진구조도 최근에 주목을 받고 있는 기술이다. 최근에 들어 건설회사와 장치 제조회사들은 새로운 댐퍼 개발에 박차를 가하고 있으며, 내진보강에 적용하는 것도 그 목표로 하고 있다.

주류가 되고 있는 것은 제진댐퍼를 그림 1.78과 같이 각 층의 골조 속에 설치하는 방법이다. 댐퍼를 이용하는 것은 납과 강재, 점성 유체와 오일 등이다. 모두 지진시의 진동에 의해 발생하는 건물의 층간변형을 이용하여 진동에너지를 흡수하는 형식이다. 이것을 구조체에 설치하여 기존 건물을 제진구조로 바꾸면,

■ 제진구법의 변동

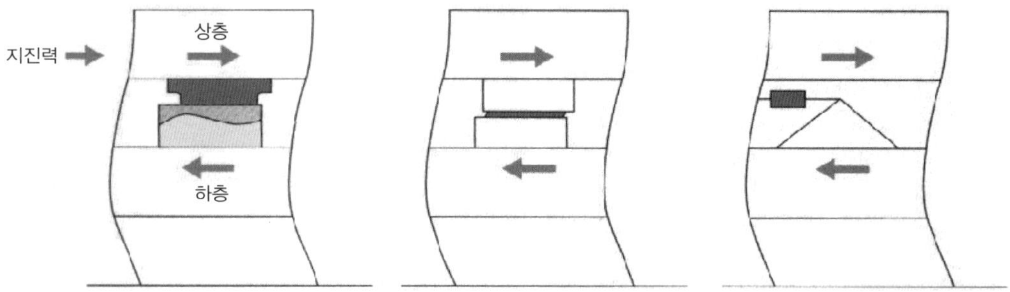


**그림 1.78** 제진장치의 설치 예

내력부족을 보완하여 내진성능을 향상시키는 것도 가능하다. 제진댐퍼를 잘 이용하면 종래형의 공법에 비해 보강구면을 반 정도로 줄일 수 있는 장점이 있다.

제진댐퍼를 이용하려는 경우에는 건축계획과 맞추어 댐퍼의 효과적인 설치장소와 골조에 설치하는 방법을 결정하여야 한다.

이 밖에도 극저항복점강에 의한 댐퍼를 이용한 내진보강 사례를 살펴보겠다. 그림 1.79에 나타낸 건물은 1977년에 준공한 SRC조(일부S조)의 10층 건물에 건물의 4각부에 외측에서 댐퍼 철골브레이스를 설치하여 내진보강하였다. 댐퍼의 형태는 앞에서 살펴본 허니콤형 댐퍼를 사용하였다.

그림 1.79 제진보강 시스템의 적용 사례

## 6.5 필로티구조 소규모건축물의 내진보강

### 1) 5층 이하 소규모 건축물의 지진취약성

2016년 9월 경주에서 규모 5.8강도의 지진 발생을 시작으로, 2017년 11월 포항에서 규모 5.4의 지진이 발생하는 등 국내에서도 강진 발생의 가능성이 점차 증가하고 있다. 특히, 경주, 포항 지진 발생시 5층 이하의 조적조, 필로티 구조 등 소규모주택에 피해가 속출하였으며, 이에 소규모주택 내진설계에 대한 우려가 높아졌다. 2017년 11월 포항에서 발생한 지진피해 사례를 보면, 2007년 이후에 건설되어 내진설계가 반영된 소규모 건물이 대다수이고, 국내 내진설계 범위 안에 드는 지진임에도 불구하고, 건물의 35% 이상 붕괴 수준에 이를 정도로 심각한 상황이다.[1] 이는 고주파수 성분이 강하고 지속시간이 매우 짧으면서도 최대 지반가속도는 매우 큰 충격파와 같아 장주기 구조물에 영향을 주지 않고, 단주기 구조물 및 비구조재에만 큰 영향을 주었기 때문이다.

실제 5층 이하 소규모주택은 2005년 3층 이상부터 내진설계 의무 대상으로 포함되었고, 2017년 2월부터 2층 이상 건물에도 확대되어 최근에는 사실상 모든 건물에 내진설계가 의무화되었으나, 여전히 의무대상에 해당되지 않는 건물이 상당수를 차지한다. 포항 지진에서 지진취약성이 객관적으로 드러난 3층 이상 필로티 건축물은 2018년 9월부터 건축구조기술사의 설계와 감리를 비롯하여 모든 층과 기둥의 시공 동영상 촬영도 의무화되었다.

1) 대한건축학회, 2017 한·일 건축물 지진피해 학술세미나 및 포항지진 보고회 자료

서울시에 따르면 아파트 등 공동주택은 38.8%가 내진성능을 확보했으나, 단독주택은 내진성능 확보율이 3.8% 수준[2]으로 30년 이상된 소규모주택에 대하여 내진성능보강이 시급한 상태임을 알 수 있다. 이는 외국의 지진피해 사례를 살펴보아도 중·저층 단독주택에서 더 큰 피해가 발생했다는 점을 고려할 때, 단독주택의 내진성능 확보율이 이처럼 낮다는 것은 매우 우려할만한 현상이다. 특히, 현행법상 내진전문가인 건축구조기술사는 6층 이상의 건물을 대상으로 내진설계를 수행하게 되어 있어서 5층 이하 건물은 실제 내진성능을 보유하고 있는지 여부가 불분명하다.

출처 : 인스티즈, "포항 필로티식 주택 상황"

출처 : 연합뉴스, "우리집은 안전할까? 서울 건물 70%가 내진설계 안돼"

**그림 1.80 포항 지진시 필로티구조 건물의 피해 사례**

2) 서울특별시 건축물 내진성능 자가점검, "건축물 내진설계현황(2017. 12 현황)"

특히, 5층 이하 필로티형(Pilotis Type) 건축물은 2005년 주차장법 강화로 1층을 주차공간으로 활용하기 위해 대부분 다가구·다세대주택에 적용된 구조형식으로, 평면 및 수직 비정형 건물로 지진에 취약하다. 주차 공간 확보를 위하여 1층 필로티층에는 기둥이 주로 사용되고, 계단실 주변에만 일부 벽체가 배치되어 있다. 이에 반해 주거용으로 계획되는 상층부는 내력벽 구조가 사용되어 필로티층과 상층부간 강성 차이가 매우 크다. 또한 1층 계단실이 모서리 또는 측면에 치우쳐 지진시 비틀림 파괴가 발생할 수가 있어서 이에 대한 대책마련이 필요하다. 이에 정부와 서울시는 기존건축물에 대해 두 차례 '지진방재 종합대책'을 수립하였으나 법적으로 의무화할 수 없는 민간건축물은 내진성능 확보를 위한 보강비용이 많이 소요되어, 내진보강 활성화를 위한 정책이 활성화되지 못하고 있다.

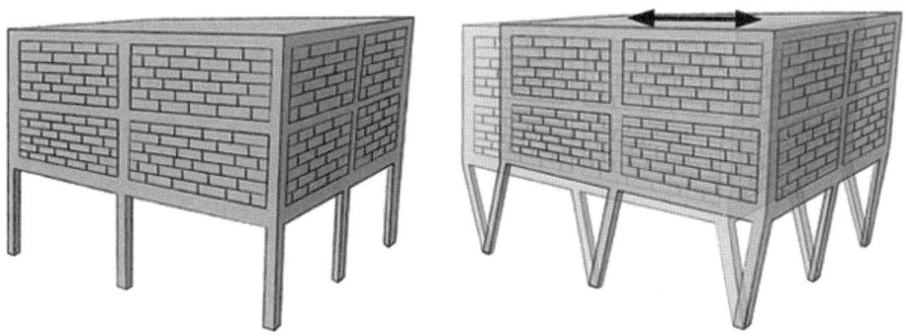

출처 : 서울시 홈페이지, "건축물 내진성능 자가점검"

**그림 1.81** 필로티 구조의 경우 상부 벽체가 연속되지 않아 발생한 연약층

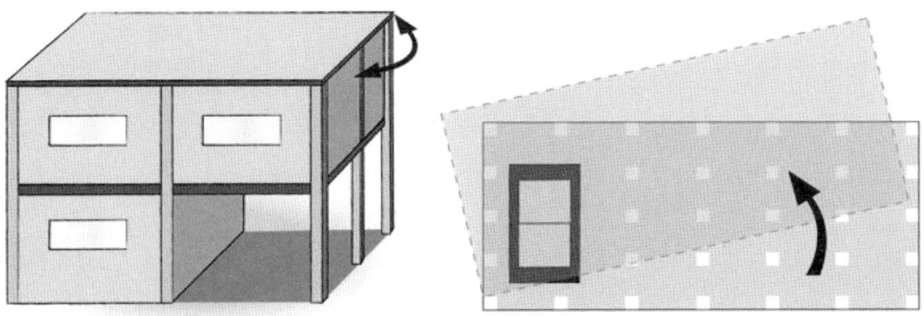

출처 : 서울시 홈페이지, "건축물 내진성능 자가점검"

**그림 1.82** 벽체의 비대칭 배치에 의한 건물의 비틀림 효과

표 1.36 건축물의 내진성능과 지진 피해

| 성능수준 | 기능수행 (Operational Level, OP) | 즉시거주 (Immediate Occupancy Level, IO) | 인명안전 (Life Safety Level, LS) | 붕괴방지 (Collapse Prevention Level, CP) |
|---|---|---|---|---|
| 그림 | 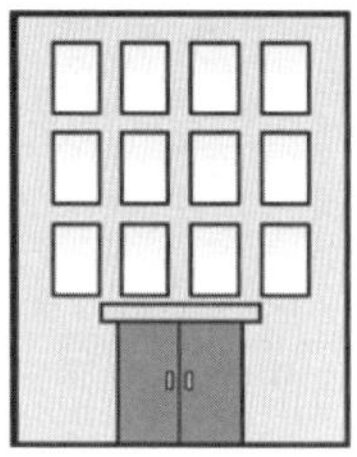 | 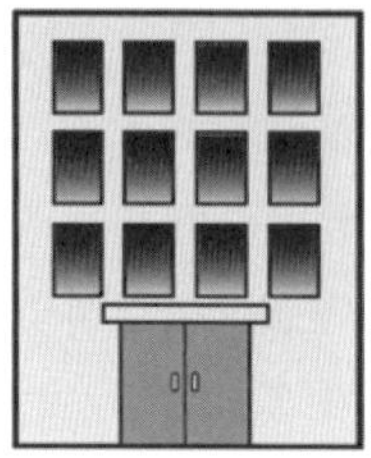 |  |  |
| 구조 및 비구조체 | 손상 없음 | 경미한 손상 | 중요한 손상 | 심각한 손상 |
| 설비 및 장비 | 정상 가동 | 일부 기능 정지 | 손상 발생 | 손상 발생 |
| 여진에 대한 위험도 | – | – | 인명피해 발생 가능 | 붕괴 가능성 높음 |
| 건물재 사용 | 즉시가능 | 경미한 보수 필요 | 상당한 복구비용 소요 | 불가능 |
| 거주자 이주 | 불필요 | 불필요 | 보수완료까지 | 필요 |

출처 : 서울시 홈페이지, "건축물 내진성능 자가점검"

「기존 시설물(건축물) 내진성능 평가요령(한국시설안전공단, 2011)」에 따른 건축물의 내진성능 평가절차는 3단계로 이루어진다. 일반적으로 정형화된 건물은 기초정보를 토대로 내진성능을 보수적으로 간단히 평가할 수 있는 내진성능 예비평가를 먼저 수행한다. 내진성능을 만족하지 못한다는 결과가 나올 경우, 1단계 내진성능 상세평가를 통해 대상구조물의 탄성해석결과를 토대로, 부재의 강도측면에서 내진성능평가를 수행한다. 이 경우에도 내진성능을 만족시키지 못하는 구조물은 부재의 연성 및 변형능력을 고려한 비선형 해석을 수행하는 2단계 내진성능 상세평가를 수행하여 내진성능 확보 여부를 판단하게 된다.

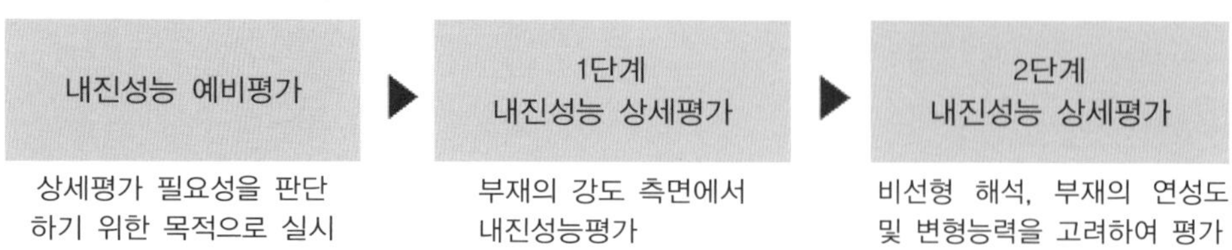


그림 1.83 내진성능평가 절차(기존 시설물 내진성능 평가요령, 2011)

내진성능이 부족한 건물의 내진보강공법은 건축계획, 비용, 공사기간 등을 고려하여 적합한 공법을 선정하여 보강설계를 실시하고, 다시 보강구조물에 대한 성능평가를 수행하여 내진성능 만족 여부를 검토해야 한다. 공동주택으로 사용하는 필로티 건축물의 특성상 1층의 협소한 주차공간 또는 공사중 거주 불편 등을 고려하여 섬유보강재로 기둥을 연성보강방법으로 처리하는 것이 유리하며, 계단실이 한쪽 모서리에 치우쳐 있거나, 벽체량이 부족하고 기둥과 벽체의 DCR값이 너무 큰 경우에는 RC벽체를 신설하여 보강하는 것이 바람직하다.

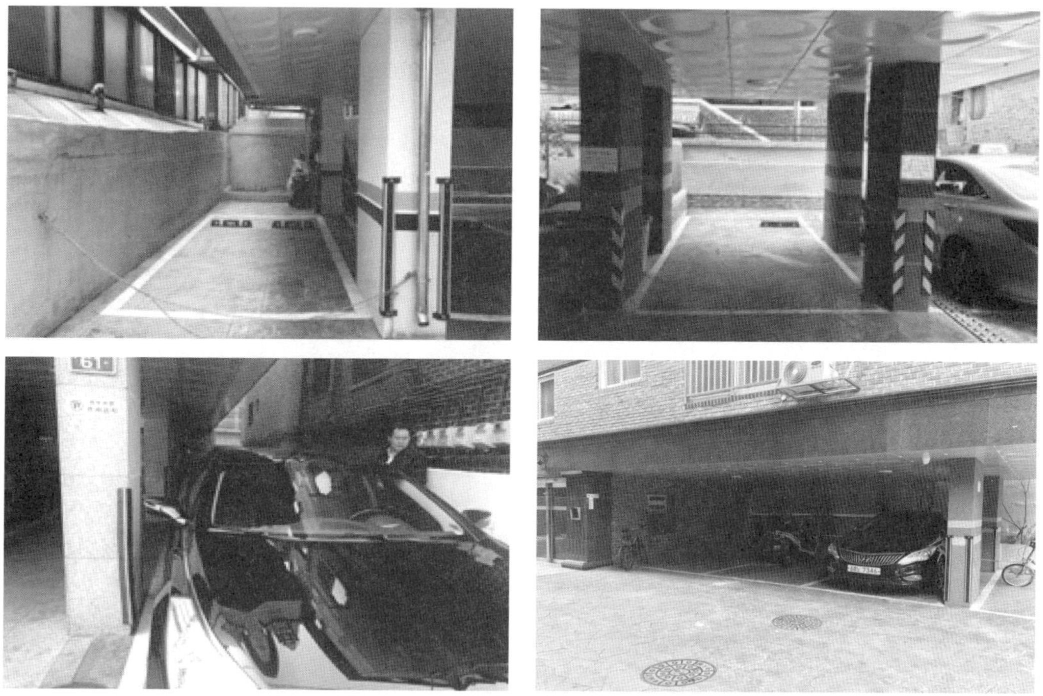

**그림 1.84** 필로티 건축물의 협소한 1층 주차공간

필로티 건축물의 기둥을 3개 이상 보강하거나 벽체를 신설하는 행위는 "대수선"에 해당하며, 보강공사시 구조안전 확인, 부설주차장 확보 등을 고려하여 건축설계도 함께 실시해야 한다. 이때, 현행 건폐율과 용적률 및 완화기준, 그리고 부설주차장법을 만족시켜야 하는데, 주차장으로 활용하고 있는 1층 필로티 공간의 법정 주차대수가 감소하는 경우도 발생한다. 이는 표 1.38에서 보듯이 주차장 법규의 특정 개정 시기에 다가구·다세대주택의 법정 주차대수가 완화되었기 때문이다.

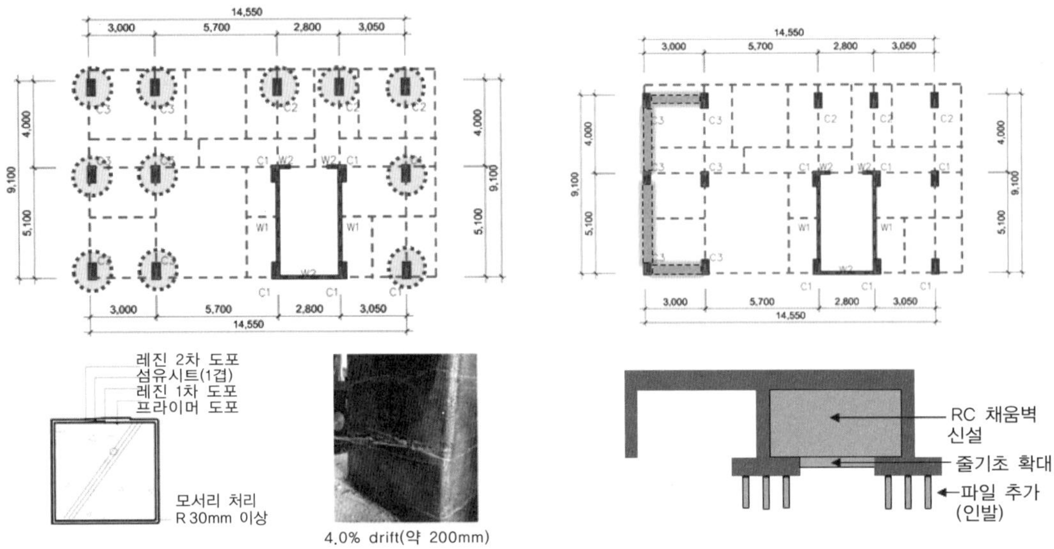


그림 1.85 필로티 건축물의 내진보강방법

표 1.37 주차장 법규의 변화

| 주차장법규 개정 시기 | | 2005.1 | 2009.7(현재) | 2013.5 | 2015.5(현재) |
|---|---|---|---|---|---|
| 다가구 · 다세대주택 | 전용면적 30㎡ 미만 | 1대 | 0.5대 | | |
| | 전용면적 60㎡ 미만 | 1대 | 0.8대 | | |
| 도시형 생활주택<br>(원룸형) | 전용면적 30㎡ 미만 | | | 0.5대 | 0.4대 |
| | 전용면적 30㎡ 이상 | | | 0.6대 | 0.5대 |

출처 : 서울시 홈페이지, "건축물 내진성능 자가점검"

내진보강 공사시 발생한 주차 여유공간은 유료주차장 또는 나눔카 공간, 그리고 임대인들의 복지공간 또는 편의공간으로 활용 가능하다. 보강건물의 여유주차면수가 1대일 때, 유료주차장 또는 나눔카 공간, 2대 이상일 때, 신설한 철근콘크리트 벽체를 활용하여 실(공간)을 만들어 카페나 회의실로 활용할 수 있다. 단지형의 도시형생활주택인 경우 2개 이상 건물의 내진보강시 여유주차면수를 결합시켜 활용도가 보다 큰 용도의 실(공간)을 구획하여 활용할 수 있다. 또한 보강건물의 인근에 신축매입 임대주택이나 빈집 매입시 부설주차장 또는 입주민 편의공간으로도 활용 가능하다.

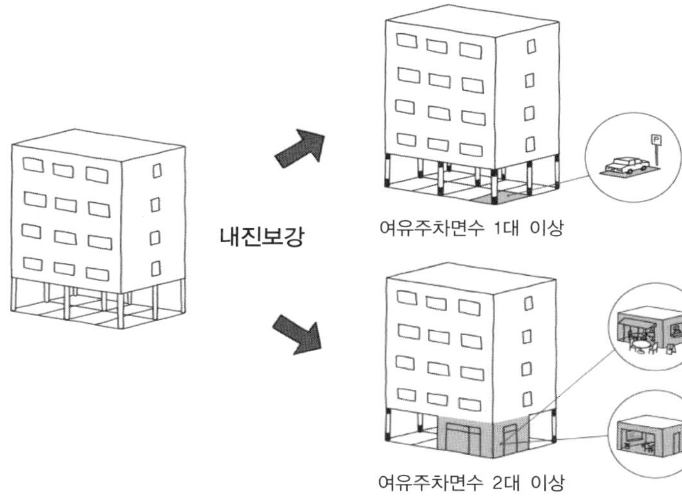


그림 1.86 보강대상건물의 여유주차공간 활용 개념도

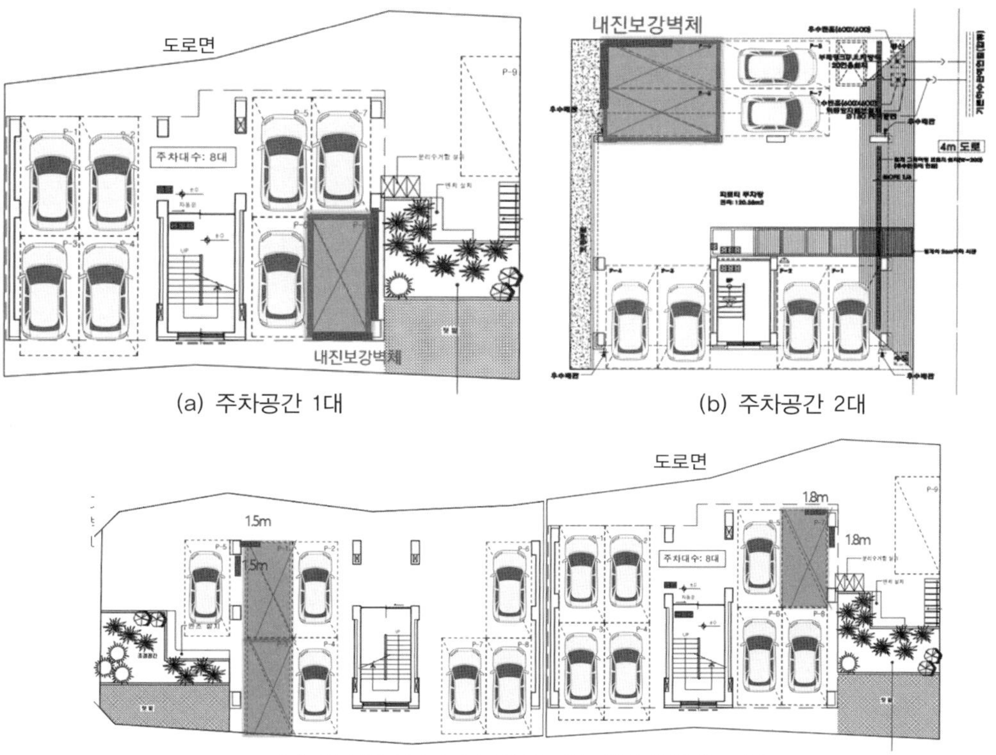


(a) 주차공간 1대

(b) 주차공간 2대

(c) 단지형 건축물의 여유주차공간을 활용한 사례

그림 1.87 내진보강시 여유주차공간 발생 사례

그림 1.88 내진보강시 여유주차공간 활용 사례

## 2) 필로티 건축물의 내진설계규정

### (1) 건축법규

5층 이하 소규모주택은 2005년 5층 이상, 연면적 1만㎡ 이상으로 내진설계의무 대상이 확대되기 전에는 내진설계가 수행되지 않다.

- 건축물에 대한 내진설계 규정은 1988년 건축법 시행령의 개정으로 최초 도입되어 6층 이상 또는 연면적 10만㎡ 이상 건축물에 내진설계를 하도록 의무화하였고, 2005년부터 3층 이상 또는 연면적 1,000㎡ 이상으로 확대됨
- 2005년부터 3층 이상 건물도 내진설계 의무대상으로 확대한 후, 2017년 2월부터는 2층 이상 건물도 내진설계가 의무화됨

따라서 건축물의 내진설계 규정 변천과정을 볼 때, 2005년 이전 설계된 5층 이하 전 건물은 내진설계가 적용되어 있지 않으며, 해당 건물에 대하여 내진성능평가가 시급한 상태라고 볼 수 있다.

2016년 1월 이후부터는 건축안전 확인 대상 건축물인 층수 2층 이상 또는 연면적 200㎡ 이상인 건축물은 내진능력을 공개하도록 하고 있다(건축법 제48조의3).

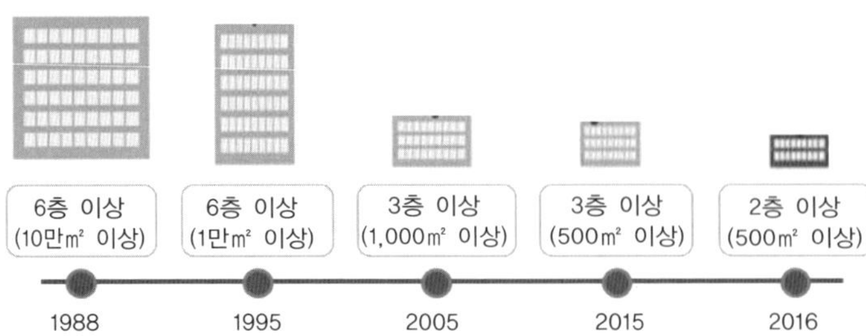


그림 1.89 내진설계규정의 변천과정

표 1.38 내진설계 대상 주택대상 건축물의 변천과정

| 관련 법령 | 개정 시기 | 내진설계 적용대상 | 기타 항목 | 건축구조기술사 확인 |
|---|---|---|---|---|
| 건축법 시행령 제16조 | 1988. 03 | 6층 이상,<br>연면적 10만㎡ 이상 | 건설교통부령이 정하는 건축물(국가보안상 필요하다고 인정되는 건축물, 문화유산 가치가 있는 박물관, 기념관 등 5,000㎡ 이상) | 16층 이상,<br>기둥 사이 30미터 이상 |
| 건축법 시행령 제32조 | 1995. 06 | 6층 이상,<br>연면적 1만㎡ 이상 | 건설교통부령이 정하는 건축물 | |
| | 2005. 07 | 3층 이상,<br>연면적 1,000㎡ 이상 | 지진구역,<br>국가적 문화유산 가치가 있는 건축물 | |
| | 2009. 07 | 3층 이상,<br>연면적 1,000㎡ 이상,<br>높이 13m 이상,<br>처마높이 9m 이상,<br>기둥과 기둥 사이의 거리가 10미터 이상 | | 6층 이상,<br>연면적 1만㎡ 이상,<br>기둥 사이 30미터 이상 |
| | 2014. 11 | 3층 이상(대지가 연약 지반일 경우 2층 이상),<br>연면적 500㎡ 이상, | | |
| | 2017. 02 | 2층 이상,<br>연면적 500㎡ 이상,<br>높이 13m 이상,<br>처마높이 9m 이상,<br>기둥과 기둥 사이의 거리가 10미터 이상 | | |
| | 2017. 10 | 2층 이상,<br>연면적 200㎡ 이상,<br>높이 13m 이상,<br>처마높이 9m 이상,<br>기둥과 기둥 사이의 거리가 10미터 이상<br>(건축물의 내진능력 공개) 신설, 소규모건축 구조기준을 적용한 건축물 | 국가적 문화유산 가치가 있는 건축물 | |

건축물의 대다수를 차지하고 있는 소규모건축물은 구조상세가 경험적으로만 설계되고 있어 지진 대비 재난·재해에 대한 구조안전성 문제가 제기되고 있다.

- 국내 소규모건축물은 정확한 구조계산에 의해 설계되기보다는 관습적으로 적용되는 구조부재 모듈을 갖는 경우가 대부분이며, 구조도면에서 누락된 사항이 많은 것으로 나타남
- 소규모건축물은 구조상세나 내진성능평가에 대한 구체적 검토 없이 건축신고만으로 건축허가 행위가 이루어지고, 구조계산서 작성 및 공사 감리 등은 의무사항이 아님

또한 5층 이하 소규모건물의 내진설계는 전문가인 건축구조기술사가 수행하는 협력대상건물에 해당되지 않아 실제 내진성능을 보유하고 있는지 여부는 불분명하다.

- 현행 건축법 시행령 제91조의3에서 건축구조기술사는 6층 이상 건물에 대해서만 구조안전에 대한 확인을 하도록 규정되어 있음
- 다가구·다세대 주택의 대다수인 5층 이하 건축물은 사실상 내진설계 비전문가인 건축사가 수행할 수 있어서 위험에 무방비로 노출된 상황이라고 볼 수 있음
- 원칙적으로 모든 건축물은 지진에 대하여 안전하도록 필요한 내진성능을 갖추도록 요구하는 것이 타당함

2018년 9월 이후부터는 필로티 구조물에 한해, 3층 이상은 구조전문가(건축구조기술사)의 설계와 감리과정은 물론, 모든 층과 기둥의 시공 동영상 촬영이 의무화되었다. (건축법 시행령 제18조의2)

> 제18조의2 【사진 및 동영상 촬영 대상 건축물 등】 ② 법 제24조제7항 전단에서 "대통령령으로 정하는 진도에 다다른 때"란 다음 각 호의 구분에 따른 단계에 다다른 경우를 말한다.〈개정 2018. 12. 4., 2019. 8. 6.〉
> 1. 다중이용 건축물 : 제19조제3항제1호부터 제3호까지의 구분에 따른 단계
> 2. 특수구조 건축물 : 다음 각 목의 어느 하나에 해당하는 단계
>    가. 매 층마다 상부 슬래브배근을 완료한 경우
>    나. 매 층마다 주요구조부의 조립을 완료한 경우
> 3. 3층 이상의 필로티형식 건축물 : 다음 각 목의 어느 하나에 해당하는 단계
>    가. 기초공사 시 철근 배치를 완료한 경우
>    나. 건축물 상층부의 하중이 상층부와 다른 구조형식의 하층부로 전달되는 다음의 어느 하나에 해당하는 부재(部材)의 철근배치를 완료한 경우
>       1) 기둥 또는 벽체 중 하나
>       2) 보 또는 슬래브 중 하나
>
> [본조신설 2017. 2. 3.]

### (2) 구조설계기준

경주 · 포항지진 이후 건축물의 지진안전성 제고에 대한 요구를 반영하고자, 지진하중 부분이 재개정되어 2019년 3월에 「건축구조기준(KBC 2016)」의 일부로 「건축물 내진설계기준(KDS 17 10 00)」이 고시되어 있다.

- 건축구조기준(KBC 2016)에서도 필로티 구조에 특별지진하중을 적용하여야 함을 규정하고 있었으나 설계법이 자세히 규정되어 있지 않아 지진저항 시스템의 분류에서부터 혼동이 있음.

내진설계기준(KDS 17 10 00)에서는 필로티구조(상부구조가 콘크리트 내력벽인 경우)와 필로티 구조와 유사한 거동을 보일 것으로 예상되는 1층 약층인 모멘트골조(상부에 내력벽 대신 조적채움벽을 가진 모멘트골조인 경우)의 연성거동을 확보하기 위해 필요한 구조계획시 고려사항, 특별지진하중, 기둥 및 기둥-보 접합부의 전단강도와 전단보강근에 대한 요구사항을 나열하고 있다.

지진발생시 하부의 필로티 기둥에 손상이 집중되어 취성파괴가 발생하는 3층 이상의 수직비정형 필로티 구조는 기둥의 안전성 확보를 위해 증가된 지진하중을 사용하는 특별지진하중과 연성 상세 적용이 필수적이다.

- 필로티 등과 같이 전체 구조물의 불안정성으로 붕괴를 일으키거나 지진하중의 흐름을 급격히 변화시키는 주요부재와 이를 지지하는 해당 위치의 수직부재 설계에는 지진하중을 포함한 하중조합에 일반 지진하중($E$) 대신 특별지진하중($E_m$)을 사용

$$E_m = \Omega_0 E \pm 0.2 S_{DS} D \qquad \text{(식 1-1)}$$

여기서, $\Omega_0$ : 시스템 초과강도계수

$S_{DS}$ : 단주기설계스펙트럼가속도

$D$ : 고정하중

- 계단실 등에 설치되는 코어벽구조는 가급적 평면 중앙에 또는 대칭으로 배치되도록 하며, 전이층에서 기초까지 연속되도록 설계해야 함
- 하부에 필로티 기둥, 상부구조에 내력벽구조가 사용되는 경우 필로티 기둥과 내력벽이 연결되는 층바닥에서는 필로티 기둥과 내력벽을 연결하는 전이슬래브 또는 전이보를 설치해야 함

- 지진하중계산시 반응수정계수 등의 지진력저항시스템 내진설계계수는 내력벽구조에 해당하는 값 이용
- 필로티 기둥에서는 전길이에 걸쳐 후프와 크로스타이로 구성되는 횡보강근의 수직 간격은 단면 최소폭의 1/4 이하이어야 함. 또한 횡보강근에는 135도 갈고리정착을 사용하는 내진상세를 사용하여야 함
- 필로티 기둥의 설계전단력은 특별지진하중에 대한 구조해석을 사용하여 계산하되, $2M_n/L_n$ 이상이어야 함. 여기서 $M_n$은 기둥의 해당 방향 휨모멘트강도로서 압축력의 영향을 고려한 값이며, $L_n$은 기둥의 순길이를 뜻함
- 전이보 또는 전이슬래브와 필로티 기둥의 접합부에는 필로티 기둥에 사용되는 횡보강근의 간격과 동일한 간격의 횡보강근을 배치해야 함
- 필로티 층에서 코어벽은 박스 형태의 콘크리트 일체형으로 구성하며 개구부를 최소화해야 함
- 기둥, 코어벽, 전단벽 등 주요 구조부재 내부에는 우수관 등 비구조재를 삽입할 수 없음

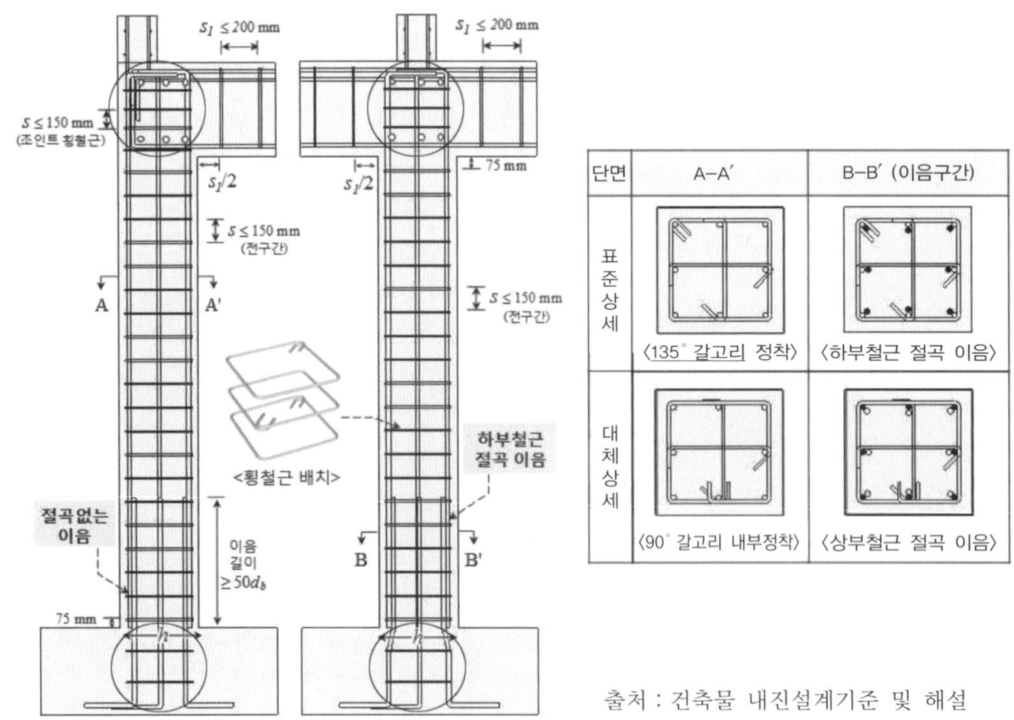


출처 : 건축물 내진설계기준 및 해설

**그림 1.90 필로티 기둥의 상세 예**

포항지진시 피해가 많이 발생한 필로티 건축물에 대한 조사결과, 구조기준의 문제라기보다 부실설계, 시공의 문제가 발견됨에 따라 필로티 건축물의 설계 및 시공과정에서 내진설계기준 오적용 여부를 쉽게 검토할 수 있도록 「필로티 건축물 구조설계 가이드라인」을 2018년 8월 발간되었다.

- 필로티구조 건축물의 내진안전성을 확보하기 위해 건축설계, 구조설계, 건축인허가, 시공시 지켜야 할 최소 요구사항을 규정, 추가사항은 「건축구조기준(KBC 2016)」과 「건축물 내진설계기준(KDS 17 10 00)」에 만족하도록 설계
- 가이드라인의 대상건물은 상부 콘크리트 내력벽구조와 하부 필로티 기둥으로 구성된 지상 3층 이상 5층 이하 수직비정형 골조임
- 필로티층에서 전단벽과 기둥이 지진하중에 충분히 저항할 수 있도록 벽체와 기둥 면적을 제시, 다음 조건을 평면상 두 직각방향의 각각에 대하여 만족해야 함

(지진구역 1, 지진구역 2를 제외한 지역)

$$\frac{\text{벽체면적비}}{0.0045} + \frac{\text{기둥면적비}}{0.0112} \geq 1.0 \qquad \text{(식 1-2)}$$

(지진구역 2, 강원북부 및 제주)

$$\frac{\text{벽체면적비}}{0.0028} + \frac{\text{기둥면적비}}{0.0071} \geq 1.0 \qquad \text{(식 1-3)}$$

여기서, 벽체면적비 : 필로티층 해당 벽체단면적의 합 / 건물연면적
기둥면적비 : 필로티 기둥단면적의 합 / 건물연면적

「필로티 건축물 구조설계 가이드라인」에서는 일반공법이 아닌 특수공법으로 내진보강할 때 성능이 입증되고 내구성이 확보된 공법을 사용해야 한다. 코어벽이 편심배치된 경우 평면상 반대편 또는 대각 반대편에 위치한 수직재에 반드시 보강 실시, 그리고 기존 부재의 성능저하, 시공품질, 주기하중 등에 의한 성능을 고려하여 기존 구조부재와의 연결부는 요구내력의 1.5배 이상 발휘하도록 설계해야 한다고 제시되어 있다.

### (3) 내진보강 관련 정책

기존 건축물에 대해서는 정부와 서울시는 2016년, 2018년 두 차례에 걸쳐 '지진방재종합대책'을 수립하여, 정부는 공공시설물의 내진보강을 2035년에, 서울시는 2022년에

완료할 것을 목표로 수립되었다.

- 법적으로 의무화할 수 없는 민간건축물은 내진성능보강 사업이 지지부진한 상태로 내진성능 확보 비율이 약 13% 정도에 그치고 있다. 특히, 내진설계대상이 2층, 연면적 200㎡ 이상의 건물로 확대되면서 내진성능 확보 수준이 급격히 떨어진 상황임.
- 기존건축물의 내진성능 확보를 위한 보강비용이 많이 소요되어 민간에서 자체적으로 보강하기가 쉽지 않음.

민간 시설의 내진보강 활성화를 위해서도 다양한 간접 지원책이 시행되고 있으나 금전적인 혜택이 크지 않아 정책이 활성화되지 못하고 있다.

- 취득세 · 재산세 등 지방세를 50~100% 감면하고 건폐율 · 용적률도 최대 10%까지 완화해주고 있음.
- 풍수해 보험, 화재보험 지진특약 가입 시 지진위험 담보 요율의 20~30%씩을 할인해주고 법인의 경우 국세도 기업 규모에 따라 1~10% 공제 가능함.

표 1.39 내진설계 의무대상이 아닌 건축물의 내진보강시 인센티브

| 인센티브 항목 | 상세내용 |
|---|---|
| 국세 공제 | 대기업 1%, 중견기업 5%, 중소기업 10% |
| 지방세 감면 | 취득세 – 신축 50%, 대수선 100%(1회) |
| | 재산세 – 신축 50%, 대수선 100%(5회) |
| 건폐율·용적율 | 최대 10%완화 (내진보강 목적으로 증축, 개축시) |
| 보험료 할인 | 풍수해 보험, 화재보험 지진특약 보험료 감면<br>신축 30%, 기존 20% |

국토교통부는 2017년 6월부터 공인중개사가 부동산 계약시 매입 · 임차인에게 건물 내진성능 여부를 알리도록 「공인중개사법 시행규칙」이 개정되었다.

- 건물을 사거나 빌릴 때에도 내진설계가 되어 있는 건물인지 또 내진능력이 어느 정도 되는지에 대해 공인중개사에게 자세한 설명을 듣고 부동산 계약을 진행하도록 「공인중개사법 시행규칙」이 개정됨.

행정안전부는 민간시설에 대해 '지진안전 시설물 인증제'를 2018년 10월부터 시행되었다.

- "지진안전 시설물 인증제"는 내진설계 · 시공이 완료된 건물을 인증하는 제도로써 내진성능평가 비용의 2/3를 재정지원하여 민간 내진보강을 유도하도록 계획함.

국토교통부는 2019년 3월 19일부터 건축안전팀 신설하는 등 건축물 안전관리 정책이 강화되었다.

- 기존건축물에 대한 안전관리 정책 강화 목적[3]으로 화재성능보강, 내진성능보강, 건축물 안전점검 등 기존 건축물에 대한 안전정책 담당팀 신설.
- 내진성능보강의 경우 지진에 취약한 건축물의 우선순위를 정하고 종전보다 간소화된 방법으로 내진성능을 평가하는 사업 시행함.
- 건축물 품질 인정제도 도입 등 신규건축물 안전기준 강화

또한 국토교통부는 건축법 제68조3에 의거 건축안전 모니터링을 실시하고 있다.

- "건축안전 불시점검"은 내진설계 등 건축물의 구조설계가 제대로 시행되고 있는지 확인하고, 화재에 취약한 불법 건축자재가 사용되고 있는지를 점검하기 위하여 '14년부터 실시함.
- 2019년 7월 건축구조 분야는 전국의 신축건축물 1,400건(2018년 7월 700건)을 대상으로 설계도서의 구조설계 적합성을 점검하고, 특히 포항지진 시 피해가 집중된 필로티 건축물 등을 중점적으로 선정하여 점검함.
- '23년 12월 12일 발표한 건설 카르텔 혁파 방안에 따라 건축구조설계 적정성 검증 강화를 위해 국토관리원을 건축구조안전 모니터링 신규 전문기관으로 지정함. (국토교통부 고시 제2024-70호, 24. 02. 01, 한국토지주택공사는 '25년 1월 31일 까지만 업무수행함)

3) '17. 12 제천 화재, '18. 1 밀양 화재, '18. 6 용산 건축물 붕괴, '18. 12 대종빌딩 균열 등

# 제2장

# 리모델링 공사

# 1. 리모델링 공사의 개요

리모델링 공사는 사업목적, 공사범위, 건축물의 구조체 공사, 이주문제, 작업환경 등에 따라 매우 다양하게 분류할 수 있으며, 그 여건과 특성에 따라 적합한 방향감을 갖고 문제를 풀어 가는 것이 매우 중요하다.

## 1.1 리모델링 공사의 특성 및 유의사항

### 1.1.1 리모델링 공사의 특성

국내에서 일반건축물과 공동주택에 대한 리모델링 사업 및 공사 수행한 경험을 토대로 도출된 리모델링 공사의 특성을 살펴보면 다음과 같다.

#### 1) 다양한 공사계획

정형화된 공사계획 모델이 없으므로 리모델링의 유형에 따라 복잡하고 다양한 형태의 공사계획 수립이 필요하다.

#### 2) 공기와 공사비 초과

공기와 공사비에 있어서 설계단계 또는 입찰단계에서 견적된 것보다 초과하는 것이 일반적이다. 공정과 비용 초과의 가장 큰 원인은 예상치 못한 현장조건과 작업범위의 변경 등이며, 이것은 리모델링 공사의 독특한 문제로서 운영시설에 대한 정보 부족, 공간적인 제약, 입주자의 안전과 보건유지 및 사용자 등 이해 당사자가 많기 때문이다.

#### 3) 예상할 수 없는 일시적인 공사 발생

근무환경을 유지하기 위해 기능을 유지하며 공사를 수행하는 경우, 본 공사 외의 일시적인 공사가 많이 발생한다.

#### 4) 조사진단

모든 공사계획이 기존 건물에 기초하므로 조사 및 진단이 매우 중요한 단계가 된다.

조사진단의 결과는 설계에 대해 많은 영향을 미치게 되고 공사수행계획에도 결정적인 영향을 미치게 된다.

### 5) 다양한 공사수행방식

입주자의 이주문제와 시설의 ON-OFF 여부에 따라 공사수행방식이 여러 가지로 나뉠 수 있다. 이러한 상황에 대한 대응으로 재실자가 없는 야간에만 공사를 수행하거나 이주, 공사, 재이주의 순환을 각 실별 또는 층별로 반복적으로 수행해야 하는 경우 등 복잡한 경로를 거쳐야 한다. 재실자가 있는 주간공사의 경우 근무환경 유지에 각별한 주의를 기울여야 한다. 기능유지를 위해서는 설비와 전기의 면밀한 TIE IN/OUT 계획을 수립해야 한다. 이러한 사항은 조사진단 및 공사계획단계에서 면밀하게 검토되어야 한다.

### 6) 복잡한 작업체계

하나의 부위를 완성하기 위한 작업체계가 신축공사보다 훨씬 복잡하다. 즉 리모델링 공사의 경우 건축물의 특정 부위를 완성하는 데 있어서 물리적인 작업이 증가할 뿐 아니라 관련된 외부적 조건에 대해서도 충분한 배려가 필요하다.

### 7) 잦은 설계변경

발주담당 부서와 시설운영 부서가 다르기 때문에 잦은 설계변경이 이루어지는데 공사시작 후 변경이 많다.

### 8) 난해한 철거공사

철거공사가 반드시 수반되나 수행이 매우 어렵다. 시설이 운영중인 경우 무진동, 무소음 등이 요구되나 현실적으로 매우 어려우며, 기본 마감재 철거의 경우 철거범위를 판단하기 어렵다.

### 9) 불확실한 설계

설계가 불확실하다. 기존 시설이 당초 도면과 다르게 사용자들에 의해서 변경된 부분이 많고 건물이력 카드 등 기존 시설물의 정확한 정보를 다루지 못하는 경우가 많다.

#### 10) 공정관리의 어려움

기존 시설의 운영일정이 공사일정과 충돌할 경우 갑작스런 작업 대기시간이 발생하는 등 효율적인 공정관리가 곤란하다.

#### 11) 많은 제약사항

공사수행 과정에서 여러 가지 측면의 제약사항이 너무 많다. 작업의 복잡성, 접근성의 곤란, 설치공간 및 자재적치공간의 부족, 안전 및 보건 등에 기인한 물리적 제약(Physical constraints), 입주자(사용자)의 시설운영일정 및 시설의 특성과 관련된 조정상의 제약(Coordination constraints), 전기 및 설비가 시설의 사용과 관련된 유틸리티 제약(Utility constraints), 예기치 못한 현장조건과 철거작업 완료 전의 불확실한 설계정보에 따른 불확실성의 제약(Uncertainty constraints)이 있다.

### 1.1.2 리모델링 공사의 유의사항

리모델링 공사계획의 특성은 신축공사의 경우와 판이하게 다르므로 리모델링 공사의 효율적인 관리를 위해 각 단계별 유의사항을 제시하면 다음과 같다.

#### 1) 견적 및 입찰단계

- 충분한 현장실사 및 공사특성 분석 후 견적하도록 한다.
- 면밀한 공사계획 수립 후 견적하도록 한다.
- 가능하면 유경험자에 의한 견적으로 하도록 한다.

#### 2) 계약단계

- 계약서상에 공사범위를 명확히 할 필요가 있다. 리모델링 공사의 특성상 계약서류(시방서, 설계도서, 내역서를 포함한다)상에서 공사범위를 표현하기가 곤란하다. 공사수행 중 논쟁의 여지를 없애기 위하여 계획서상에 포괄적이면서도 명확한 공사범위를 표현할 필요가 있다. 또한 계약자 상호간에 예상하지 못한 공사가 발생하였을 경우에 대비하여 계약서상에 원칙을 정해둘 필요가 있다.
- 설계변경이 빈번하게 발생하므로 이에 대한 기준도 명확히 할 필요가 있다.
- 리모델링 공사의 특성상 공사물량의 증감은 없으나 공사방법이 변경되는 경우가

있다. 이 경우에도 설계변경이 될 수 있도록 명문화할 필요가 있다.

### 3) 공사계획 수립단계

- 리모델링 공사는 복합공정을 종합적으로 관리하고 조정할 수 있는 공사관리자의 능력이 절대적으로 필요하다.
- 가능한 한 모든 자료를 입수하고 조사 및 진단을 하여야 한다. 대개 20년 정도 경과한 건물은 당초 설계도서와 현 시공 상태가 상이한 경우가 많다. 또한 불법적인 것을 포함한 계속적인 설계변경, 보수공사 등이 시행되었지만 건물이력을 관리한 예가 드물다. 설계도서보다 실제 조사와 진단하는 것이 더욱 유용하다. 필요할 경우 건물관리인의 구두 설명을 들을 필요가 있다.
- 기존 시설의 운영일정에 대하여 사용자와 사전 면밀한 협의를 하여 공사계획에 반영하여야 한다. 종종 공사일정과 예기치 못한 충돌이 발생하여 공정에 차질이 발생할 수 있다.
- 근무환경 유지를 위하여 사전 사용자의 의견을 듣고 공사계획에 반영하여야 한다.
- 특별피난계단의 철거나 소화급수 중단과 같이 공사수행 중 부득이하게 법규 위반 사항이 발생할 수 있는데, 이에 대하여 사전 유관기관의 의견을 들을 필요가 있다.
- 대개 사용자는 건물의 효율적인 사용을 위하여 단계별 이전을 요구하게 된다. 그러나 현행법상 증축 또는 대수선을 수반할 경우 부분준공의 개념은 없으므로 이에 대하여 사전 유관기관의 의견을 들을 필요가 있다. 또한 기능상 문제가 없는지 검토를 해야 한다.

### 4) 공사수행단계

- 재실공사의 경우 근무환경 유지가 필수적이지만 매우 어렵다. 소음, 진동, 분진, 특히 냄새에 대하여 세심한 주의가 필요하다. 주간단위로 작업계획에 대하여 사용자에게 통보하여 양해를 구하는 것도 하나의 방법이다.
- 작업공간이 협소할 경우, 예를 들면 옥외주차장처럼 사용자가 사용 중인 공간을 점용하는 경우가 자주 발생한다. 주간단위로 작업계획에 대하여 사용자에게 통보하여 협조를 구한다.
- 사용자의 사용동선과 작업동선을 완전히 분리하여 사용자의 안전을 도모해야 한다.
- 기존 건물에 장비 반입구가 없는 경우가 많은데 사용자와 간섭되지 않는 적절한 위치 선정이 필요하다.

- 사용자의 사용 중인 시설 및 차량 등에 대한 보호가 필요하며 현장을 경유한 사용자의 도난피해가 발생하지 않도록 현장과 사용자의 사용구간은 확실한 방법으로 차단시설을 해야 한다.
- 발주부서와 사용부서의 의견 차이로 공사수행에 차질이 발생할 수 있다. 대화창구를 발주부서로 통일하도록 한다.
- 건물을 사용하면서 공사를 수행할 경우 사용자의 전원이 공사감독자 역할을 하므로 공사관리에 더욱 신경을 써야 한다.

#### 5) 하도급 발주시

- 신축공사에 비하여 상대적으로 하도급 공사기간이 긴데, 이는 동일한 공종을 반복적으로 수행하는 경우가 많기 때문이다. 또한 원 청사와 마찬가지로 공사계획이 난해하므로 충분한 견적기간을 주어서 입찰하도록 배려해야 한다.

## 1.2 리모델링 공사의 공정 및 원가관리

### 1.2.1 리모델링 공사의 공정관리

재실 여부, 이주계획, 공사 중 발주처 이미지 손실 최소화와 같은 리모델링 시공 시 요구사항과 각종 제약사항에 따라 가설공사, 철거공사, 골조공사 등에 있어서 전혀 다른 시공계획이 수립된다. 처음에 시공계획이 수립되었다고 해도 현장 검토단계에 돌입되면 미처 예상하지 못한 문제들이 많이 발생하게 된다.

리모델링 공사의 공정계획은 공사범위, 발주처 요구사항, 제약사항, 작업여건 등에 따라 법에 저촉되지 않는 철거폐기물 반출계획, 자재반출입동선, 작업동선계획을 포함한 가설계획을 어떻게 수립하는가에 좌우된다.

#### 1) 공정관리의 중점관리 사항

- 주공정(Critical Path)관리
- 주요 자원의 투입 수량 및 일정 검토
- 주요 자재의 승인, 발주, 제작, 운송 일정

• 협력업체 선정, 진행상황 검토
• 공사장비 및 인력수급상황 검토
• 현장 주변 상황에 대한 영향 검토
• 리모델링과 증축간 간섭 부위 영향 검토
• 적정공법 및 병행작업 검토
• 주요자재의 검수 및 누락 확인
• 부족 자재의 긴급 수배 및 재고 파악
• 지연공정 요인 분석 및 후속공사 예상
• 오시공 파악 및 재시공에 따른 후행공정에 대한 영향 검토

### 2) 리모델링 공정표 사례

그림 2.1은 공공업무시설을 문화 및 집회시설(전시 · 박물관)로 용도변경한 리모델링 공사의 공정관리 사례를 보여준다.

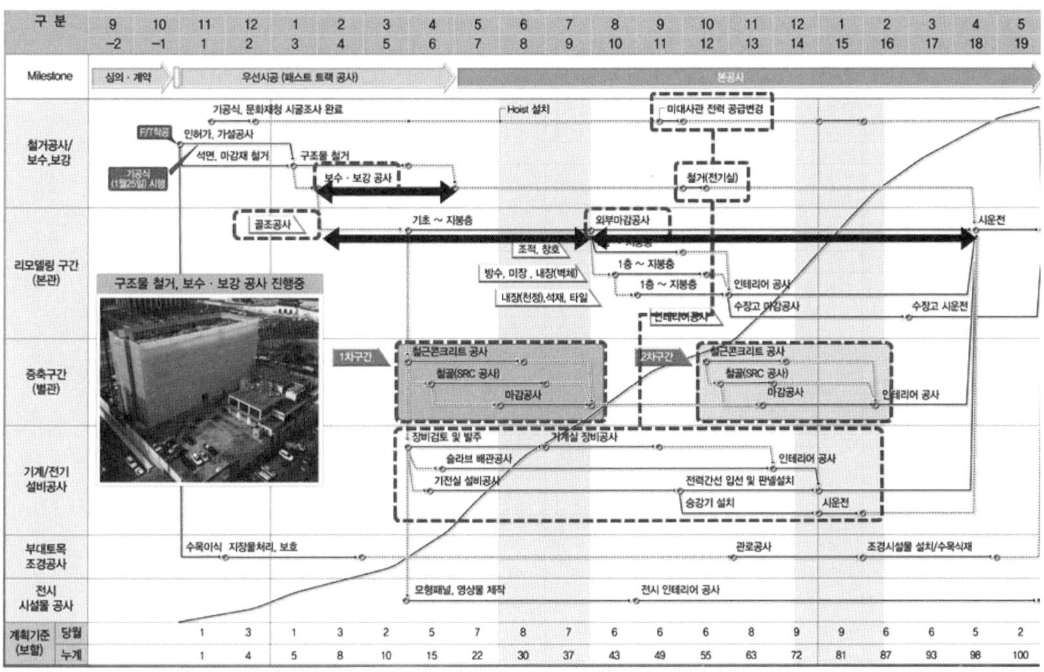


그림 2.1 리모델링 공사의 공정표 사례

### 1.2.2 리모델링 공사의 원가관리

착공시 수립된 원가관리계획은 많은 불확실성을 내포하고 있으므로 공사진도에 따라 공사 중 정기적인 검토를 통해 원가를 관리해야 하며, 중점 관리요소는 다음과 같다.

- 공사 중 작성된 수량산출서 수량과 내역서 수량의 일치 또는 적정성을 검토한다.
- 단가산출서, 일위대가표 작성에 따른 자재, 노임의 적정성을 검토한다.
- 현장에서 철거 및 리모델링 부분의 실측을 통한 원가의 적정성을 검토한다.
- 기존 사용부위와 리모델링부위의 범위에 따른 원가의 적정성을 검토한다.
- 리모델링 공사여건의 반영을 통해 원가의 적정성을 검토한다.
- VE(Value Engineering)활동을 통해 효과적인 원가관리 요소를 검토한다.

**그림 2.2** 리모델링 공사의 원가관리 사례

# 2. 건축공사

## 2.1 시공계획

신축공사에 대비하여 리모델링 공사에 있어서 가장 차이가 나는 부분은 철거공사, 보수보강공사, 골조공사의 시공계획이며 그 외의 부분은 신축공사와 유사하게 진행된다. 본서에서는 보수보강공사와 내진보강공사가 별도의 장에서 자세히 다루어지므로 가설공사와 철거공사 부분을 중심으로 건축공사의 시공계획을 설명해 나가도록 하겠다.

리모델링은 건물을 사용하면서 공사 진행이 가능하다. 전체를 비우고 공사할 것인지, 전체를 몇 개로 나누어 순환하면서 공사를 수행할 것인지, 상층에서부터 층 단위로 내려오면서 공사를 진행할 것인지, 실단위로 공사를 수행할 것인지 등의 여부에 따라 다양한 리모델링 공사가 가능하다.

재실 여부와 이주계획, 공사 중의 발주처의 회사 이미지 손실 최소화와 같은 리모델링 시공 시 요구사항과 각종 제약사항 등에 따라 가설공사, 철거공사 및 설치공사, 골조공사 등에 있어서 전혀 다른 시공계획이 수립된다.

처음에 시공계획이 수립되었다고 해도 현장검토단계에 돌입되면 미처 생각하지 못한 문제들이 많이 발생하게 된다.

실제로 리모델링 공사의 공정계획은 공사범위, 발주처 요구사항, 제약사항, 작업여건 등에 따라 환경법에 저촉되지 않는 철거폐기물 반출계획, 자재반출입동선, 작업동선계획을 포함한 가설계획을 어떻게 수립하는가에 좌우된다.

특히 재실공사는 공사 중 입주업체가 근무를 하고 있는 상태로 다음과 같은 특이성이 있다.

- 설비의 전면중지 불가, 층별 작업
- 업체의 이주 일정에 맞추어 공사가 진행
- 소음이 심하거나 설비의 중단이 요구되는 작업은 대부분 야간이나 휴일에 작업
- 공기단축을 위하여 철거와 동시에 설치작업이 이루어짐

재실상태에서는 폐기물 반출시간, 폐기물 야적공간 확인, 공사차량 진입시간, 자재반입과 양중시간, 자재 야적공간의 유무 확인, 인원 확보, 입주자를 위한 시스템의 가동여부 등을 모두 고려하여 공정계획을 수립해야 한다.

## 2.2 가설공사

작업 시 예상되는 소음 및 분진발생을 최소화하고 안전한 작업수행을 위한 가설공사를 계획하여 가시설물을 설치하고 철거 및 신설 자재 설치를 위한 양중계획을 수립한다. 외벽 철거 및 신설 벽 설치공사를 위한 외부비계와 보호막, 낙하물방지막 등을 설치하고 외벽의 층별 철거순서 및 각층 폐기물 반출입이 쉽도록 계획하여 설치한다. 양중계획은 기존 건물의 상황에 따라 건물의 화물용 엘리베이터, 곤돌라 또는 크레인 등을 설치하여 사용하고 각층 폐기물을 하역하기 위한 동선 및 장비 반입을 고려하여 계획한다.

**표 2.1** 가설공사 시 고려사항

| 공종 | 항목 | 고려사항 |
|---|---|---|
| 가설공사 | 시스템비계 | 리모델링 건물의 입면변화에 의해 철거 시와 본 공사 시의 시스템 비계의 위치나 규격이 달라질 수 있으므로 철거작업을 위한 비계설치 후 본 공사 시에 비계를 재설치해야 할 수도 있음 |
| | 가설방음방진벽 | 각층 및 1층 집하장에 철거물을 투하시 소음, 진동 및 분진 등을 저감할 수 있는 시설반영이 필요함 |
| | 소화/가설용수 | 리모델링 특성상 철거공사 시 전기누전, 용접기 및 산소 등의 가스사용으로 화재의 위험이 전 층에 해당되므로 가설급수공사시 화재진압이 가능토록 주요 부위에 소화기 또는 소화전 시설의 반영과 폐기물 투하 시 발생되는 분진을 저감하기 위한 가설용수시설이 필요함 |

### 1) 리모델링 사례

분당 서현동에 위치한 지상 12층 규모의 상업시설을 업무시설로 용도변경 리모델링한 사례에 대해서 시공계획을 검토해 보고자 한다.

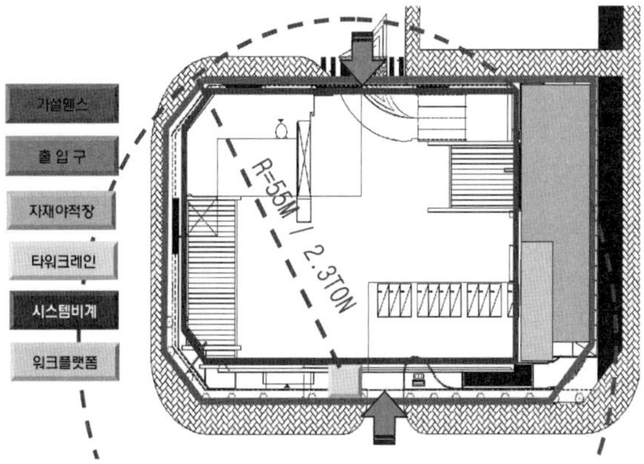


그림 2.3 현장 배치도

### (1) 가설공사

용도변경 리모델링 공사를 효과적으로 수행하기 위한 가설공사의 주요내용으로는 타워크레인, 시스템비계, 워크플랫폼 설치공사로 크게 3가지로 나누어 볼 수 있다. 그림 2.3은 현장 배치도상에서 가설펜스, 출입구 위치, 자재야적장, 타워크레인의 위치, 시스템 비계의 위치, 워크 플랫폼의 위치 등에 대해 전체적으로 보여주고 있다.

#### ① 타워크레인

본 리모델링 시 철골자재, 옥상 폐콘크리트, 옥상전원 토사, 냉각탑, 권상기 등 양중용도로 사용하기 위해 기존 건물의 한쪽 부위에 JIB 타입의 타워크레인 기초를 그림 2.4와 같이 설치하였다.

그림 2.4 타워크레인 기초

② 시스템 비계

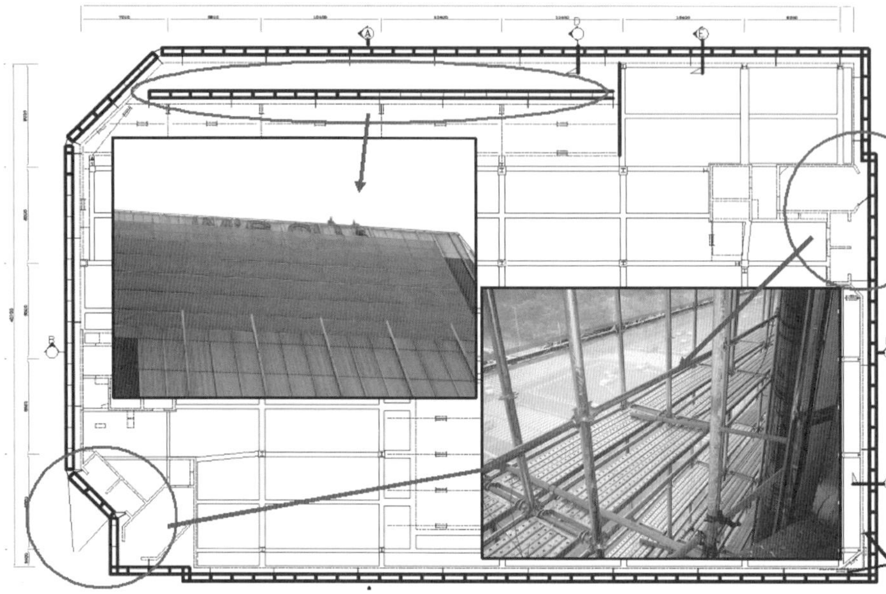

그림 2.5 시스템 비계공사 개요(17,076㎡)

외장재 철거, 커튼월 설치를 위해 시스템 비계를 그림 2.5와 같이 설치하였다. 그림 2.6~2.9는 배치도상에서 부위별 시스템 비계 설치에 대한 개요, 시스템 비계 기초잡기 및 설치, 시스템 비계 보강용 벽 이음 설치, 저층부 시스템 비계 및 방진막 설치, 시스템 비계 설치 및 방염처리된 PVC 방진막 설치 완료시의 모습을 설명하고 있다.

그림 2.6 시스템 비계 기초잡기 및 설치

그림 2.7 시스템 비계 보강용 벽 이음 설치

그림 2.8 저층부 시스템 비계 설치 및 PVC 방진막 설치

그림 2.9 시스템 비계 및 PVC방진막 설치 완료

③ 워크플랫폼

커튼월, 패널, 덕트, 기타 마감재를 양중하기 위해 적재하중 2,500kg, 속도 7M/MIN의 워크 플랫폼을 설치하였다. 그림 2.10~2.12와 같이 워크 플랫폼을 설치하고 설비공조 덕트자재, 알루미늄 커튼월 자재를 양중하였다.

그림 2.10 워크 플랫폼

그림 2.11 설비공조 덕트 자재 양중

그림 2.12 알루미늄 커튼월 자재 양중

## 2.3 철거공사

리모델링에서의 철거는 재건축, 재개발에서 이루어지는 철거와는 근본적으로 다르다. 리모델링에서의 철거는 기존 건물의 상태를 정확히 파악하여 리모델링 후 만들고자 하는 건물을 완성하기 위해 필요한 부분의 구조적 성능은 훼손하지 않으면서 불필요한 부분만을 철거하는 것이므로 엔지니어링적인 철거작업이 이루어져야 한다.

실제로 작업에 있어서는 작업 중 충격하중에 의해 손상되는 부분을 진단해 가면서 구조적인 해결방법을 적용해 나가야 하므로 철거업체와 진단 및 설계능력이 있는 구조설계회사와의 합동작업이 매우 필수적이다.

철거공사에 있어서 폐기물 반출을 위한 수직동선을 확보하는 것이 매우 중요하며, 폐기물 반출시 민원의 최소화를 위한 방음방진계획을 수립해야 한다.

일반적으로 철거작업에 있어서는 건물에 들어가는 소형장비와 인력해체공법을 병행하고 있다. 철거공사는 그림 2.13과 같이 구분할 수 있으며 철거공사에 사용되는 장비는 그림 2.15와 같다. 특히, 그림 2.14와 같이 석면류 철거에 있어서는 시료채취에서 분석, 석면해체관련 대관신고사항과 이에 따른 처리기간이 있으므로 주어진 공기 안에 시공을 할 수 있도록 철저한 사전준비작업이 필요하다.

철거작업시 분진을 최소화하기 위해서는 집진기를 배치하고 기존 설비덕트 및 배기팬을 활용하며, 비산 분진막을 설치한다. 자원 재활용의 차원에서 철거물은 분리수거를 하도록 한다.

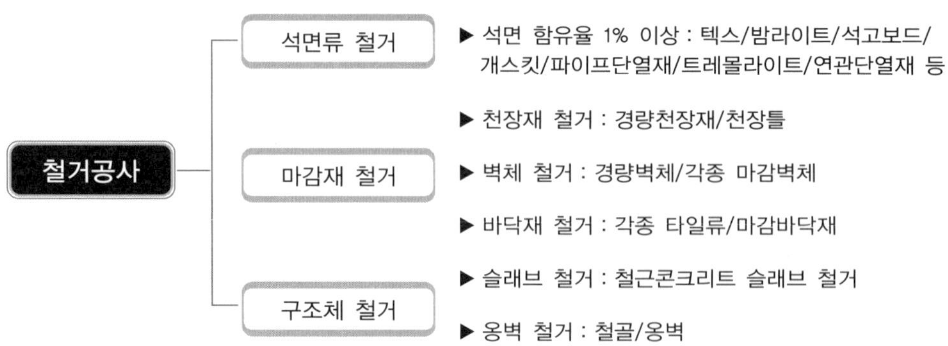


**그림 2.13** 철거공사의 범위

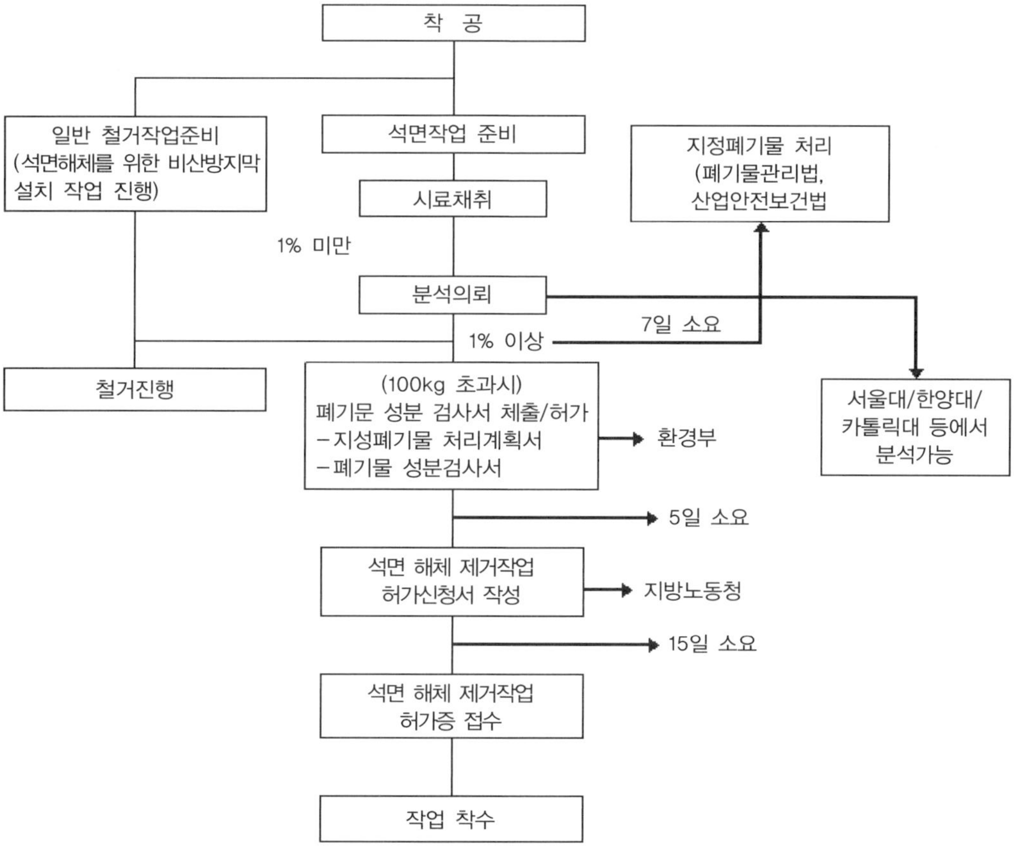


**그림** 2.14 석면해체 관련 대관신고사항

Con'c Cutter

소형 Breaker

Crusher

Bobcat

Breaker

소형 굴삭기

**그림** 2.15 철거사용 장비

건축철거 이외에 타 공종작업을 위해 불가피하게 철거를 실시해야 하는 경우도 발생하므로 이에 대한 물량도 표 2.2와 같이 검토해야 한다.

**표 2.2** 철거공사시 고려사항

| 공종 | 항목 | 고려사항 |
|---|---|---|
| 건축공사 | 철거공사 | 건축철거 내역 외에 타 공종작업을 위해 불가피하게 철거를 실시해야 하는 부분에 대한 물량 검토<br>예) ① 설비입상관 교체를 위해 PIT 조적철거 후 신설 필요<br>② 커튼월 fastener를 설치하기 위해 각층 단부 무근콘크리트 철거 |

### 1) 일반건물

상업시설의 철거는 내부, 외부, 구조물이 범위가 되며, 철거물의 반출방법을 준비하지 않고 철거시 폐기물의 반출과 안전관리가 어렵다. 그림 2.16은 사례 현장의 철거공사 범위와 관리 포인트를 요약한 표이다. 그림 2.17과 같이 철거순서는 내부, 외부, 구조물 순으로 철거하되 실제로 효율적인 철거공사를 하기 위해서는 반출 준비과정이 매우 중요하다.

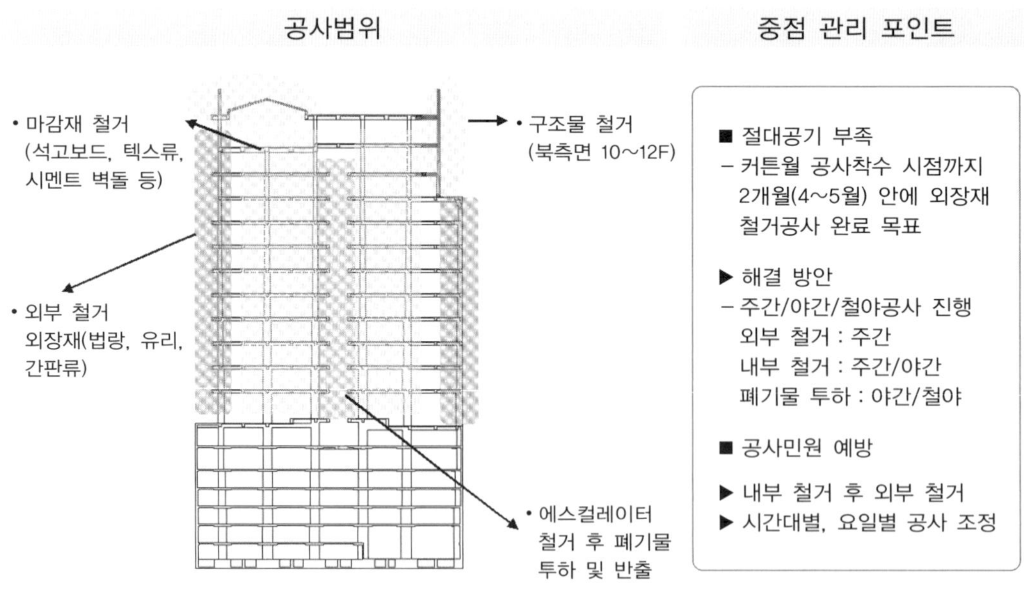


**그림** 2.16 철거공사의 범위와 중점관리 포인트

### (1) 내부 철거

저층부터 진행하면 철거를 완료하고 먼지 제거까지 한 층에 대해서 상층의 투하되는 폐기물, 먼지 등이 저층부에서 계속 발생되어 관리가 어려우므로 철거 층 순서는 상층부터 진행하였다.

- 내부 마감재 철거
  - 작업기간 : 80일간
  - 투입장비 : 015 집게차
  - 철거대상 : 천장마감, 벽 마감재, 칸막이벽 철거
  - 작업방법

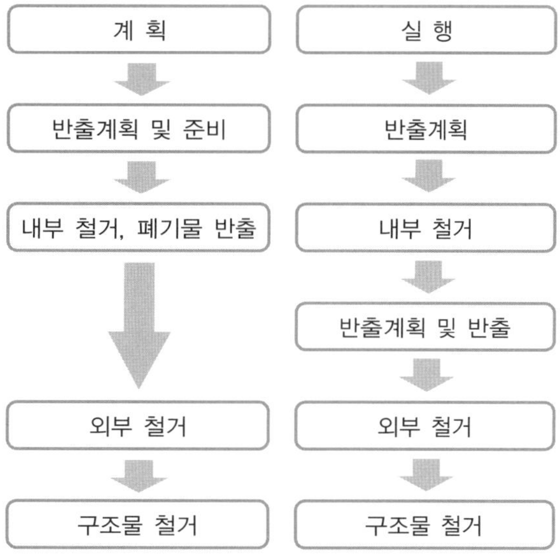


**그림** 2.17 철거공사의 진행 프로세스

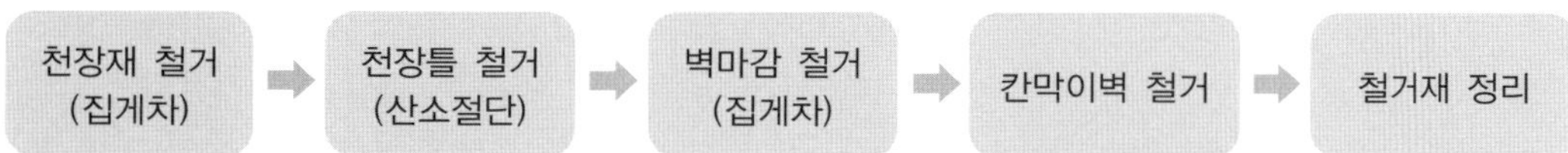

**그림** 2.18 고소작업대 이용 암면 제거

**그림** 2.19 집게장비 이용 철거

### (2) 반출 준비 및 반출

반출과 철거를 동시에 진행해야 현장관리상 수월하며, 낮에 철거와 반출을 하고, 야간에는 투하를 하면서 사이클을 돌린다. 당 현장에서는 낮에 반출, 밤에 투하를 하였다.

사례 현장에서는 13개 층의 절반 정도를 내부 철거를 완료한 후 반출하려고 하였는데 반출 위치인 기존 에스컬레이터를 제거하는데 1주가 소요되었다. 에스컬레이터만 철거하는 철거팀이 국내에는 거의 없다. 철거가 난해하여 중간에 철거팀을 철수시키고 최초 사례 현장 에스컬레이터를 설치했던 팀이 설치역순으로 철거하였다.

- 에스컬레이터 철거
  - 투입장비 : 윈치 4ea
  - 작업방법

슬래브 위에 H-beam 설치 → 윈치 설치 → 인양와이어 설치 (4개소) → BOLT 제거 → 지장물 산소절단 → 인양 하역 → 소절단 → 반출

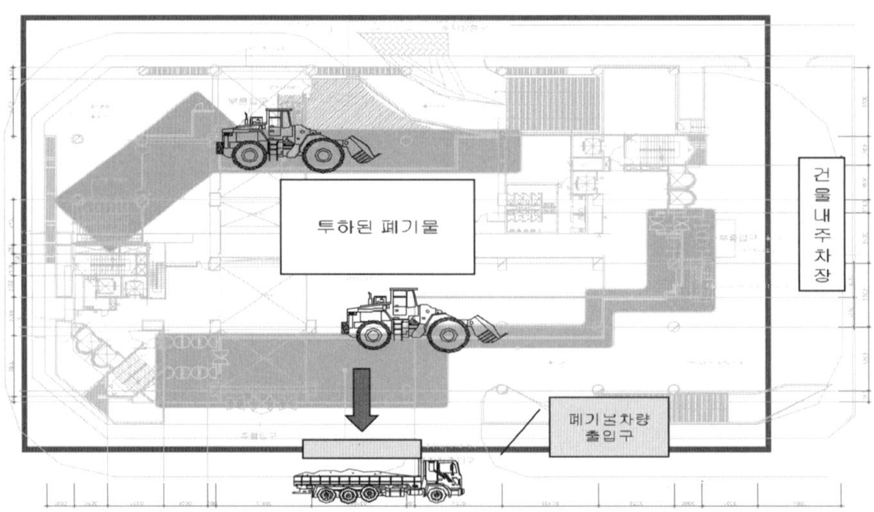


그림 2.20 장외반출(야간, 철야 : 폐기물 투하/주간 : 폐기물 반출)

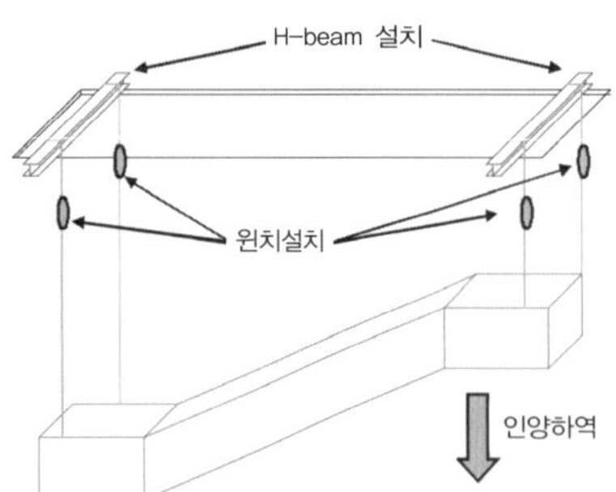


그림 2.21 에스컬레이터 철거

그림 2.22 에스컬레이터 철거

내부철거와 동시에 에스컬레이터 철거를 동시에 진행했으면 공기를 2주 이상 줄였을 것이다. 철거물이 일정량 발생 시마다 투하를 하게 되면 층 내 장비이동 및 다른 부위를 철거할 수 있고 또한 소량의 폐기물은 미니로더로 밀고 다니면서 투하구로 밀면 되지만, 당 현장처럼 철거만 먼저 해버리면 층 내의 폐기물이 가득 쌓여 미니로더로 밀고 다닐 수 없고 하나하나 미니로더가 떠서 들고 다녀야 한다.

투하 시 낮은 층부터 투하하다 민원이 발생하면 높은 층은 투하소음이 더욱 커지기 때문에 민원이 더 심해질 수 있으나 높은 층부터 투하한다면 민원이 발생하여도 낮은 층으로 갈수록 소리가 작아져서 진행에 어려움이 없을 것이다.

리모델링에서는 고재환수비라는 내역이 있다. 즉 폐기물 철거 시 고철, 석고보드, 합판 등을 분류하여 배출한다. 층 내에서 고철과 비고철을 분류하여 밤 사이에 분리된 폐기물을 투하한다. 하루는 고철을 투하하고 하루는 비고철을 투하하는 방식이다. 투하된 폐기물은 주간에 투하장소에서 폐기물 처리업체까지 모두 반출해야 야간에 투하가 가능하다.

고철 중 스터드, 런너, 경량천장틀 등이 대부분인데 이는 길이가 긴 것이 엉키게 되어서 투하된 고철은 사람이 분류하는 것이 불가능하다. 당 현장 시행착오 결과, 장비로 작업할 때에도 015 정도 백호에 집게손을 이용하는 것이 불가능한 것으로 확인되었다. 015 백호가 고철을 잡아당길 시 엉켜서 당겨지지 않고 백호가 끌려간다. 03, 06백호의 버킷으로 고철을 훑을 긁어내듯 작업하는 것이 가장 효율적이다.

당 현장에서는 층마다 같은 위치에 있는 에스컬레이터를 철거한 후 방화셔터를 내려 슈트로 만들었지만, 골조가 아니라 철판으로 되어 있는 슈트라 소음과 분진이 매우

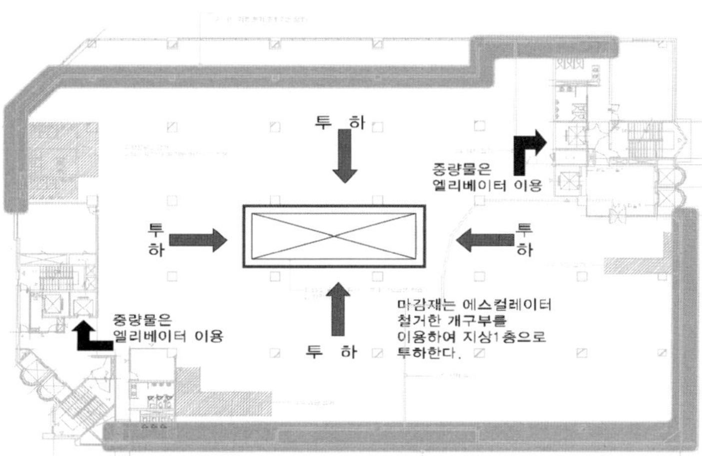


※ 지하 1층 :
엘리베이터 이용하여 인력 소운반

지하 2층~지하 6층 :
지하램프를 이용하여 미니로더 소운반한다.

**그림 2.23** 폐기물 소운반(지상 1층~지상 10층)

커서 철야투하시 전 직원이 동서남북에 서서 소음을 듣고 작업을 판단하기까지 하였다. 더 좋은 대안은 없었지만 주변 아파트 및 상가 건물에 당 현장이 24시간 철거한다는 것을 똑똑히 알려주게 된 이유 중 하나이다.

개구부의 크기가 4m×11m의 큰 개구부이지만 이 개구부만으로 부족할 만큼 폐기 물량이 엄청나게 나왔다.

- 폐기물 소운반
  - 투입장비 : 미니로더, 015집게차, 06굴삭기
  - 작업대상 : 지상 1층~지상 10층
  - 작업방법

미니로더/015 집게차 소운반 → 철거재 투하 Escalator Pit → 굴삭기 정리 → 미니로더 상차 → 반출

그림 2.24 폐기물 투하 후 집하장 내부

그림 2.25 에스컬레이터 개구부 폐기물 투하

### (3) 외부철거

외부철거 관련 비계 발주시 고려사항은 다음과 같다.

- 신축의 골조만 있는 상태에서 비계를 시공하는 경우 벽 이음은 문제가 없다. 리모델링의 경우는 일반 창 또는 시스템 창호는 문제가 없으나 커튼월인 경우 비계공만으로 벽 이음을 할 수가 없다. 즉 비계 발주시 현설조건으로 벽 이음을 위한 철거공의 비용을 부담하고 철거공이 비계업체의 지시에 따라 진행을 할 수 있어야

한다. 만약 철거업체와 비계업체와의 협의가 이루어지지 않은 상태에서 작업진행이 되면 미리 마감재를 떼어낼 수 없고 미리 비계를 올릴 수 없으므로 같이 진행해야 하는데 서로 비계가 늦어서 일이 느려진다. 철거가 늦어져서 비계가 늦어진다는 핑계 등으로 관리가 어렵다.

- 비계의 물량은 건물 외부 1회에 옥탑 정도가 보통인데 구조물 철거 시와 증축 시 비계가 필요하므로 견적할 때 구조물 철거에 대한 비계물량을 견적단가에 미리 반영해야 할 것이다.
- 리모델링에서는 비계의 용도가 신축과 다르게 외부마감공사 용도뿐만 아니라 외부 마감철거용으로 사용한다. 즉 기존 마감과 새로운 마감의 시공부위의 단차나 들어가고 나가는 음영부위가 있다면 비계를 재시공해야 하거나 2단, 3단으로 설치해야 하는데, 당 현장에서는 이 내용을 언급하지 않아 계단실 및 전망 엘리베이터 부위는 비계를 3번 매어 처리하기 때문에 정산시 어려움이 있었다.

① 건물외부 간판류 철거

- 투입장비 : 25T 크레인 2대(인양장비/고소작업대)
- 철거대상 : 외부계단, 홍보물 간판
- 작업방법

**그림 2.26** 옥외 철재 비상계단 철거 전

**그림 2.27** 크레인 이용 옥외 철재계단 철거

② 법랑 철거

- 작업기간 : 53일간
- 투입장비 : 인력철거
- 철거대상 : 법랑
- 작업방법

그림 2.28 법랑 조적벽 철거

그림 2.29 법랑 내부단열재 철거

### (4) 구조체 철거

구조체 철거를 위한 작업 흐름은 다음과 같다.

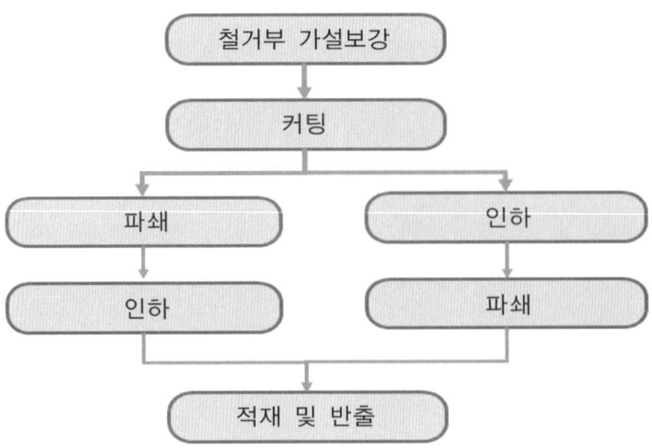


그림 2.30 구조체 철거 작업 흐름도

• 가설보강

구조체 철거부 주위에 철거 후에도 구조적인 문제가 발생하지 않도록 가설 보강을 실시한다.

• 커팅

구조체의 일부만을 철거하기 때문에 존치될 구조체에 진동 등으로 손상을 최소화 시키기 위해 존치부와 철거부의 경계를 커팅한다.

① Diamond Wire Saw 공법

- Diamond Wire Saw 공법은 최초 유럽에서 석재를 채석하기 위해 개발되었으나 현재는 구조물의 해체 및 개축공사에 주로 사용되고 있으며 지상, 지하, 수중에서는 물론 협소한 공간에서 작업이 가능한 공법이다.
- 이 공법은 다이아몬드가 박힌 와이어를 절단 구조물에 걸고 구동 장치로 고속 회전시켜 구조물을 절단하는 기술이다.
- 절단 깊이나 각도에 제한이 없고, 지하나 협소한 장소, 수중에서도 시공이 가능하다. 또한 배근율이 높은 대형 철근 콘크리트 구조물에도 적합하며 소음, 진동, 분진 등의 피해를 최소화할 수 있다.

**그림 2.31** Diamond Wire Saw 공법

**그림 2.32** Wall Saw 공법

② Wall Saw 공법

- Wheel에 다이아몬드나 텅스텐 카바이트를 함유한 회전원판을 달아 전기, 유압 모터로 고속회전시켜 철근콘크리트 구조물을 직선상으로 절단하는 공법이다.
- 옹벽의 정밀한 절단이나, 지하실 같은 밀폐공간의 개구부를 만들고자 할 때 사용

한다.

- 건축구조물을 구성하는 두께 300~500mm 슬래브, 보, 기둥, 벽 등의 수평, 수직 정밀 절단 작업에 사용하며 무진동, 무분진, 저소음 정밀한 절단이 가능하다.

③ Hand Cutter 공법

- 소형엔진+회전출 또는 유압펌프+파웨이드 원리로 다이아몬드 톱날을 이용해서 절단한다.
- 신(증)축, 구조변경, 출입문, 창문, 바닥 개구부, 닥트 개구부 작업에 사용한다.
- 두께 150~270mm 벽체나 바닥을 무진동으로 깨끗하게 절단하므로 마무리 작업이 용이하다.

**그림** 2.33 Hand Cutter 공법

- 파쇄 및 인하

철거물의 크기 및 주변 여건에 따라 커팅된 구조체를 파쇄 후 인하 또는 인하 후 파쇄한다.

**그림** 2.34 인하

**그림** 2.35 파쇄

- 적재 및 반출

철거된 구조체를 일정장소에 집결시킨 후 외부로 반출한다.

그림 2.36 반출

## 2) 공동주택

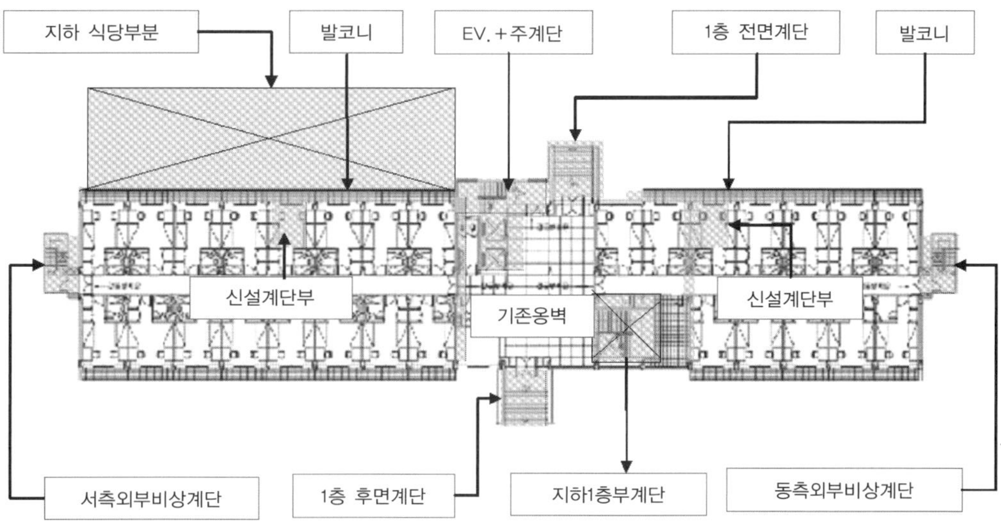


그림 2.37 철거공사 범위

### (1) 철거공사

그림 2.37은 압구정동 아크로빌 리모델링 공사의 철거공사 범위를 나타내고 있으며, 그림 2.38~2.41은 북측 발코니, 동측 외부계단, 기존 코어, 기존 내부옹벽 등의 철거공사 과정을 보여주고 있다.

그림 2.38 북측 발코니 철거 후 전경

그림 2.39 동측 외부계단 철거 후

그림 2.40 기존 코어 철거 후

그림 2.41 기존 내부옹벽 철거 중

## 2.4 골조공사

리모델링 후의 변경도면에 따라 보수보강, 내진보강이나 기존 구조를 활용한 확장, 증축, 감축, 불필요한 부분의 철거 등의 방법으로 골조가 재구성된다.

다음은 리모델링을 통해 공동주택 지하주차장을 구성하기 위한 토목 및 골조공사 흐름을 보여준다.

지상층 골조 선시공

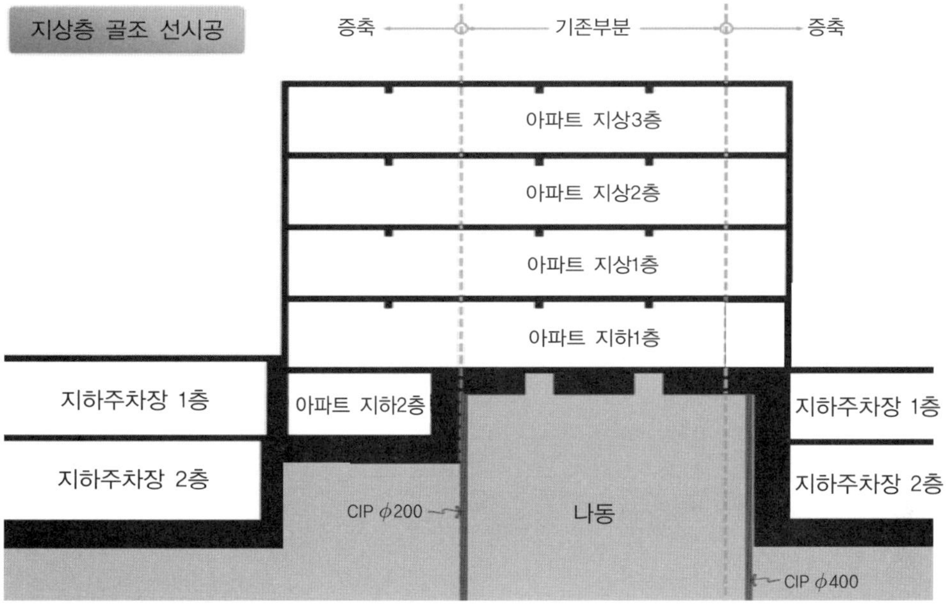


기존 건물 철거

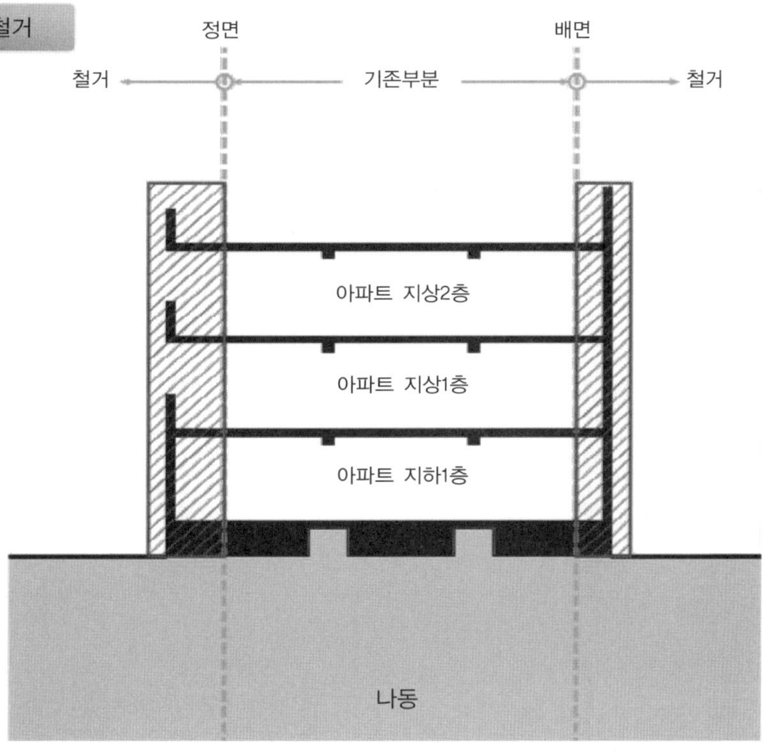

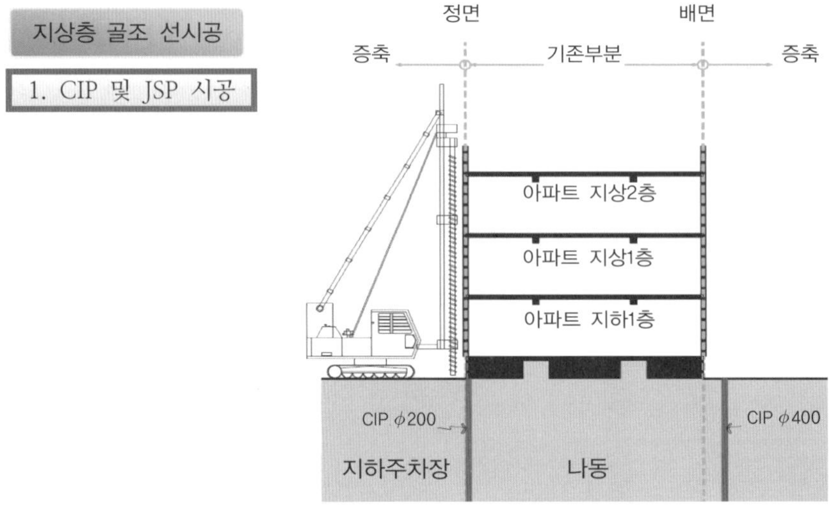


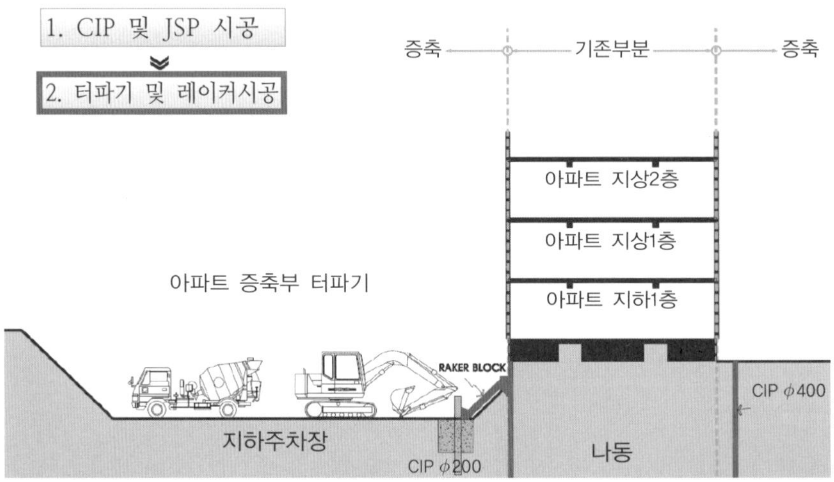

그림 2.42 증축부 골조 선 시공
–흙막이 CIP 완료

그림 2.43 증축부 골조 선 시공
–흙막이 버팀대(RAKER) 시공

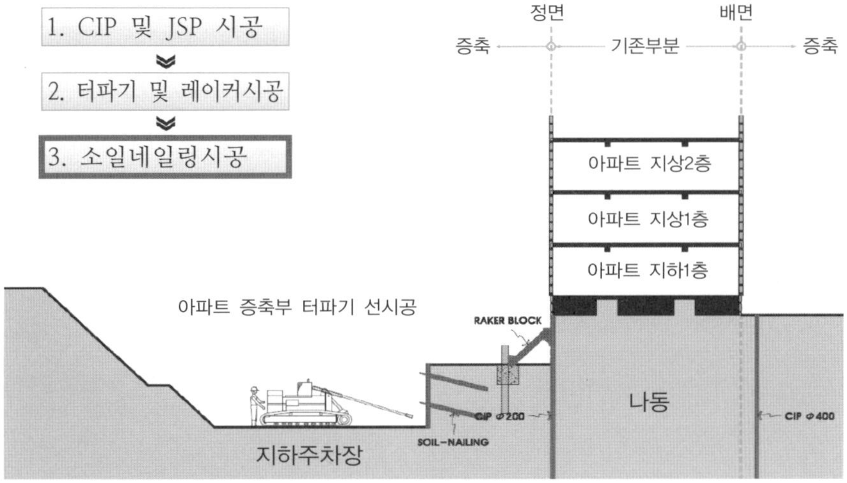


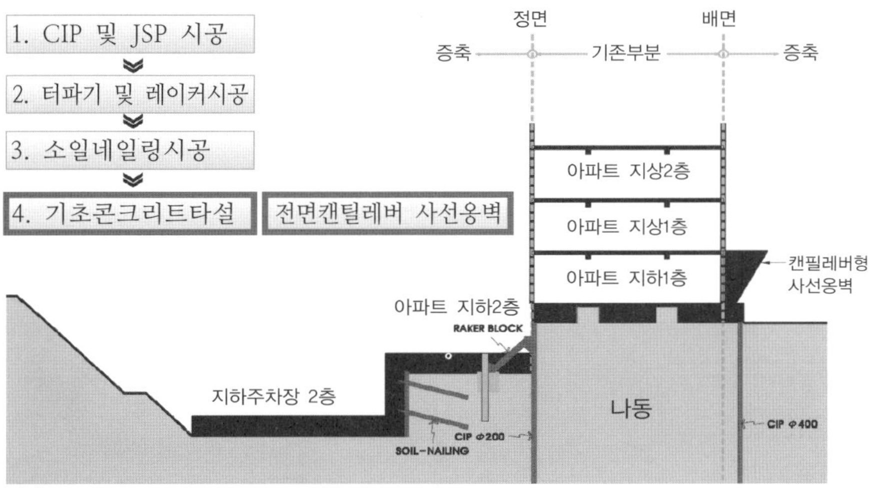

**그림 2.44** 증축부 골조 선 시공-지하 주차장부위 터파기

**그림 2.45** 증축부 골조 선 시공-기초타설

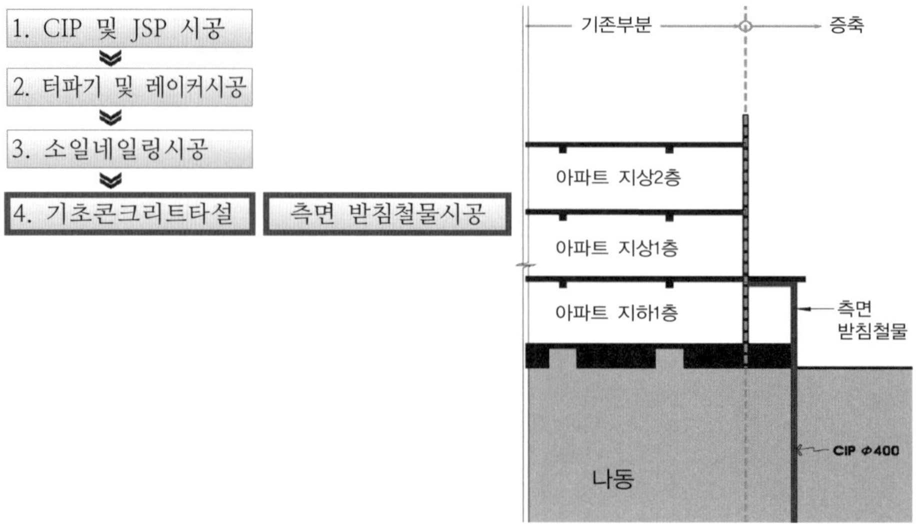
1. CIP 및 JSP 시공
2. 터파기 및 레이커시공
3. 소일네일링시공
4. 기초콘크리트타설
측면 받침철물시공
기존부분
증축
아파트 지상2층
아파트 지상1층
아파트 지하1층
측면
받침철물
CIP Φ400
나동

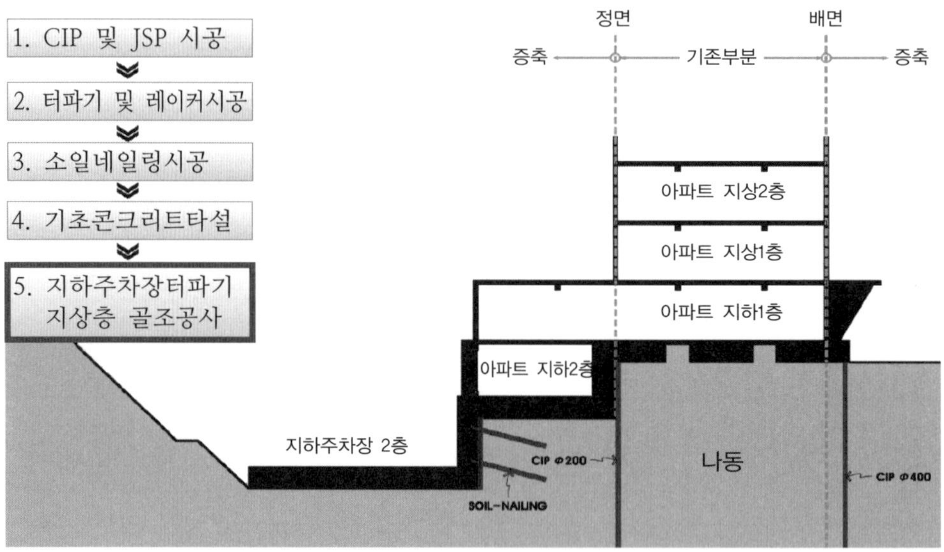
1. CIP 및 JSP 시공
2. 터파기 및 레이커시공
3. 소일네일링시공
4. 기초콘크리트타설
5. 지하주차장터파기
지상층 골조공사
정면
배면
증축
기존부분
증축
아파트 지상2층
아파트 지상1층
아파트 지하1층
아파트 지하2층
지하주차장 2층
CIP Φ200
SOIL-NAILING
나동
CIP Φ400

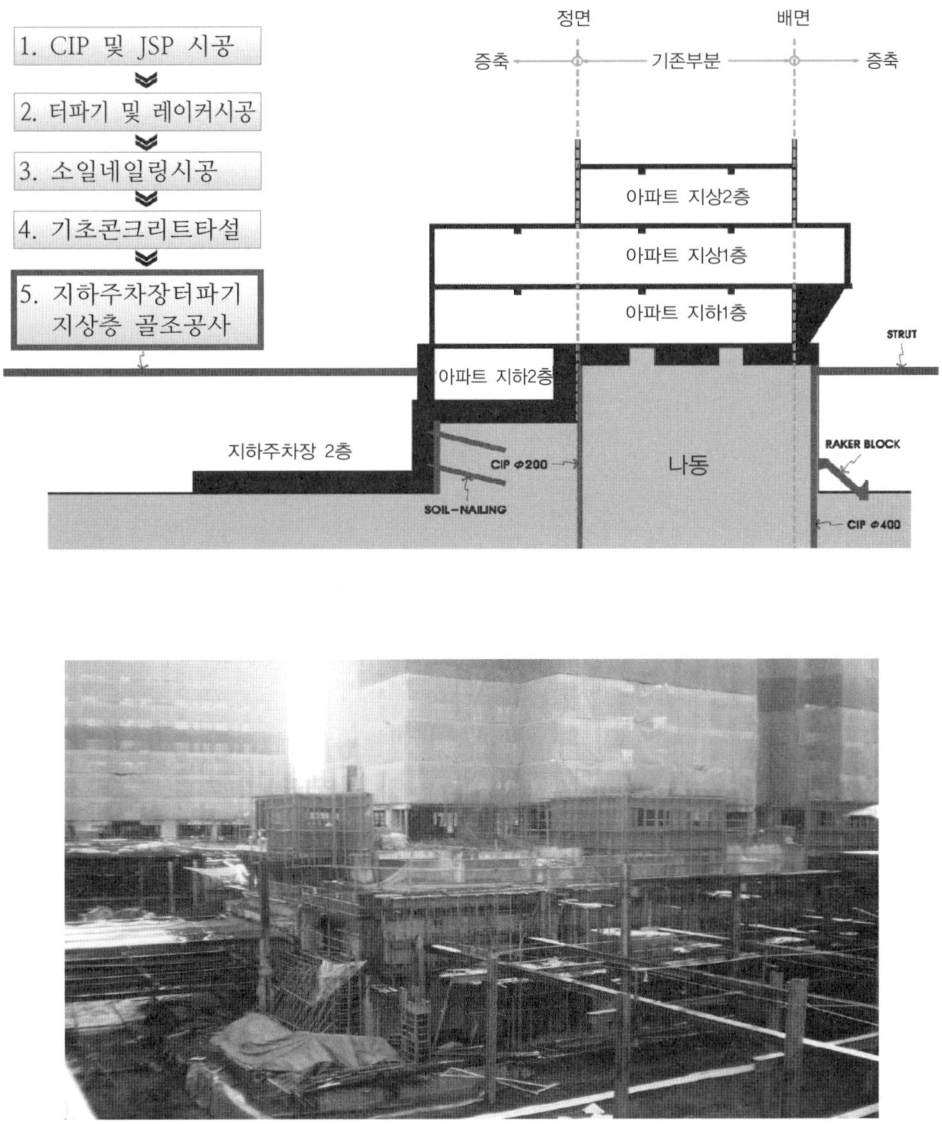


**그림 2.46** 증축부 골조 선 시공-증축부 하부 버팀 가시설 철골

1. CIP 및 JSP 시공
2. 터파기 및 레이커시공
3. 소일네일링시공
4. 기초콘크리트타설
5. 지하주차장터파기 지상층 골조공사
6. 지하층 골조공사

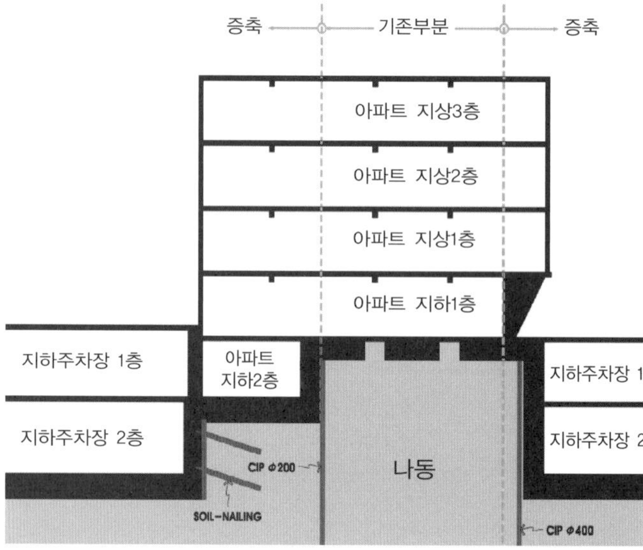

그림 2.47 증축부 골조 선 시공－지하주차장 슬래브 타설

그림 2.48 증축부 골조 선 시공－공동주택 후면 증축부

그림 2.49 증축부 골조 선 시공－공동주택 전면 증축부

## 3. 설비공사

건축설비가 리모델링 분야에 주도적으로 활용되면서 건축설비의 기본적인 이론부터 전문적 이론에 이르는 폭넓게 검토되고 있으며, 리모델링 프로젝트 관리사의 경우는 더욱 다양한 이론을 습득하여 적극적으로 리모델링 프로젝트관리에 적용하여야 한다. 건축설비 분야가 적극 활용되면서 리모델링의 전문 분야로 특성화되고 주목받는 분야가 되었다. 건축설비의 주요 분야를 전체적으로 조망해보고 리모델링 프로젝트 관리에 있어서 건축설비 분야와 프로젝트관리에서 꼭 알아야 할 부분들을 개괄하여 소개하고자 한다.

건축설비 분야는 건축공간 분야뿐만 아니라 공간의 이용가치에 따른 환경과 생산성을 고려할 정도로 관심이 확대되고 있다. 건축공간이 정적이라면 설비공간은 동적이다. 설비가 다루는 분야가 동적이기에 해석이 더욱 어렵다.

인간의 실내 생활환경과 건축물의 기능을 향상시키고 인체의 위생과 건강을 유지하기 위하여 건축물에 설비하는 모든 공작물의 총칭이며, 환기 · 냉난방설비, 급배수설비, 전기설비, 운반수송설비, 가스설비, 주방설비, 오수처리시설 등 다양하다. 오늘날 건축설비는 건축물에 종속적이기보다는 보다 적극적인 뜻을 가지며, 보다 윤택한 생활환경을 만드는 것을 건축설비라 하기도 한다.

건축설비는 구조 분야와 더불어 매우 중요도를 가지고 있으므로 그 설계는 건축설계의 초기부터 충분히 검토해서 진행되어야 한다. 설비계획이 건축의 기본계획을 좌우할 때도 있으므로 양자의 계획은 일체화되어 진행되어야 한다. 그런데 현실적으로 이것이 충분히 이루어지고 있다고는 할 수 없다. 대개 건축의 기본설계가 된 후에 설비방침을 고려하게 되며, 설비의 구체적인 설계는 상세도까지 완성된 후 그 도면을 설비설계 부문으로 넘기고, 특별한 요구가 없다면 변경 없이 적당히 처리해버리는 경향이 현실이다. 건축설비는 많은 종류로 나누어지고 그것이 각각 매우 발달되어 있으므로 한 사람의 건축가가 모든 설비에 대하여 통달한다는 것은 어려운 일이며 각각 전문가를 필요로 하게 된다. 건축 주체의 설계자는 필요한 각 부문의 전문가를 포함한 설계회의를 진행하며 주도적 입장에 서게 되며, 보다 긍정적인 입장에서 협의해야만 원활한 설비기능을 갖는 건축물이 완성될 것이다. 리모델링 프로젝트관리자로서 건축설비와 관련되는 세부사항에 대해 긍정적 사고를 갖고 건축설비 리모델링 수행절차에 대한 이해를 넓히는 기회가 되기를 희망한다.

## 3.1 설비공사의 개요

건축설비의 리모델링 접근은 물리적 성능 저하와 기능적 성능 저하에 따른 건축주와 사용자 등의 만족도가 떨어지고, 결국 건축시설물의 경제적 자산가치가 저하되면서 관심의 대상으로 접근된다. 따라서 건축주와 사용자의 만족도와 경제적 가치의 유지 및 향상을 위한 수요가 발생하며, 이러한 수요를 충족시키기 위해 건축설비 리모델링 행위가 이루어진다.

일반적으로 설비기기의 물리적 내구연수는 건축에 비해 짧아 리모델링도 10~20년을 주기로 이루어진다. 그러나 요즘에는 실내거주환경 및 정보화시스템, 지구환경 등에 대한 사회적 요구가 고도화되어 설비 리모델링으로 이들의 기능 향상을 도모하는 것이 보다 중요한 문제로 떠오르고 있다. 최근의 리모델링 사례를 살펴보면 물리적 수명에 의해 갱신보다 사회적 요구에 부응하는 대규모 개수가 증가하고 있다. 한편, 리모델링 계획에 있어서도 신축계획과 마찬가지로 수익성 향상을 도모하는 것도 중요한 문제이다. 신축, 개수를 불문하고 수익성을 무시한 계획은 있을 수 없다. 또한 효율적인 투자와 자산운용을 평가하기 위해서는 초기 투자뿐만 아니라 건물의 라이프 사이클을 통한 수지를 고려할 필요가 있다. 이처럼 설비 리모델링계획의 포인트는 거주자에게 쾌적하고 안전한 공간과 사회적 요구에 맞는 고기능 설비시스템의 공급에 있으며, 이는 효율적인 투자와 자산운용에 따라 실현하는 것이 최대의 목적이라 하겠다.

설비 리모델링은 건축에 비해 상대적으로 비중이 높아지면서 용도변경에 의한 경제성을 제외하면 가장 집중적으로 검토해야 할 부문이다. 본 장에서는 이러한 진단과 계획의 필요성과 향후 요소의 평가방법과 계획적 측면에서 검토한다. 진단과 조사는 계획을 수립하고 향후 리모델링의 방향과 적정성에 객관적 명확성을 높이고 예측과 실제의 차이를 줄여나가는 목적이 된다. 조사진단의 신뢰성은 발주자의 신뢰성과 일치하기 때문에 보다 적극적으로 실시하여 불확실성을 최소화하는 것이다. 간단하게 육안조사부터 기구를 이용한 절단, 그리고 전용기구로 비파괴검사의 방법까지 개관해보고, 이러한 진단결과가 공사에 따른 비용까지 산출된다는 것을 알 수 있다. 다양한 계획을 요구에 알맞게 가공하여 성공적 리모델링을 주도하는 것도 리모델링사업 관리사의 역할이다.

## 3.2 진단 및 측정방법

리모델링 프로젝트관리란, 프로젝트로부터 이해당사자(=관련자)들의 요구와 기대를 충족시키거나 그 이상으로 만족시키기 위한 지식, 기술, 도구, 그리고 기법들의 적용을 말한다. 프로젝트 이해 당사자들의 요구와 기대를 충족시키거나 그 이상으로 만족시킨다는 것은 분명 다음과 같은 경쟁적인 요구사항의 균형을 맞추는 것을 포함하고 있다.

- 범위, 시간, 비용, 그리고 품질
- 서로 다른 요구와 기대를 가지고 있는 이해 당사자들
- 인식된 요구사항(필요사항)과 인식되지 않은 요구사항(기대사항)

리모델링 프로젝트를 수행하기 위한 순서는 다음과 같다.

우선 초기검토, 기획검토, 시공, 유지관리의 4단계로 나누어 실시하여 리모델링의 목적을 명확화하여 성공적 사업수행이 될 수 있도록 한다.

초기검토에서는 소유주의 리모델링 프로젝트의 수행의지와 현장방문에 따른 전반적인 인터뷰와 열화 정도에 따른 육안검사 등으로 초기검토를 수행하며 간략한 리포트를 제출하여 리모델링 프로젝트 관리방안을 선택하게 한다. 각종 진단에 앞서 실시하는 것으로 검토자가 의뢰자의 요구사항과 문제점의 정도 범위 등을 관리자로부터 청취하고 준공도서, 각종 검사기록, 운전기록 등으로부터 진단계획서를 작성하기 위한 각종 정보를 입수하는 조사를 한다.

주요작업 내용은 기능장애의 내용범위, 정도의 확인 1차진단 이후의 작업실시를 위한 제반 조건(실시시기, 기간, 예산, 보관서류, 자료 등의 유무와 기능정지)에 따른 확인 등이 필요하다. 조사에는 관리자의 협력이 꼭 필요하며 관리대장의 제공과 문제점의 청취 등은 조사대상 선정에 앞서 중요한 정보원이 된다.

진단계획은 실제적이고 조직적인 접근방식이라는 의미로 쓰이기도 한다. 이러한 접근, 좀 더 적절한 표현으로, 리모델링 프로젝트 진단관리계획은 프로젝트관리를 적용하기 위해 리모델링 진행 중 발생되는 업무운영에 주요대상이 되기 때문에 집중적으로 훈련되어야 하며, 리모델링 프로젝트의 성공 여부가 판가름나기도 한다. 초기검토 시에 나타나는 결과를 토대로 진단의 범위를 보다 세부적으로 결정하고 최적의 제안서를 만들어 내기 위한 시행범위, 시행방법, 대안적 기술이 나타나며 최상의 진단 보고서가 나오기까지는 고도의 기술과 시간을 요하므로 정식계약을 체결하고 기술용역을 수행하는

것이 좋다.

예비조사의 결과를 기초로 진단내용, 진단대상, 진단방법, 진단공정 및 진단장비의 선정 등을 검토하여 진단계획서가 작성된다. 진단내용은 열화, 부식 및 성능시험 등이 진단의 주요사항이고 그 외 환경기능에 따르는 열환경, 빛환경, 음환경, 진동 등의 환경요소가 검토된다. 또한 안전에 따르는 소방방재시설의 적법성과 현행법규의 상이성 부분도 함께 검토되기도 하며 전체적인 건축설비시스템의 적정성과 적합성이 진단되며, 에너지 사용량의 조사에 따른 효율점검도 주요 대상이다. 이때 관리자의 운전이력이나 유지관리 현황이 있다면 좋은 참고자료가 되기도 한다. 계획에 따르는 범위와 기간이 정해지면 투입인원과 진단장비의 동원이 함께 계획되며, 체계적인 진단계획이 되기 위해서는 예비조사(진단)과 본 진단계획, 그리고 평가, 개선 제안에 이르는 마스터플랜이 작성된다.

건축설비의 진단은 기계실의 열원장비와 각종 계통(시스템)별로 진행된다. 물배관 계통과 공기전달 계통으로 크게 나뉘고 설비 계통별로 나뉘는 경우도 있다. 열원설비(장비), 공조덕트설비, 냉난방설비, 급수급탕설비, 오배수설비, 소화방재설비, 자동제어설비, 기타 설비 등으로 나뉘며, 각각의 구성은 대상별로 다음 항목과 같다.

- 진단대상명/ 용량/ 재질/ 운전이력
- 부위/ 진단방법/ 검출항목
- 운전상태/ 내용년수/ 현재 상태
- 진단수준 및 평가/ 대안의 형태로 작성된다.

이러한 진단을 실시하면서 열원장비를 장시간 정지시켜 실내 재실자에게 불편을 주는 일은 없어야 할 것이다. 열원장비 및 계통의 진단절차는 운영자 또는 관리자에게 사전에 통보되고 재실자에게도 모두 통보되어 혹시 발생할 수 있는 피해를 최소화하는 것이 리모델링 프로젝트 관리자의 주요 임무이다. 용역을 수행하는 측에는 어려운 일이 될지 모르지만 대개는 야간과 재실자가 없는 시간을 통상적으로 활용하여 진단을 실시하는 경우가 많다.

대상별로 진단 세부내용을 살펴보면 다음과 같다.

- 보일러의 경우 건물 내 난방과 급탕의 용도로 설치 운영되고 있는 상태, 연소상태 및 효율 및 연료사용 현황, 응축수 회수상태 및 보급수펌프의 성능상태 및 제어운영방식의 적정성, 운전시간 등을 중점 진단한다. 보일러 진단상태에 따라 에너지

소비에 따른 절감방안도 도출되기도 한다.

- 냉동기 및 냉방기기의 경우는 건물 내 냉방과 재실자의 실내환경을 쾌적하게 하는 가장 중요한 요소이며 냉수 및 냉각수 유량, 입·출구 온도, 운전관리상태 및 가동상태 및 제어상태 시스템 구성 등을 진단한다. 보통은 냉동기와 함께 냉각탑을 함께 점검하며 냉각탑의 성능저하상태의 원인이 되는 유량, 충진재 열화상태 및 오염상태, 살수노즐 및 배관관경의 적정성 등이 주요 진단대상이다.
- 열교환기는 1차 측과 2차 측의 열교환성능이 집중분석되고 있으며, 성능확보를 위한 유량 및 온도를 측정하여 진단 분석한다.
- 공기조화기의 경우는 물분배방식에 따른 위험성을 최소화하며, 공기분배방식으로 안전성과 신뢰성을 높이기 위하여 요즘 대부분의 건물에서 채용하는 방식으로 공기조화기 자체의 진단에서는 공기를 발생시키는 급배기 팬의 가동상태와 회전효율, 회전에 따르는 소음과 전달상태를 점검하게 되며 풍량, 온습도 덕트의 누기측정, 공기조화기 내부의 코일상태 및 효율과 오염도 등을 측정진단하게 된다. 공기조화기는 덕트 계통의 출발점이기 때문에 보다 철저한 진단이 필요하다.
- 팬코일 유닛 및 방열기는 재실영역에서 제일 많이 접하는 부분이며, 팬코일 유닛의 경우 풍량과 유량, 그리고 팬의 회전에 따른 필터의 오염상태가 주요 진단대상이 된다. 난방방열기 경우는 배관부식상태가 중점진단 포인트이다. 이때 배관의 보온상태가 점검되며 여름철에 하부천장을 적시는 결로의 원인이 함께 도출되는 경우도 있다.
- 펌프와 팬의 성능진단은 유량 또는 풍량, 양정과 동력상태 운전에 따른 회전수진단, 그리고 소음에 따르는 소음측정을 실시하게 된다. 모터 및 펌프의 설치상태에 따라 축마모와 벨트의 마모형태가 달리 나타나기도 하며 소모부재의 교체이력을 확인하기도 한다. 교환시기를 놓쳐서 성능이 급격히 떨어지는 경우도 많으며, 이는 장비의 내용년수의 급격한 저감을 가져오기도 하므로 유지관리 측면에서 중요한 요소가 되기도 한다. 요즘은 유지관리에 따르는 별도에 지침서가 제공되어 관리자들이 보다 쉽게 교체주기를 확인하여 성능저하를 방지하기도 한다. 대규모 건물뿐만 아니라 중소형 건물도 운영관리상태가 중요하기 때문에 보다 철저한 유지관리지침을 확보하거나 반복교육을 통해서라도 집중 관리되어야 한다.
- 배관 계통에서는 노후상태를 점검진단하게 되며, 일반적으로 비파괴장비를 사용하여 배관 및 계통에 손상을 주지 않는 것이 좋다. 혹시 배관을 절단하여 조사하는 경우에는 원상복구를 해야 하며, 노후화 정도가 심하여 원상복구 등에 애를 먹는

경우도 종종 발생하므로 상태를 확인하여 판단하는 것이 좋다. 배관 계통의 경우는 조닝별로 밸브작동의 점검상태 및 배관의 스케일 및 부식상태의 진단이 실시되며 배관의 재질과 유량, 압력 등이 주요 진단항목이다.

- 덕트 계통은 공기조화기에서 잠시 언급했지만, 실내공기질(IAQ)의 중요한 요소가 되므로 재실의 공기오염도 및 실별 풍량과 소음, 그리고 기구의 적정배치 등이 주요 점검진단항목이며, 시스템별 조닝별 계통을 측정하고 기류분포에 대한 성능시험을 진행하며 관련 제어상태도 함께 점검 진단한다.
- 기타 자동제어부분의 중앙감시설비의 운영상태 및 운전상태를 점검하며 자동밸브 개폐상태 진단과 각종 제어상태를 중앙감시설비와 현장설비의 가동상태 확인을 함께 진행한다. 이때도 안전하게 진행될 수 있도록 충분한 안내가 필요하며 불필요한 부분에는 관련자 이외는 출입을 금지하여 안전사고를 특히 고려하는 것이 좋다.

다음은 측정방법에 따라 적절한 계측장비와 신뢰성 있는 데이터를 도출하기 위하여 실시되고 있는 수행방법을 몇 가지 살펴본다.

- 온도측정은 가장 기본적인 대상의 조사방법이며 측정치와 설계치의 차이를 확인하며 가급적 안정된 상태에서 측정한다. 측정 위치에 따라 편차가 나타날 수 있으므로 대표온도를 측정한다. 요즘은 열화상측정기에 의한 데이터를 사용하기도 한다.
- 압력측정에서는 공조계통의 유체압력 등을 측정하게 되며, 공기 계통에서는 마노미터와 피토튜브, 그리고 차압게이지 등을 사용하여 측정하고 수압측정은 일반적으로 부르동게이지를 사용하여 측정하게 되며, 위치수두의 영향에 관련된 영향을 제거하기 위해 언제나 동일한 높이에 설치하고 측정한다.
- 풍량 측정은 모든 측정이 적합한 기구를 사용하는 것이 기본이지만, 정확한 풍량 측정을 위하여 회전식 풍속계와 디지털, 풍속계 등이 사용된다. 그릴 등의 풍량을 측정하기 위해서는 낮은 속도영역에서 높은 속도영역으로 옮겨가면서 측정하고 연속하여 4회 이상을 취하고 평균치를 낸다.
- 회전속도의 측정은 크로노메트릭 속도계를 사용하는 경우가 많으며 측정기기의 회전수에 따라 1,000rpm 또는 10,000rpm 범위를 사용하게 된다. 회전축에 접근이 곤란한 경우는 스트로보스코프나 광전식 속도계를 사용하기도 한다.
- 소음 측정은 마이크로폰형의 소음계가 일반적으로 많이 사용되고 있으며 외부

온도나 풍속에 영향을 받는 경우도 있다. 소음 측정은 장비의 운전과 정지 중에 각각 행하게 되며, 만약 암소음과 장비운전중의 측정차가 10dB이거나 이상이면 암소음은 고려하지 않아도 된다.

**표 2.3 측정기기 및 검사항목**

| 측정기기의 종류 | 진단 및 검사항목 |
|---|---|
| 내시경, TV카메라 | 배관 및 덕트 내면부식, 부착 등의 관찰 |
| 초음파탐상계 | 배관의 잔여두께 측정 및 잔여수명 측정 |
| 방사선 투과장치 | 배관 내부의 상태 관찰, 잔여두께, 수명 측정 |
| 와류(자분)탐상장치 | 금속 내부의 결함 |
| 주파수 해석장치 | 진동 및 소음으로 결함 파악 |
| 적외선 열화상장치 | 비접촉 표면온도 측정 |
| 초음파 유량계 | 관 외부에서 유량 및 유속 측정 |

## 3.3 내구연한 및 기준

건축물과 건축시스템의 기기류와 재료는 각기 다양한 재질과 부품으로 이루어져 서로 다른 내구연한을 갖는다. 시간이 경과함에 따른 열화는 사용시간이 길어짐과 마모 또는 피로 등의 물리적 성능변화에 따라 변화된다. 일반적으로 물리적 열화의 진행 정도는 설계사양, 시공방법, 운전환경, 보수, 유지관리 등에 따라 달라지나 일반적으로 약 15~20년 정도로 보고 있으며 장비성능의 개선과 유지관리기법의 발전에 따라 다소 변화되고 있기도 한다. 내구연한의 기준은 일반적으로 다음의 4가지로 크게 나뉜다.

- 물리적 내구연한은 마모, 부식, 파손에 의한 사용 불능의 고장빈도가 자주 발생하여 기능장애가 허용한도를 넘는 상태까지의 기간을 물리적 내구연한이라 한다.
- 사회적 내구연한은 사회적 동향을 반영한 내구연한으로 진부화, 구형 기기 등에 따른 새로운 방식과의 비교에 상대적 가치저하에 의한 내구연한이며, 건축설비에서는 일반적으로 소방법 및 오수시설처리 등에 법규 및 규정 변경에 의한 갱신의무, 형식변경에 따른 갱신 등이 포함된다.
- 경제적 내구연한은 기능, 성능 및 효율적인 측면에서 가치의 변화에 의해 비용의 측면에서 효율 및 경제성에 따라 내구연한을 나타내기도 한다.

• 법적 내구연한은 고정자산의 감가상각비를 산출하기 위하여 세법상 내구연한을 나타내는 것을 말한다.
• 다음 표 2.4는 설비기기의 내구연수를 나타낸 것이다.

**표 2.4 설비기기의 내구연수(외국 예)**

(단위 : 년)

| 구분 | 법정 내구연수(일본) | 건설업협회(일본) | ASHRAE Handbook |
|---|---|---|---|
| 보일러(연관식) | 15 | 21.1 | 25 |
| 냉동기(왕복동) | 13~15 | 15.0 | 20 |
| 패키지에어컨 | 13~15 | 13.4 | 15 |
| 공기조화기 | 15 | 13.4 | 17 |
| 냉각탑 | 15 | 14.4 | 20(세라믹 34) |
| 송풍기 | 15 | 18.6 | 25(원심), (축류 34) |
| 펌프 | 15 | | 17(냉온수), (수중 12.9) |
| 밸브류 | 15 | | 15(공기 20) |
| 제어기기 | 15 | | 20(전기식 16) |
| 전동기 | 15 | | 18 |

환경부 소관의 「실내공기질 관리법」은 실내공기품질을 알맞게 유지·관리하여 국민의 건강을 보호화고 환경상의 위해를 예방하는 것을 목적으로 하고 있으며, 1997년 「지하생활공간 공기질 관리법」으로 제정된 이후 적용대상 확대 및 오염물질 기준 강화를 거듭하며 현재의 명칭으로 변경되었다. 2021년 기준 동 법은 환경오염 및 미세먼지 등으로 인해 실내공기질에 대한 관심이 증대되고 있는 현실을 반영하여 개정된 2019년 법령으로 운영되고 있으며, 동 법에서는 실내공기품질 유지·관리를 위하여 ▵실내공기질 관리 기본계획 및 시행계획 수립 ▵실내공기질 측정 및 위해성평가 실시 ▵실내 라돈 조사 실시 ▵환기설비 및 공기조화설비의 설치 ▵실내공기질의 유지기준 및 권고기준 ▵공기질 공정 시험방법 ▵오염물질방출건축자재의 사용제한 등의 사항을 규정하고 있다.

동 법 제5조(실내공기질 유지기준 등)와 제6조(실내공기질 권고기준)에 따른 다중이용시설의 공기질 기준은 다음과 같다.

**표 2.5「실내공기질 관리법」제5조(실내공기질 유지기준)**

<table>
<tr><th>오염물질항목<br>다중이용시설</th><th>미세먼지<br>(PM-10)<br>(μg/m³)</th><th>미세먼지<br>(PM-2.5)<br>(μg/m³)</th><th>이산화탄소<br>(ppm)</th><th>폼알데하이드<br>(μg/m³)</th><th>총부유<br>세균<br>(CFU/m³)</th><th>일산화탄소<br>(ppm)</th></tr>
<tr><td>가. 지하역사, 지하도상가, 철도역사의 대합실, 여객자동차터미널의 대합실, 항만시설 중 대합실, 공항시설 중 여객터미널, 도서관·박물관 및 미술관, 대규모점포, 장례식장, 영화상영관, 학원, 전시시설, 인터넷컴퓨터게임시설제공업의 영업시설, 목욕장업의 영업시설</td><td>100<br>이하</td><td>50<br>이하</td><td rowspan="3">1,000<br>이하</td><td>100<br>이하</td><td>-</td><td rowspan="2">10<br>이하</td></tr>
<tr><td>나. 의료기관, 산후조리원, 노인요양시설, 어린이집, 실내 어린이놀이시설</td><td>75<br>이하</td><td>35<br>이하</td><td>80<br>이하</td><td>800<br>이하</td></tr>
<tr><td>다. 실내주차장</td><td>200<br>이하</td><td>-</td><td>100<br>이하</td><td>-</td><td>25<br>이하</td></tr>
<tr><td>라. 실내 체육시설, 실내 공연장, 업무시설, 둘 이상의 용도에 사용되는 건축물</td><td>200<br>이하</td><td>-</td><td>-</td><td>-</td><td>-</td><td>-</td></tr>
</table>

*주1 : 도서관, 영화상영관, 학원 인터넷컴퓨터게임시설제공업 영업시설 중 자연환기가 불가능하며 자연환기설비 또는 기계환기설비를 이용하는 경우에는 이산화탄소의 기준을 1,500ppm 이하로 한다.

*주2 : 실내 체육시설, 실내 공연장, 업무시설 또는 둘 이상의 용도에 사용되는 건축물로서 실내 미세먼지(PM-10)의 농도가 200μg/m³에 근접하여 기준을 초과할 우려가 있는 경우에는 실내공기질의 유지를 위하여 다음 각 목의 실내공기정화시설(덕트) 및 설비를 교체 또는 청소하여야 한다.

가. 공기정화기와 이에 연결된 급 · 배기관(급 · 배기구를 포함한다)

나. 중앙집중식 냉 · 난방시설의 급 · 배기구

다. 실내공기의 단순배기관

라. 화장실용 배기관

마. 조리용 배기관

**표 2.6「실내공기질 관리법」제6조(실내공기질 권고기준)**

| 오염물질항목<br>다중이용시설 | 이산화질소<br>(ppm) | 라돈<br>(Bq/m³) | 총휘발성유기<br>화합물(μg/m³) | 곰팡이<br>(CFU/m³) |
|---|---|---|---|---|
| 가. 지하역사, 지하도상가, 철도역사의 대합실, 여객자동차터미널의 대합실, 항만시설 중 대합실, 공항시설 중 여객터미널, 도서관·박물관 및 미술관, | 0.1<br>이하 | 148<br>이하 | 500<br>이하 | - |

| | | | | |
|---|---|---|---|---|
| 대규모점포, 장례식장, 영화상영관, 학원, 전시시설, 인터넷컴퓨터게임시설제공업의 영업시설, 목욕장업의 영업시설 | 0.1 이하 | 148 이하 | 500 이하 | - |
| 나. 의료기관, 산후조리원, 노인요양시설, 어린이집, 실내 어린이놀이시설 | 0.05 이하 | | 400 이하 | 500 이하 |
| 다. 실내주차장 | 0.30 이하 | | 1,000 이하 | - |

이 외에도 환경을 적정하고 지속가능하게 관리·보전함으로써 모든 국민이 건강하고 쾌적한 삶을 누릴 수 있도록 하는 것을 목적으로 하는 「환경정책기본법」 제12조(환경기준의 설정) 및 동법 시행령 제2조(환경기준)에서는 국민의 건강과 쾌적한 환경을 조성하기 위해 유지해야 하는 대기수준을 명시하고 있다.

동 법 및 시행령에 따른 대기에 관한 환경기준은 △아황산가스 △일산화탄소 △이산화질소 △미세먼지 △초미세먼지 △오존 △납 △벤젠 등에 대한 대기오염물질에 대한 기준을 제시하고 있다.

**표 2.7** 「환경정책기본법 시행령」 [별표 1] 환경기준 – 대기

| 기준 / 항목 | 연간 평균치 | 24시간 평균치 | 8시간 평균치 | 1시간 평균치 |
|---|---|---|---|---|
| 아황산가스($SO_2$) | 0.02ppm 이하 | 0.05ppm 이하 | - | 0.15ppm 이하 |
| 일산화탄소(CO) | - | - | 9ppm 이하 | 25ppm 이하 |
| 이산화질소($NO_2$) | 0.03ppm 이하 | 0.06ppm 이하 | - | 0.10ppm 이하 |
| 미세먼지(PM-10) | 50$\mu g/m^3$ 이하 | 100$\mu g/m^3$ 이하 | - | - |
| 초미세먼지(PM-2.5) | 15$\mu g/m^3$ 이하 | 35$\mu g/m^3$ 이하 | - | - |
| 오존($O_3$) | - | - | 0.06ppm 이하 | 0.1ppm 이하 |
| 납(Pb) | 0.5$\mu g/m^3$ 이하 | - | - | - |
| 벤젠 | 5$\mu g/m^3$ 이하 | - | - | - |

출처 : 국가법령정보센터, 환경정책기본법 시행령[별표 1]〈개정 2022. 12. 6〉에서 발췌

*주1 : 시간 평균치는 999천분위수(千分位數)와 같이 그 기준을 초과해서는 안 되고, 8시간 및 24시간 평균치는 99백분위수와 같이 그 기준을 초과해서는 안 된다.

*주2 : 미세먼지(PM-10)는 입자의 크기가 10$\mu m$ 이하인 먼지를 말한다.

*주3 : 초미세먼지(PM-2.5)는 입자의 크기가 2.5$\mu m$ 이하인 먼지를 말한다.

**표 2.8** 공기질 개선을 위한 설계시공 프로세스

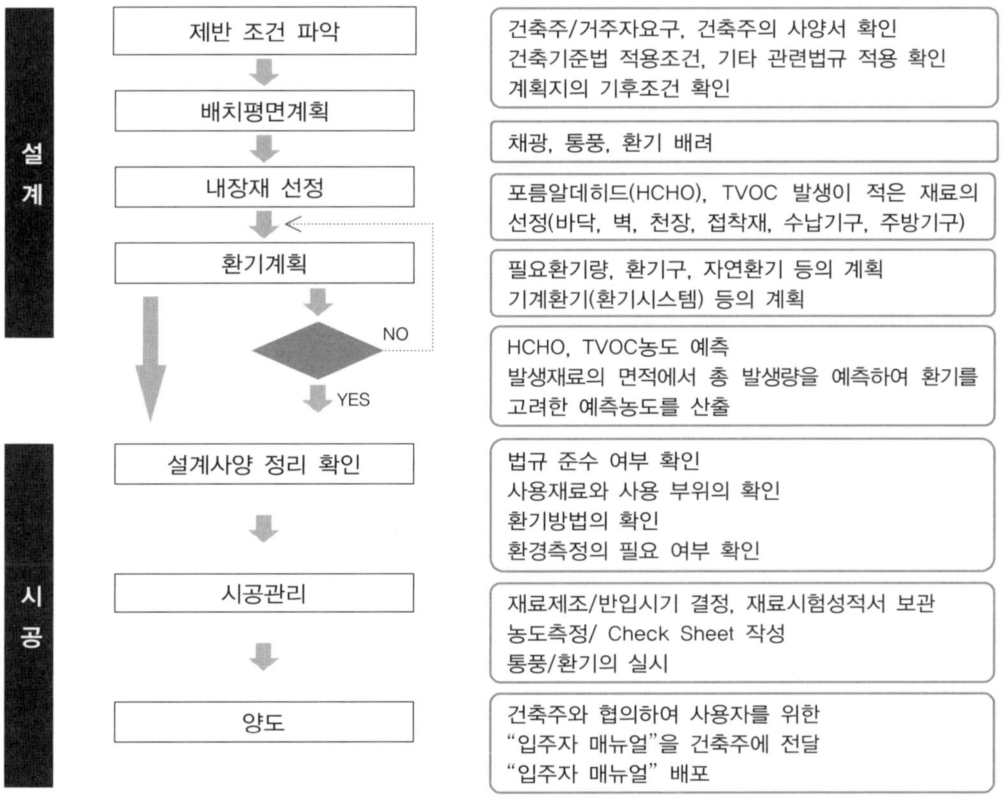


참고 : 삼성물산기술연구소

실제 냉매가스가 규제대상으로 되면서 프레온가스에서 대체가스로 바뀌고 있으며 소화설비에서 쓰이고 있는 하론설비도 이너젠이나 $CO_2$로 대체되고 있는 실정이다.

**표 2.9** 실내공기를 오염시키는 물질과 영향

| 오염물질 | 발생원 | 영향 |
|---|---|---|
| 분진 | 실내의 먼지 | 호흡기피해, 알레르기, 진폐증 등 |
| 담배연기 | 담배 | 기관지염, 폐렴, 천식, 폐암 등 |
| 연소가스($NO_2$, CO) | 히터, 가스레인지, 배기가스 등 | 기관지염, 중추신경 영향, 현기증 등 |
| 포름알데히드 | 합판접착제, 보드, 단열재 | 자극, 기침, 설사, 구토, 피부질환 정서불안, 기억력상실 등 |
| 석면 | 단열재, 방음, 절연제 등 | 피부질환, 호흡기질환, 폐암 등 |
| 미생물성 | 냉방장치, 애완동물, 사람 | 알레르기성 질환, 호흡기질환, 결핵 전염병, 두통 등 |
| VOC (휘발성유기화학물) | 페인트, 접착제, 방향제 등 | 피로감, 정신착란, 현기증, 중추신경 억제작용, 암등 |
| 기타 | 살충제, 외부악취 등 | 자극, 알레르기성 질환, 정신신경증 등 |

**표 2.10 실내공기질 관리법 시행규칙 [별표 2]** 〈개정 2020. 4. 3.〉

실내공기질 유지기준(제3조 관련)

| 오염물질 항목 / 다중이용시설 | 미세먼지 (PM-10) (㎍/㎥) | 미세먼지 (PM-2.5) (㎍/㎥) | 이산화탄소 (ppm) | 폼알데하이드 (㎍/㎥) | 총부유세균 (CFU/㎥) | 일산화탄소 (ppm) |
|---|---|---|---|---|---|---|
| 가. 지하역사, 지하도상가, 철도역사의 대합실, 여객자동차터미널의 대합실, 항만시설 중 대합실, 공항시설 중 여객터미널, 도서관·박물관 및 미술관, 대규모 점포, 장례식장, 영화상영관, 학원, 전시시설, 인터넷컴퓨터게임시설제공업의 영업시설, 목욕장업의 영업시설 | 100 이하 | 50 이하 | 1,000 이하 | 100 이하 | - | 10 이하 |
| 나. 의료기관, 산후조리원, 노인요양시설, 어린이집, 실내 어린이놀이시설 | 75 이하 | 35 이하 | | 80 이하 | 800 이하 | |
| 다. 실내주차장 | 200 이하 | - | | 100 이하 | - | 25 이하 |
| 라. 실내 체육시설, 실내 공연장, 업무시설, 둘 이상의 용도에 사용되는 건축물 | 200 이하 | - | - | - | - | - |

비고 : 1. 도서관, 영화상영관, 학원, 인터넷컴퓨터게임시설제공업 영업시설 중 자연환기가 불가능하여 자연환기설비 또는 기계환기설비를 이용하는 경우에는 이산화탄소의 기준을 1,500ppm 이하로 한다.

2. 실내 체육시설, 실내 공연장, 업무시설 또는 둘 이상의 용도에 사용되는 건축물로서 실내 미세먼지(PM-10)의 농도가 200㎍/㎥에 근접하여 기준을 초과할 우려가 있는 경우에는 실내공기질의 유지를 위하여 다음 각 목의 실내공기정화시설(덕트) 및 설비를 교체 또는 청소하여야 한다.
   가. 공기정화기와 이에 연결된 급·배기관(급·배기구를 포함한다)
   나. 중앙집중식 냉·난방시설의 급·배기구
   다. 실내공기의 단순배기관
   라. 화장실용 배기관
   마. 조리용 배기관

- 실내환경에 관련된 기준은 건축법에 의해 규제되어 가고 있으며 새집증후군(Sick House Syndrome)에 대한 각종 질환 사례가 보고됨으로써 정부에서는 오염물질 유지치를 기준으로 가장 밀접한 연관이 있는 포름알데히드(HCHO), 이산화탄소($CO_2$), 총휘발성 유기화학물(TVOC), 미세먼지 등 10개를 측정·관리한다고 발표했다. 이밖에 내부에 어떤 재료를 사용했는지, 어떤 구조(리모델링이 쉬운 가변형), 에너지 효율 등 성능을 확인하는 주택성능표시제도가 도입되고 있다.

## 3.4 진단보고 작성 및 검토

진단보고서는 구체적인 정보를 포함하므로 리모델링 프로젝트 관리사의 판단에 중요한 자료이므로 철저히 검토 분석해야 한다. 진단보고서는 설계자료, 초기측정 자료, 그리고 최종시험 자료가 포함되어야 한다. 측정결과와 설계치 사이의 차이점을 표출하고 분석한다. 또한 보고서는 실제 시험조정평가를 수행한 검사와 조정결과의 기록이며 실측된 조건과 진단결과를 반영하게 된다.

### 1) 진단보고서의 목적

설비개요의 기술, 설계치와 측정치와의 비교검토, 설계, 시공상태의 문제점표출 및 대안 제시, 운전 작동기준 설정, 시험, 조정, 평가작업의 순서, 진행 및 결과를 기술한다.

### 2) 보고서 작성

보고서에는 수행결과를 정량적으로 요약·기술하고, 공기조화 부분에 대해서 에너지 사용처 및 사용방법에 근본적인 문제가 되고 있거나 개선의 여지가 있는 부분 및 쾌적성 확보를 위한 항목을 조사·검토하고 분석하여 개선안을 제시하여야 한다. 또한 대상 계통의 항목에 대해서 정략적인 개선효과에 관하여 요약·기록하고 전반적인 문제점 요인을 기록한다. 측정결과를 계통별로 정리하며 공기분배 계통, 물분배 계통, 실내온습도 측정, 소음 측정 순으로 정리되며 문제점 및 특기사항도 계통별로 원인과 대안 등을 기록한다. 대상 계통의 진단결과에 대한 측정기록지는 관련양식에 의거 첨부하도록 하며, 필요한 부분의 검토안은 사진을 첨부하는 것도 좋다.

### 3) 진단보고서 검토

리모델링 설계나 시공에 가장 우선순위의 결정요인이 되므로 진단보고서의 평가검토는 철저하게 이루어져야 한다. 우선 에너지 소비에 따른 대책이 효과적으로 이루어졌는지, 재실자의 근무환경 영향을 고려하였는지, 시설의 리모델링 시공범위가 차수별로 계획될 수 있는지, 설비수명을 연장할 수 있는 방법은 고려되었는지 등을 경제성 분석 및 판단을 종합적으로 진행하게 된다. 리모델링 프로젝트 관리사는 이러한 세부구조를 폭넓게 이해하여야 하며 실무절차를 익혀두어야 한다. 기본적인 리모델링 진단보고서 검토에서는 또 다른 관리적 측면에서 접근이 필요하다.

즉 프로젝트 통합관리에 따르는 범위, 순서, 기간 예측, 비용 예측 및 통제, 품질확보, 인력동원계획, 의사소통방안, 위험관리능력 및 대응계획 등이 요구되며 리모델링 진행에 따르는 마스터플랜에 따르는 입찰, 계약, 시공, 유지관리에 이르는 모든 분야를 성공적으로 이루기 위해서는 보다 철저한 검토가 필요하며 또 다양한 분석능력도 필요할 것이다. 성공적인 리모델링 프로젝트관리는 통합적인 관리능력이 필요하므로 한 번 더 강조한다.

### 4) 시공계획 반영내용

- 공조 Zone 파악 및 작업지역 결정
- 도면화
- 기능유지 덕트 검토
- 장비보양계획
- 안전 및 화재예방(소화기 및 소화수 비치)
- 기능유지 가설배관
- 최종 확인
- 각 Part 요구사항 수렴 및 설계
- 관로 파악
- 작업동선 확보 가설칸막이 설치계획
- 가설계획(가설전등 및 분전반 등)
- 환기시설(배기 FAN 설치)
- 철거재 반출계획
- 준공, 완공검사계획

### 5) 공사수행 전 검토사항

- 구획을 어떻게 할 것인가
- 수평, 수직, 용도, 단면계획 검토
- 관련지역의 특성 및 장비 파악, 도난방지대책
- 자재 반출입 통로 확보 및 가설칸막이 이중천장 설치 검토
- 소음, 분진, 진동 방지대책 수립
- 화재예방 및 안전대책 수립

• 기존 시설물 및 배관기능 숙지 및 작업 외 지역 기능유지
• 하부층 천장 내 배수작업 조건 검토 및 시공방법 결정
• 폐기물 야적장 확보 및 처리방안 결정

## 3.5 보존 및 재생

건축물의 수명이 약 50년이라면 건축물 내부에 설치된 배관의 수명은 약 15년 정도로서, 건축물의 생애 동안 최소 2~3회의 리모델링이 필요하므로 그동안 신축된 건축물의 리모델링 시점이 도래하여 많은 수요가 있을 것이다. 그러나 짧은 기간 동안의 급격한 사회변화, 대량공급에 따른 경제적 논리와 리모델링에 대한 이해부족 등 여러 가지 이유로 리모델링보다는 재건축으로 진행되었다. 본 장에서는 이러한 현황에 대한 문제점과 방안 등을 정리하고자 한다.

• 설비공간은 건축물 계획 및 설계시 건축, 구조, 설비 등 전문화되어 상호간의 협의에 의해 설비부문에서 사용할 공간인 기계실, 배관덕트 설치용 공간, 천장 내 공간, 하층부의 배관부설공간 등을 결정하게 되나 건축물의 용도와 예술성으로 설비공간이 배제되거나 최대 전용면적의 확보를 내세우다 보면 설비시스템의 제한으로 변경되는 경우가 많으며, 이는 결국 리모델링 도래에 따른 시공업무에 또 다른 제약을 만드는 경우가 많다. 환경변화에 따른 증설시 대응이 어렵게 된다.
• 각 시스템 결정 시 재료에 따른 수명과 보수시기가 예측가능하기 때문에 재료선정 시 설치위치, 사용용도, 외부환경, 건물의 용도에 적합하게 설치하여야 한다. 라이프 사이클적 적합성을 확립시키는 것이 바람직하다.
• 배관시스템의 계획, 설계시 리모델링에 대비하여 구조체에 매립을 최소화하고 조립식 유닛과 배관을 채택해야 하고 점검 및 보수가 용이하도록 공간 확보가 필요하다. 특히 중요시설물의 경우는 기능유지 배관이 절대적으로 필요하다. 열화에 따른 재생공법은 클리닝, 라이닝 등이 이용되기도 한다.

– 라이닝공법 : 고속공기와 연마재를 배관 내에 통과시켜 내면에 부착된 스케일과 녹을 제거한 후 고속공기와 함께 에폭시수지를 배관 내부에 도포하는 방법이며, 잔존 두께가 충분한 초기 부식단계에서 실시하는 것이 바람직하다.

–클리닝공법 : 배수관 등에 부착형 고형물로 관경이 적어진 경우에 사용되는 방법이며, 와어어 회전으로 폐쇄물을 제거하는 방식과 고압수를 분사시켜 그 충격으로 관내 폐쇄물을 제거하는 방식, 약품을 통과시켜 화학적 용해에 의하여 세정하는 방식 등이 있다.

- 덕트 시스템의 경우는 실내공기를 순환하며 제거되는 분진과 세균미생물 등이 덕트 내부에 퇴적 또는 번식하고 일부는 공기 중 재비산하여 실내에 송풍되어 실내환경을 악화시키는 경우이다. 필터가 공기순환 중에 부유오염물질을 제거하고 외부로부터 침입을 방지하나, 일반적으로 공조설비의 에어필터는 제진효율이 그다지 높지 않아 덕트 내부의 청결유지는 더욱 중요하다. 덕트 클리닝의 경우는 인력에 의한 방법에 많이 의존하고 있으나 요즘은 로봇 등 기계에 의한 방식도 확대되고 있다.
- 적절한 배치계획에 따른 조닝과 슬래브다운, 트렌치 구조, 2중바닥 등 건축적 배려가 유리하다. 일반건축물의 경우 특히 점검교체가 용이하도록 배치되는 것이 바람직하다. 로이드보험사 건축물처럼 외주부의 설치하거나 독립된 코어를 설치하는 등의 방안도 검토해볼 만하다.
- 각 부위별, 부분별 중요한 사항에 대한 표준상세도의 개발 확보하고, 사후유지관리에 대한 지침서의 확보도 필요하다. 개보수 이력 등의 관련도서는 지속적으로 보완, 보관하는 것은 필수사항이다.

## 3.6 계획과 설계

리모델링은 사회적 필요성과 거주자의 생애주기 변화에 따라 지속가능성을 지닌 건축물로 궁극적으로 건축물의 수명을 늘릴 뿐 아니라 비용을 줄일 수 있어 생태학적 측면에서 중요하다. 1992년 리우환경회의에서 '환경적 지속가능한 개발'이라는 개념으로 출발하여 사회 전 분야에 확산되고 있다. 웰빙과 로하스(Life of Health and Sustainability) 등 친환경 생활문화 건축물로 인한 환경문제와 에너지문제를 동시에 해결하기 위한 노력이 필요하다. 국가 전체 에너지소비의 1/3, 자원소비의 40%, 이산화탄소 배출의 50%, 폐기물의 20~50%가 건축물에서 발생하고 있다고 한다. 건축재료, 운영단계에 의한 화학물질 배출로 인하여 발생하는 빌딩증후군(Sick Building Syndrome) 등도 리모델링 선택기준 제공이 필요하며, 일정품질 이상의 제품을 체계적이고 지속적인 생산체계 촉진으로 친환경적 접근이 필요하다.

- 리모델링을 고려한 설계가 이루어지지 못하고 있을 뿐만 아니라, 사용상에서 양호한 유지관리가 이루어지지 못하여 조기 노후화되고 해체되어 짧은 건축물의 생애를 마감하고 폐기물을 대량 배출하는 소비형 사회의 전형적인 구조를 취해왔다. 그러나 이러한 대량 소비사회의 폐해는 지양되어야 한다는 방향이 명확하게 된 현재 상황에서, 이러한 문제점을 없애기 위해서는 건축물을 사용하면서 기능과 성능을 향상시켜 양호한 재고를 유지하고, 나아가서 건축물의 수명이 다하여 해체했을 때에도 자재를 재사용 또는 재활용하여 폐기물을 최소화할 수 있는 건축물을 건설하여 자원순환형 사회를 구축할 필요성이 절실한 것이다.
- 기기의 수선과 부품교환 등에 의한 기능회복이 되지만 좋지 않은 상태로서 고장 등 각종 기기수선이나 부품의 교환으로는 충족시킬 수 없고, 성능의 향상과 쾌적성, 경제성을 고려한 개선을 고려할 경우는 상당히 대규모인 경우가 많아서 설비관리자의 관여에 의한 합리적인 계획의 입안이 필요하다. 리모델링은 독자적 운영관리에 의하여 근거한 기록이나 데이터를 가지고 있기 때문에 이러한 자료를 참고하여 합리적으로 데이터를 분석하여 계획에 반영할 필요가 있다. 아직까지 정량적인 데이터 관리가 부족하기 때문에 보다 정확한 자료를 분석하기는 다소 어려운 점이 있다.
- 리모델링 목적의 명확성을 제시하고 계획할 필요가 있다. 기기의 노후화에 따른 기능 향상, 에너지 과소비 억제, OA화, 현행법규의 적응 등이 대표적이며, 사회적 환경의 변화에 따른 공간의 쾌적성과 안전성, 대응성 및 에너지 다양화에 따른 계획이 필요할 것이다. 설비기기의 발달에 따른 리모델링 소요도 적극적으로 검토되어야 하며 소형화, 경량화, 규격화, 고효율 등에 따른다.
- 공정관리는 리모델링 공사뿐만 아니라 신축공사에서도 중요한 요인으로 공사의 성패를 좌우할 정도로 중요하다. 입주자의 특성에 따른 계획은 매우 중요한 요인이다. 기존 입주자를 이주시키고 공사를 추진할 것인지 재실상태에서 공사를 실시할 것인지, 또한 공사형태와 공기산정이 달라진다. 이는 기능유지의 반영 여부에 따라 관련 계획도 적극 검토되어 반영해야 한다.
- 계획에 따른 평가는 리모델링계획 내용, 공사계획, 시공방법, 공사기간, 공사비용 등을 복합적, 세부적으로 평가 검토되어야 한다. 이때 평가항목은 공사 제약 여부 및 운전비용, 보수성, 내구성 등의 경제성을 고려한 평가가 필요하다. 평가항목은 종류별, 사용조건에 따라 다르며 중요성 등도 변화하기 때문에 대안을 함께 검토해 나가는 것이 바람직하다.

표 2.11 계획안과 평가항목

| 계획안과 평가항목 | | | |
|---|---|---|---|
| 평가항목 | A안 | B안 | C안 |
| 기기의 장단점 | | | |
| 관리성능 | | | |
| 유지관리요율 | | | |
| 설치비용 | | | |
| 공급전원 | | | |
| 장래 대응성 | | | |
| 시공편의성 | | | |
| 공사기간 | | | |
| 공간활용 | | | |
| 종합평가 | | | |

※ 범례 : ○ (최적) □ (우수) △ (보통)

• 리모델링 계획시 열원설비는 내구연수가 비교적 길기 때문에 다른 설비에 비해 교체시기가 늦었지만, 최근 IBS화에 따른 시스템 변환으로 교체 주기에 관계 없이 다른 설비들과 함께 고려되고 있는 실정이다. 열원설비는 에너지 의존비가 크기 때문에 에너지절약이라는 점에서 고려되기도 한다. 열원설비의 교체는 기기의 반출 및 반입계획도 철저히 점검되어야 하며, 중간기(봄, 가을)에 교체일정을 잡는 것이 이상적이다. 열원설비가 소형화, 간소화되면서 기존 열원설비공간에 여유가 발생되기도 하여 창고 등 유효면적이 증대하기도 한다. 배관 및 열이송설비의 교체는 과거 운전상황에 따른 비교분석으로 재검토를 하여 선정하고 교체하는 것이 바람직하다. 공조배관의 계획은 보통 3개 층을 단일 존으로 구획하고 실시하게 되며, 이전 → 철거 → 신설 → 이전의 순서로 진행되며, 기능이 계속 유지되어야 할 경우는 기능유지 배관도 함께 설치계획을 하여 건물운영에 문제가 없도록 해야 한다. 기존 배관의 노후상황에 따라 교체, 라이닝 등 계획을 하며, 천장공간이 없는 경우에는 상상배관으로 검토 · 계획하기도 한다.

이 경우 하층의 배관을 철거하지 않고 실시하기도 하기 때문에 재실자에게 피해를 줄이는 방법이기도 하다. 공조환기덕트설비의 계획은 실내공기질에 관련하여 보다 신중히 검토되어야 하며, 내부덕트의 클리닝을 실시하고 말단기구 변경 혹은 공조기의 일부 장비를 교체하고 조닝별 가변풍량방식으로 선정하는 등 다양한 방법으로 고려되고 있다.

표 2.12 계획안 프로세스 항목

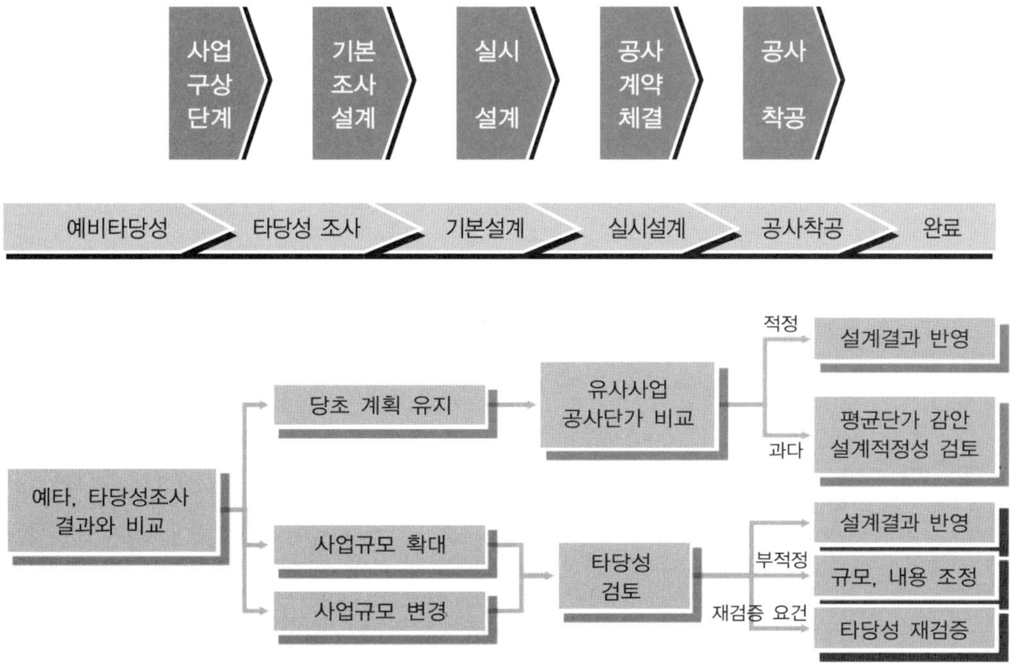


IBS 빌딩의 성능요구에 따라 송풍량을 증대시키는 것을 가장우선 고려되지만, 덕트 내부 오염을 제거하여 청정환경을 만들고 실내공기질의 성능기준에 적합하도록 만들어야 한다. 자동제어설비는 제어기술의 급속한 발전으로 정보관리통합이 가능하게 되어 BA(Building Automatiom)시스템이 활발히 적용되고 있다. 이러한 요구는 관리자 운영관리능력을 한 계단 높이는 결과를 가져왔지만, 시설의 비상대응 운영 시 수동조작을 방법을 간과하는 경향이 있어 문제발생에 따른 관련전문가의 도움이 필요하기도 한다. 집중관리에 따른 DDC방식이 많이 사용되고 있으며 최근에는 유비쿼터스라는 운영방식이 모니터링되고 있다.

- 리모델링 관리자는 자료조사와 분석을 기초로 하여 시스템의 개략사양을 결정하고 타 공정과의 간섭 등을 고려하여 상세하게 검토하여야 하며, 발주자의 요구사항을 기록과 청취에 의해 확인해야 한다. 발주자의 의견 청취시 특히 대지조건이나 주변환경에 의한 정보, 지하매설물에 대한 정보는 리모델링관리에서 중요한 요인이며, 또한 안전관리에서도 중요한 요인이 되므로 철저하게 의견 청취하여 확인하는 것이 필요하다.

• 리모델링계획에서 건축현황이 설비계획을 정확하고 구체화하는 기회가 되기도 한다. 정확한 재실인원, 사용시간, 실내요구 환경조건이 보다 정확한 장비설계에 조건을 만족할 수 있으며, 에너지절약 기준, 구조검토 및 현행법규의 대응 등도 검토대상이 되어야 한다.

표 2.13 국내외 에너지절약 기준 비교

| | 한국 | 미국 | 캐나다 | 영국 | 일본 | 독일 |
|---|---|---|---|---|---|---|
| 1단계 부위기준 (Prescriptive Standard) | 각 부위별 단열시공의 의무화 (건축법) | 난방도일, 냉방도시를 기준으로 지역기준 | 외피특성에 따라 부위별 기준 | SAP에너지 등급으로 구분 Element Method | 열관류율을 기준으로 부위별기준 제시 | DIN 4108 기준으로 부위별 열관류율값 제시 |
| 2단계 열성능 고려한 총체적 외피기준 | | Envelope Trade-off Procedure에 근거 창면 적비 결정 | Simple Trade-off, Complex Trade-off 근거 외피 부분설계 | Target-U Value법 기준 창면적비 및 각 부위별 열관류율 값 조정가능 | | |
| 3단계 성능기준 (Performance Standard) | 에너지절약 계획서 제출 | Annual Energy Cost Method에 근거, 융통성 있는 설계 가능 | Building Energy Performance에 근거 융통성 있는 설계가능 | Energy Rating Method 건물규모에 따라 적정 에너지등급 설정 | 형태별 지역 구분에 따른 열손실계수 제시 | 연간 난방 부하를 외피 면적과 용적의 비에 따라 구분 제시 |
| 특징 | | 각 부분별 세분화 침기 방습환기 냉방 고려 | 난방방식을 고려한 기준이며 총체적 부위별 기준을 2단계로 세분화 | 외피평균 열관류율을 고려한 창면 적비 제한 | 건축구조기밀성 등을 고려한 단열 기준 제시 | 동·하절기 고려단열 기준 제시 건축구조재의 특성 고려 |

(국내외건축물 에너지절약설계기준의 비교분석연구－안태경, 조동우, 이승언) 참고

• 각 기준의 총합은 합리적 단열기준을 적용하기 위한 외피 부위의 세분화가 필요하며, 단열재의 특성 및 건축구조, 공법별 특성을 고려한 기준이 요구된다.

표 2.14 설계 기본형태와 고객의 기대치

| | 교체 | 기존설치 유효 이용 | 전면 리모델링 |
|---|---|---|---|
| 초기비용 | ◎ | ○ | △ |
| 기능성능 향상 | △ | ○ | ◎ |
| 유연성(용도변경) | | ○ | ◎ |
| 에너지절약 | △ | ○ | ◎ |
| 스페이스 | △ | ○ | ◎ |
| 공사기간 | ◎ | ○ | △ |
| 효율성 | △ | ○ | ◎ |
| 비고 | 기기만 교환 | 기존 덕트와 배관을 재이용 | 공조시스템 전면변경 |

고객기대 정도/ ◎ 아주 높다, ○ 높다, △ 보통

표 2.15 공사진행

| | 재실상태 | 한층 공실상태 | 전층 공실상태 |
|---|---|---|---|
| 개념도 | 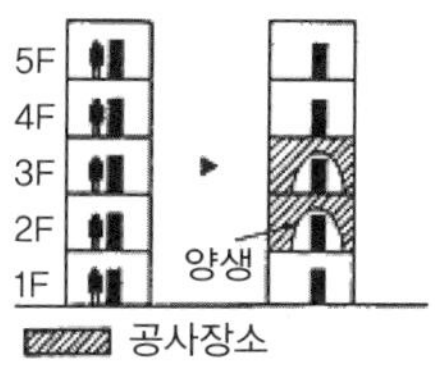 | 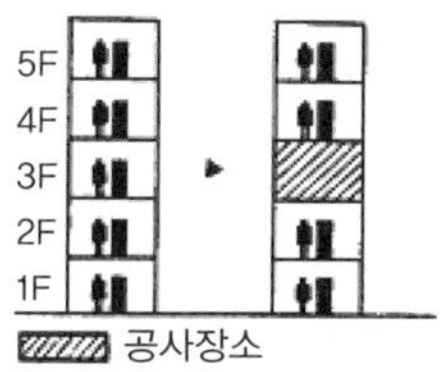 | 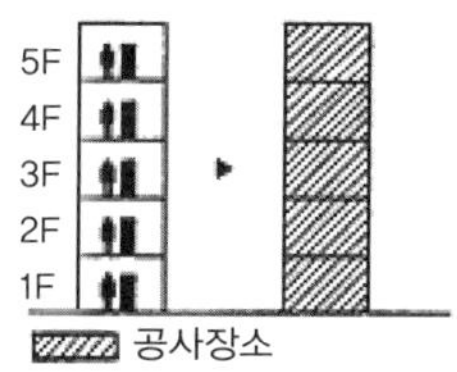 |
| 공사기간 | | | 단기간 |
| 설비비(초기비용) | 많다. | | 적다 |
| 소음 | 야간 및 휴일작업 | | 불편이 없다 |
| 시공성(안전성) | 시간적 제약 | 재실자, 작업자 이동, 작업공간에 제약에 따른 검토 필요 | 시공사의 계획에 의한 작업진행이 가능 |
| 고려사항 | 임시이동 통로에 따른 재실자의 이해가 필요 | 소음에 대한 재실자 이해가 필요 | 추가적인 고려 없다 |

설계의 자율성을 조장하고 에너지절약을 고려한 방법이 요구되고, 기밀성능 등 건물 전체의 연간 난방부하 및 에너지 사용량 등을 통한 총량적 규제가 요구된다. 이러한 에너지절약 기준은 단순한 에너지절약 개념이 아니라 환경보호 차원의 환경개념과 병행하여야 하며, 종합적인 기준체계가 되어야 할 것이다.

# 4. 전기공사

## 4.1 전기공사 시공계획의 개요

리모델링은 신축과는 달리 기존 시설에서 리모델링에 따른 변경사항과 재활용 및 신설항목을 구분해서 초기부터 계획을 수립하고 공사해야 한다.

일반건축물과 공동주택 리모델링 공사를 수행할 때, 전기공사에서 기본적으로 검토해야 할 사항을 요약하면 다음과 같다.

### 1) 가설전기

가설전기라 함은 기존 내지 신축 건물의 공사에 필요한 전력을 말한다.

이에 따른 가설전기 활용방안은 기존 건물의 전기실에서 활용할 것인지, 기존 시설을 끊고 한전에서 새로 가설전기를 수용 신청할 것인지 현장상황에 따라 판단하면 된다. (국내 전력회사의 계약종별 요금체제가 서로 차이가 있으므로 현 시설물의 계약 종별 변경 및 임시(갑), 또는 임시(을)을 선택하여 공사에 맞는 전력요금을 선택하는 것이 바람직하다.) 오래된 건물의 경우, 기존 전기가 110V/220V만 들어와 있어 공사수행에 필요한 220V/380V가 들어와 있지 않다. 이러한 경우 새로 수전을 받아 가설동력으로 사용해야 한다.

### 2) 가설패널 설치

가설패널이라 함은 가설전기를 사용하기 위한 장비들의 전원공급을 해주는 분전반을 말한다.

현장공정에 따라 설치하면 되며, 기본적으로 공동주택은 층별 패널, 일반건축물은 기존 EPS(Electric Pipe Shaft)를 활용하여 기존 설치되어 있는 본 패널에서 가설패널로 연결하여 설치하면 된다.

### 3) 철거

철거 시에는 천장, 벽의 기존 동력을 절단하는데 건축공사의 철거작업은 반드시 전기공사담당자가 기존 선로 철거여부를 정확히 확인한 후 착수해야 한다.

철거 이후 가설전등 설치 등 기타의 전기공사는 신축공사와 같이 진행하면 된다. 배관이 매립되어 있는 신축공사와는 달리 리모델링 공사는 천장마감이 덮일 때까지 노출된 배관에 대하여 신경을 많이 써서 미관을 고려해 배관을 설치해야 한다.

## 4.2 공정별 검토사항

공동주택 전기공사에 있어서 공정별 검토해야 할 사항은 다음과 같다.

바닥에서 상부 슬래브 바닥까지의 층고가 얼마인지를 파악하여 상황에 따라 대처해야 한다. 오래된 건축물의 경우, 층고가 높은 경우도 있고 낮은 경우도 있어, 현재 통용되고 있는 정도의 층고가 나오지 않을 경우에는 전기공사 시 배관공사를 하지 않고 케이블로 공사를 할 수 있게 고려해야 한다.

### 1) 인입공사

신축공사의 경우에 한전에서 공동주택 전기실까지 전기를 끌어들이는 인입공사는 리모델링의 경우에 철거하고 새롭게 신설하다 보니 한전 처리과정이 매우 복잡하다. 따라서 한전 인입공사 비용을 사전에 많이 확보하는 것이 필요하다. 특히 요즘은 지중화공사를 추진하므로 이에 대한 충분한 비용을 고려해야 한다.

### 2) 전력간선공사

공동주택 전기실에서 각 세대까지 전기를 공급하는 전력간선공사를 위해 오래된 공동주택을 리모델링할 경우, EPS(Electric pipe shaft), TPS(Telecommunication pipe shaft)실 확보가 요망된다.

### 3) Cable Tray 설치공사

전력간선공사가 수행되면 Cable Tray 설치공사는 쉽게 진행될 수 있다.

### 4) 단위세대 전등, 전열, 통신, 소방공사

기둥으로만 힘을 받는 라멘조 공동주택의 경우는 자유자재로 공사가 가능하나 내력벽으로 된 벽식 구조의 공동주택은 기존 벽체에 배관루트 확보를 하기 위해 벽체의 일부를 마무리해야 한다.

이 외에 지하주차장, 근생 등 기타 공사는 건축공사가 진행됨에 따라 전기공사가 수행되면 된다.

## 4.3 전기 리모델링 사례

### 1) 용도변경 리모델링 사례

분당 서현동에 위치한 지상 12층 규모의 상업시설을 업무시설로 용도변경 리모델링한 사례와 여의도에 위치한 수출입은행 재실 리모델링 사례에 대해 전기 리모델링 시공 계획을 검토해 보고자 한다.

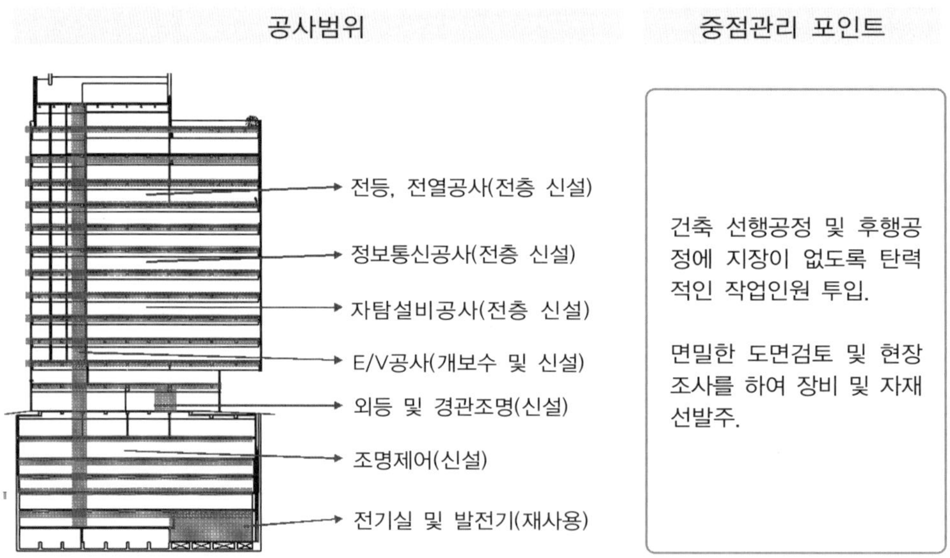


그림 2.50 전기공사의 범위 중점관리 포인트

용도변경 리모델링 공사만이 가질 수 있는 리모델링 견적 시 고려사항을 전기공사에 대해서 표 2.16과 같이 정리 요약하였다.

**표 2.16 전기 리모델링 견적 시 고려사항**

| 공종 | 항목 | 고려사항 |
|---|---|---|
| 전기공사 | EPS실 | 케이블덕트 재사용이나 분전반 설치여건에 따라 신설로 설치 필요. 또한 Cover 설치비용도 반영 필요<br>(재설치 및 부분변경 인건비와 자재비 반영) |
| | 전기실 | 수배전반, 변압기반, 저압반 모두 재사용이나 10년이 지난 노후화된 장비여서 견적시 장비보수비용을 반영해야 함.<br>예) 저압반의 ACB, ATS, 정류기반의 배터리 교체, 수배전반의 청소 비용, MOF 및 AISS 등 예산 반영 |
| | 각층 | 각층에 설치되는 천장 속 케이블덕트가 재사용이나 공사 중 위치변경 및 파손으로 인해 신설 설치 불가피(인건비 및 자재비를 어느 정도 견적에 반영) |
| | 지하층 | 지하주차장 상부 기존배관에 대한 철거 인건비용 반영 요망 |
| | 소방 | 지상층 소방관련 배관배선 재사용이나 10년이 지난 건물이라 그동안 소방법 변경 등 관련해서 견적시 신설로 물량을 잡아야 함 |

전기공사는 사전에 면밀한 도면 검토와 현장조사를 철저히 하여 장비 및 자재를 선발주하고 건축 선행공정과 후행공정에 지장이 없도록 탄력적인 작업인원을 투입하여 진행하는 것을 중점관리 포인트로 하였는데 주요 공사범위는 그림 2.50과 같다.

### (1) 수배전설비

도면에 표시된 수정분, 즉 앵커볼트 설치, 내부애자청소, 각 패널 내부먼지 제거가 수배전설비의 중요 공사내용이다. 수배전설비의 재활용 및 신설 부위는 표 2.17과 같다.

**표 2.17 수배전설비의 재활용 및 신설**

| 기존 현황 | 장비재활용 | 신설 |
|---|---|---|
| • 수배전반에 ALTS가 설치되어 외면적인 상태는 양호하나 설치 후 10년 동안 애자 청소 등 내부청소가 안 된 상태<br>• 앵커볼트가 없어 지진시 사고가 우려됨 | 1. 전기안전공사 전기점검실시(검사필)<br>2. 변압기반 및 저압반 청소 | 1. 저압반 ACB 2 SET 교체<br>2. 저압반 콘덴서 2개 교체<br>3. 정류기반 배터리 10개 교체<br>4. 고압반 ASS 1 SET 교체<br>5. 각 저압판 램프 등 소모품 교체<br>6. MOF 교체 |

### (2) 발전기

발전기는 필터와 오일류를 교체하고 병렬 운전반을 보수하였는데, 발전기의 재활용 및 신설부위는 표 2.18과 같다.

**표 2.18 발전기의 재활용 및 신설**

| 기존 현황 | 장비재활용 | 신설 |
|---|---|---|
| • 디젤발전기 1,000kW×2대 병렬 운전되었으며 병렬반이 고장난 상태<br>• 외관은 양호함 | 1. 병렬반 보수 및 기름 탱크 충유<br>2. 냉각수 배관 재사용 | 1. 필터, 오일 및 배터리 교체<br>2. 기름탱크실 등기구 교체 (방폭 등) |

### (3) 전력간선

수정되지 않은 부분은 그대로 사용하고 도면에 수정된 부분만 수정하였는데 전력간선의 재활용 및 신설부위는 표 2.19에 요약한 바와 같다.

**표 2.19 전력간선의 재활용 및 신설**

| 기존 현황 | 장비재활용 | 신설 |
|---|---|---|
| • 현재 CABEL TRAY 내 CV CABLE로 풀링 설치되어 있고 외관상태 불량 | 1. 패널 내부 청소<br>2. 기존 케이블 덕트 내부 정리정돈<br>3. 기존 시된 간선케이블 중간에서 절단된 경우 발생 | 1. B1(교보문고), 1, 2, 13층 등 신설 및 추가되는 층은 전력간선 추가<br>2. 노후된 자재(ELB) 교체<br>3. 층간 방화구역 설정 (Fire Protection) 시공 |

### (4) 전등분전반 및 전열분전반

도면에 특별한 표기가 없으면 그대로 쓰는 조건이나 콘센트 분전반에 MG S/W를 설치하여 발전기 전원제어를 하였다. 재활용 및 신설부위는 표 2.20과 같다.

**표 2.20 전등분전반 및 전열분전반의 재활용 및 신설**

| 기존 현황 | 장비재활용 | 신설 |
|---|---|---|
| • 외관상태 양호하고 전등 및 전열분전반 전부 발전기에 연결되어 있음 | 1. 패널 내부 청소 | 1. B1(교보문고), 1, 2, 13층 등 신설 및 추가되는 층은 패널 추가<br>2. 노후된 자재(ELB) 교체<br>3. 조명제어 패널 설치하여 전층 제어 가능 |

### (5) MCC 및 동력용 분전반

도면에 특별한 표기가 없으면 그대로 사용하는 조건으로 공사를 수행하였다. 재활용 및 신설부위는 표 2.21과 같다.

표 2.21 MCC 및 동력용 분전반의 재활용 및 신설

| 기존 현황 | 장비재활용 | 신설 |
|---|---|---|
| • 외관상태 양호하고 재사용 가능하나 분전반의 콘덴서가 누액이 흐르는 등 사고의 위험성이 있음 | 1. 12, 13층 공조실 변경층반 패널 신설, 나머지는 청소 후 재사용<br>2. 설비용량에 맞게 용량 및 추가되는 부분 MCC 개보수(예:냉각탑 등) | 1. 메인 MCC 교체<br>2. 설비측에서 Motor 교체 후 재결선 |

### (6) 조명기구

조명기구의 중요공사를 요약하면

- 기존 등기구는 재사용하지 않으므로 천장 철거 시 같이 철거
- 지하 1층 및 지상층의 모든 조명기구는 도면에 특기가 없는 한 신설
- 지하 2~6층 엘리베이터홀, 중앙감시실, 방재실은 기존 철거 후 신설
- 전 현장 동일한 위치에서 사용되는 배선기구는 도면에 기존으로 표시되었더라도 교체 등인데, 조명기구의 신설부위를 요약하면 표 2.22와 같다.

표 2.22 조명기구 신설

| 기존 현황 | 장비재활용 | 신설 |
|---|---|---|
| • 지하주차장은 40w의 형광등이 설치되어 있고 지상은 상업시설기준으로 등기구 설치됨<br>• 배선기구는 전부 매우 노후화되어 있음 | 없음 | 1. 지상층, 지하층 전부 신설<br>2. B1(교보문고) 및 1, 2층 로비는 인테리어분 |

### (7) 조명제어

표 2.23과 같이 조명제어는 신설하는 것으로 하였다.

표 2.23 조명제어 신설

| 기존 현황 | 장비재활용 | 신설 |
|---|---|---|
| • 현재 조명제어 시스템이 없어 중앙에서 전체 조정이 불가능하고 일반과 비상이 구분되지 않음 | 없음 | 1. 조명제어 신설 |

### (8) 전력제어

표 2.24와 같이 현재 전력제어가 없어서 전력제어는 신설하는 것으로 하였다.

표 2.24 전력제어 신설

| 기존 현황 | 장비재활용 | 신설 |
|---|---|---|
| • 현재 전력 제어 없음 | 없음 | 1. 전력제어 신설 |

### (9) 구내통신설비

구내통신설비의 중요 공사내용은

- 현행 규정에 맞게 8PIN잭(RJ-45) 및 UTP 사용으로 인하여 모든 통신설비를 신설
- 현재 11층에 있는 통신실은 없어지고 MDF실은 1층에 신설
- 기존에 있는 PABX는 1층 MDF실로 이동 등이다.

구내통신설비의 신설내용은 표 2.25와 같다.

표 2.25 구내통신설비 신설

| 기존 현황 | 장비재활용 | 신설 |
|---|---|---|
| • 4PIN용 전화수구로 되어 있고 간선은 CPEV, 지선은 TIV로 구성되어 있음.<br>• MDF와 교환기는 11층에 방송앰프와 같이 설치되어 있음 | 없음 | 1. 1층에 MDF 신설 (KT 상주함)<br>2. 정보통신 2등급 인증획득 건물이나 비용 증가로 CM측에서 취소함 |

### (10) TV설비

TV설비의 중요 공사내용을 요약하면,

- 기존 안테나, TV 기기함은 그대로 사용

- 3~13층에는 수구 신설
- B1~2층은 현재 도면에는 표시되어 있지 않지만 입주자가 결정 후 추가 예정
- 기존의 아웃렛(outlet)은 전부 새것으로 교체 등이다.

TV설비의 재활용 및 신설내용은 표 2.26과 같다.

**표 2.26** TV설비의 재활용 및 신설

| 기존 현황 | 장비재활용 | 신설 |
|---|---|---|
| • 현재 MATV만 구성되어 있음<br>• TV기기함 외관상태 양호함<br>• TV OUTLET 및 전선 노후화 | 1. 기존 안테나, TV 기기함 그대로 사용 | 1. 안테나 노후되어 신설 설치<br>2. 3~13층 수구 신설<br>3. 기존의 OUTLET 전부 교체 |

### (11) 방송설비

재활용 및 신설을 고려한 방송설비의 중요 공사내용은 표 2.27과 같다.

**표 2.27** 방송설비의 재활용 및 신설

| 기존 현황 | 장비재활용 | 신설 |
|---|---|---|
| • 현재 11층 통신실에 전관방송용 앰프가 설치되어 있고 상태 양호하나 카세트, CD 데크 고장<br>• 스피커 및 전선 노후화 | 1. 지하 2층 방재실에 앰프 이설<br>2. 지하 2~6층 주차장 스피커는 그대로 사용 | 1. 앰프 용량 추가 설치<br>2. 카세트 CD 데크는 신품으로 교체<br>3. 지하 1층 및 지상층 스피커 신설<br>4. 지하 2~6층 스피커 중 E/V홀, 감시실, 방재실은 신설 |

### (12) 주차관제설비

재활용 및 신설을 고려한 주차관제설비의 중요 공사내용은 표 2.28과 같다.

**표 2.28** 주차관제설비의 재활용 및 신설

| 기존 현황 | 장비재활용 | 신설 |
|---|---|---|
| • 현재 주차요금징수소 및 차단기 2개소가 설치되어 있고 사용에는 문제점이 없고 방재실로 주차요금 징수현황을 실시간으로 통보되는 시스템으로 되어 있음 | 1. 전 시스템 그대로 쓴 것을 원칙으로 하고 깨끗이 손질함<br>2. 메인 PC 재사용 | 1. 주차관련 표시등 발주처에서 새로 디자인해서 설치함<br>2. 지상 1층의 카드리더 설치대 파손분은 신품으로 교체<br>3. 지하주차장에 설치된 진입금지등 및 주차관련 표시등은 교체 |

### (13) CCTV설비

재활용 및 신설을 고려한 CCTV의 중요 공사내용은 표 2.29와 같다.

표 2.29 CCTV 설비의 재활용 및 신설

| 기존 현황 | 장비재활용 | 신설 |
|---|---|---|
| • 현재 방재실에 CCTV 주장치(아날로그)가 설치되었으나 노후화됨<br>• CCTV 카메라는 외관상태 양호함 | 1. 일부 재사용 | 1. 지하주차장 및 E/V내부 신설 |

### (14) 수신반

수신반 및 중계기는 기존 제품을 재사용하며, 위치가 변경되는 것은 이설하고 수신반 및 그래픽 패널의 변경이 필요한 부분은 공사비를 견적에 포함한다. 수신반의 재활용 및 신설내용은 표 2.30과 같다.

표 2.30 수신반의 재활용 및 신설

| 기존 현황 | 장비재활용 | 신설 |
|---|---|---|
| • 현재 신화전자 R형 복합수신반이 설치되어 있고 계속 사용에 문제가 없을 것으로 판단됨 | 1. 수신반 및 중계기는 기존 제품을 재사용하며, 위치가 변경되는 것은 이설한다. | 1. 소방법 강화 및 장비노후화로 모두 교체 신설 설치 |

### (15) 자탐설비

자탐설비의 중요공사내용은 다음과 같다.

- 기존 설치된 감지기는 전부 재사용하지 않는 것을 원칙으로 한다.
- 기존에 설치된 것 중 위치변동 없이 재사용되는 옥내소화전함에 설치된 발신기, 표시등은 전부 새 것으로 교체한다.
- 배관배선은 재사용한다.
- 단독발신기함은 표면이 노출되는 부분은 전부 신품으로 교체한다.
- 무선통신보조설비는 기존의 것을 재사용한다.

자탐설비의 재활용 및 신설내용은 표 2.31과 같다.

표 2.31 자탐설비의 재활용 및 신설

| 기존 현황 | 장비재활용 | 신설 |
|---|---|---|
| • 현재 소방시설물 외관상태 노후화 | 1. 배관배선은 재사용<br>2. 무선통신보조설비는 기존 재사용 | 1. 감지기 신설 설치<br>2. 배관, 배선 노후화로 모두 신설 설치<br>3. 무통관련 B1층 추가 및 노후케이블 신설 |

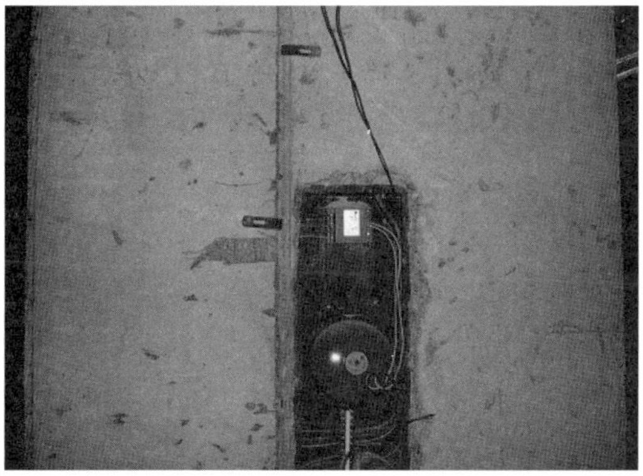

그림 2.51 자탐설비의 리모델링 전후

### (16) 유도등

현재 유도등이 노후화한 상태라 모든 유도등은 고휘도 제품으로 교체하였다.

표 2.32 유도등의 재활용 및 신설

| 기존 현황 | 장비재활용 | 신설 |
|---|---|---|
| • 현재 유도등 외관상태 노후화 | | 1. 모든 유도등은 고휘도 제품으로 신설 설치 |

### (17) 엘리베이터

재활용 및 신설을 고려한 엘리베이터의 중요 공사내용은 표 2.33과 같다.

표 2.33 엘리베이터의 재활용 및 신설

| 기존 현황 | 장비재활용 | 신설 |
|---|---|---|
| • 4대 전망용, 24인승, 속도 105M/분외관 노후화, 현재 7호기 승강기 검사원 불합격 상태<br>• 화물용, 24인승, 속도 105M/분, 외관노후화, 각층 도어 스크래치 심함 현재 5호기 승강기 검사원 불합격 상태<br>• 승객용, 24인승, 속도 105M/분, 현재 고장난 상태(승강기 검사원 불합격 상태) | 1. 전망용(1, 2, 6, 7호기)<br>- 기계실은 그대로 사용<br>2. 화물용(3, 5호기)<br>- 각층 홀도어, JAMB은 닦아서 재사용<br>- 카 내부는 닦아서 새 것처럼 보이도록, 기계실은 그대로 사용<br>3. 4호기<br>- 기계실은 그대로 사용 | 1. 전망용 (1, 2, 6, 7호기) 전부(기계실 포함, 카내부) 교체<br>- 신설속도 105에서 120M/분으로 변경<br>2. 화물용(3, 5호기)<br>기계실 장비교체 및 홀도어, 인디케이터, 콜버튼 새 것으로 교체<br>3. 4호기 승객용<br>전부(기계실 포함, 카 내부) 교체 신설<br>4. 8호기<br>- 카내부 고급사양 변경<br>- 전용 승강로(철골조) 신설<br>5. 기계실 없는 E/V 신설<br>- 승객용, 24인승, 속도 105M/분 |

그림 2.52 엘리베이터의 리모델링 전후

## 2) 재실상태의 리모델링 공사 사례

### (1) 전기설비공사

기존 공용 EPS를 사용하여 전기, 통신 간선 케이블 포설시 상호 간섭으로 공정지연이 예상되므로 우선적으로 신설 EPS시설을 선행, 신설장비를 반입, 설치하여 가설 및 이설비용의 이중투입비용을 최소화하여 공정단축 및 비용을 절감하였다. 기존 9층의 통신실을 주말을 이용하여 우선 철거 후 4층에 신설하여 은행업무 지장을 초래하는 요인을 사전에 제거하였다.

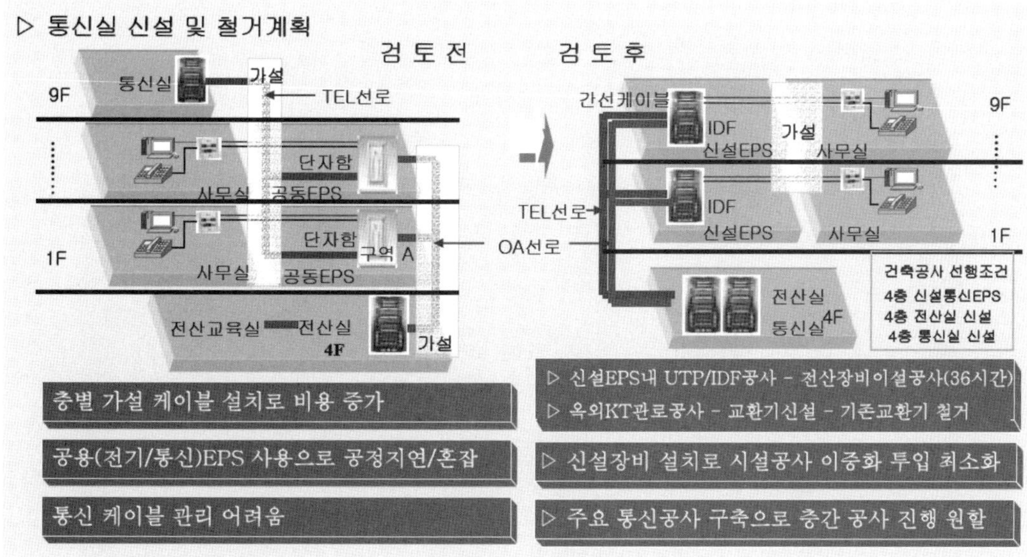


그림 2.53 통신설비

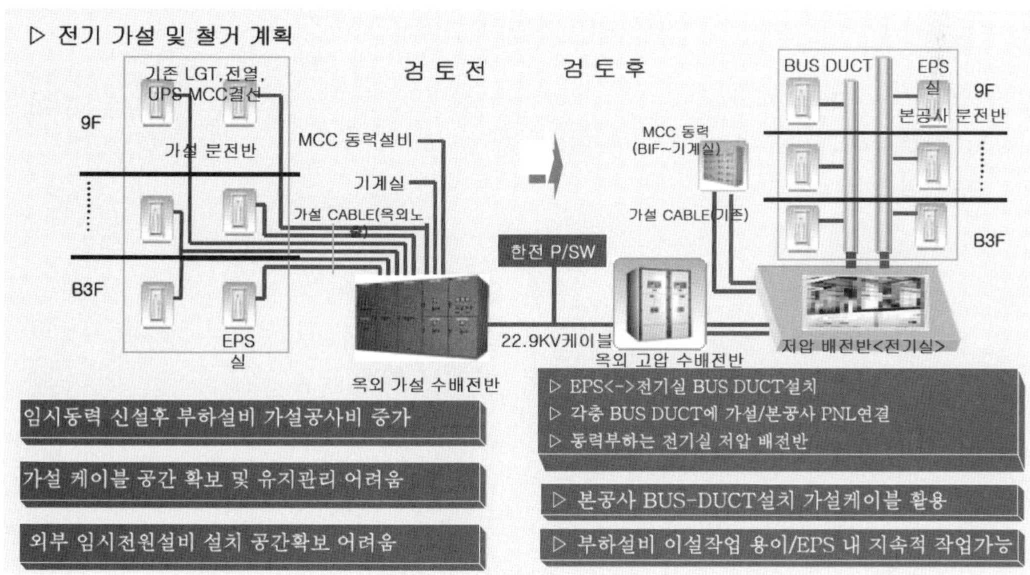


그림 2.54 전력간선설비

### (2) 전산실 이설공사

① 전산실 이설공사의 개요

한국수출입은행 본점 성능개선공사의 유기적 통합 및 효율적 공정 진행을 위해 전산실을 이설하였다. 기술, 품질, 운영자 측면에서 접근한 고객의 핵심 요구사항을 반영하여 안전한 시스템을 이설, 구축하였다.

- 장소 : 한국 수출입은행 본점 4층 전산실

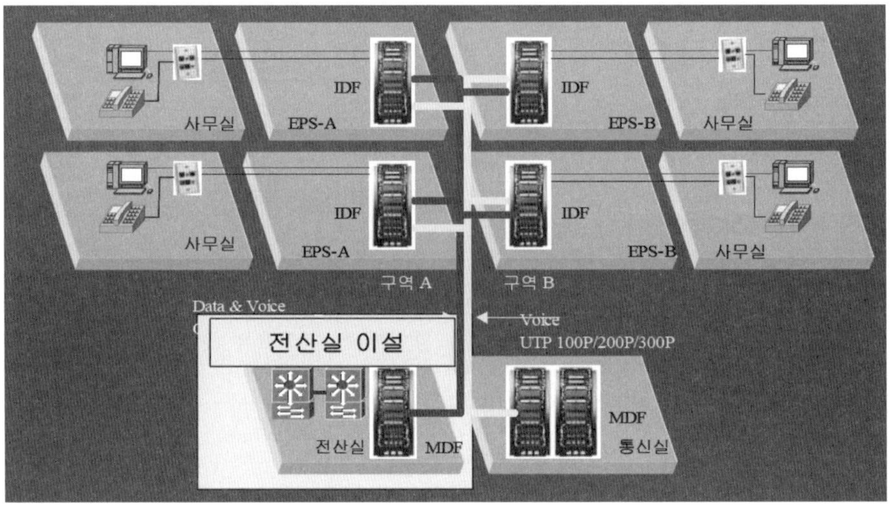


그림 2.55 전산실 이설공사

② 전산실 이설공사 수행

- 시간 : 2002년 5월 25일~26일(48시간)
- 투입인원 : 25명
  - ○○건설 : 5명, - ○○기공 : 11명, - ○○전산 : 9명
- 작업방법
  - 담당자별 임무 부여 : ○○전산 ○○○ - 장비 위치 확인
    ○○기공 ○○○ - 장비 위치 이동 및 시간 확인
  - 비상연락망 가동 : 긴급사태 관련기술자 인원동원 준비 등
  - 장비별, 기구별 라인 확인 후 설치
  - 공정표에 의한 인원 투입으로 타 공정 간섭 최소화
  - 건축, 전기, 설비, 통신관련 공사 이설 전 완료
  - 인원 및 장비에 대한 중점안전관리

# 5. 리모델링 시공사례

## 5.1 공동주택 시공 사례

### 5.1.1 래미안 대치 하이스턴(舊 대치 우성2차)

래미안 대치 하이스턴 (舊 대치 우성2차) 리모델링 공사 전후 전경

**표 2.34** 래미안 대치 하이스턴(舊 대치 우성2차) 리모델링 사업 연혁

| | |
|---|---|
| 2008. 03 | 조합설립인가 |
| 2010. 04 | 시공사 선정 |
| 2010. 08 | 교평 / 건축심의 |
| 2011. 01 | 행위허가 |
| 2011. 06 | 분담금 확정 총회 |
| 2011. 10 | 이주완료 |
| 2011. 11 | 착공 |
| 2014. 02 | 준공 및 입주 |

서울 대치 우성2차 아파트를 리모델링한 '래미안 대치 하이스턴'은 리모델링 아파트의 단점을 극복했다. 기존의 남향 배치를 유지하면서 전체 354가구를 단일 전용면적 85㎡에서 110㎡로 30% 가량 넓혔다. 2011년 11월 착공, 27개월간 공사가 진행됐으며 국내에서는 리모델링 최초로 부분임대(세대분리)형이 시공되었다.

그림 2.56 입지여건

표 2.35 리모델링 전후 설계개요

| 구분 | 리모델링 전 | 리모델링 후 | 비 고 |
|---|---|---|---|
| 건물높이 | 41.1M | 45.0M | +3.9M |
| 건축면적 | 3,374.93㎡<br>(1,020.92PY) | 5,952.12㎡<br>(1,800.54PY) | +2,577.26㎡<br>(779.62PY) |
| 연면적 | 38,701.65㎡<br>(11,707.25PY) | 69,998.35㎡<br>(21,174.50PY) | +31,296.70㎡<br>(9467.25PY) |
| 건폐율 | 22.84% | 40.27% | +17.44% |
| 용적률 | 237.64% | 346.94% | +109.29% |
| 주차대수 | 총 158대<br>(세대당 0.45대) | 총 461대<br>(세대당 1.30대) | 303대 증가<br>(지하주차장 신설) |
| 전용면적 | 84.92㎡(25.69PY) | 110.39㎡(33.39PY) | 전용면적 29.99% 증축 |
| 구 분양면적<br>(전용+주거공용) | 96.72㎡(29.26PY) | 142.62㎡(43.14PY) | 약 13.88PY 증가 |
| 계약면적 | 106.54㎡(32.23PY) | 194.98㎡(58.98PY) | 약 26.75PY 증가 |

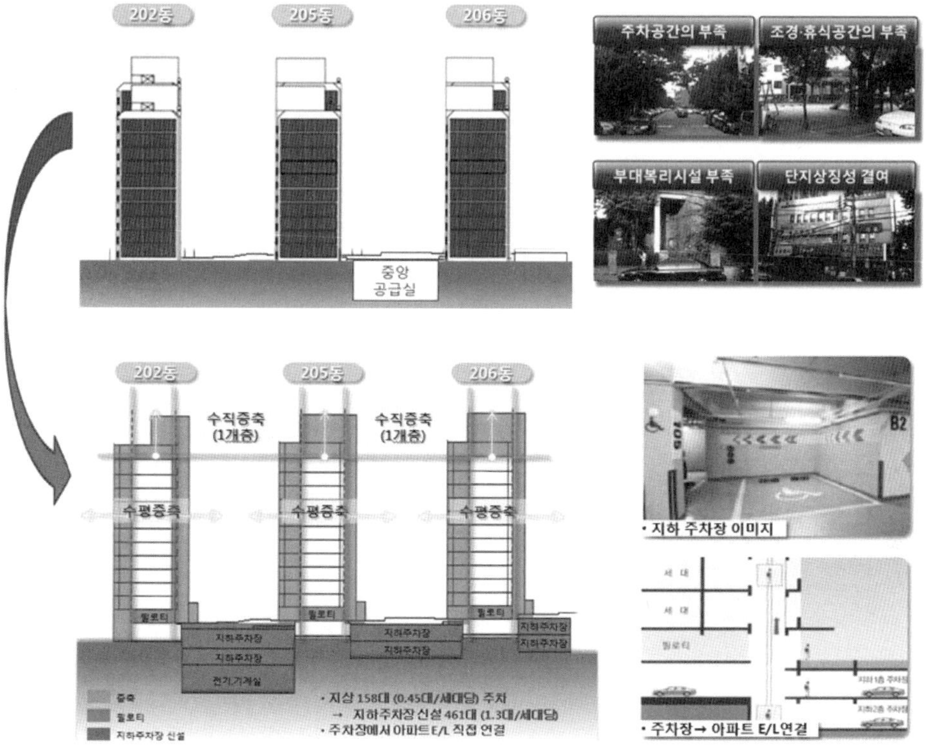


그림 2.57 리모델링 전후 단면도(주차공간 중심)

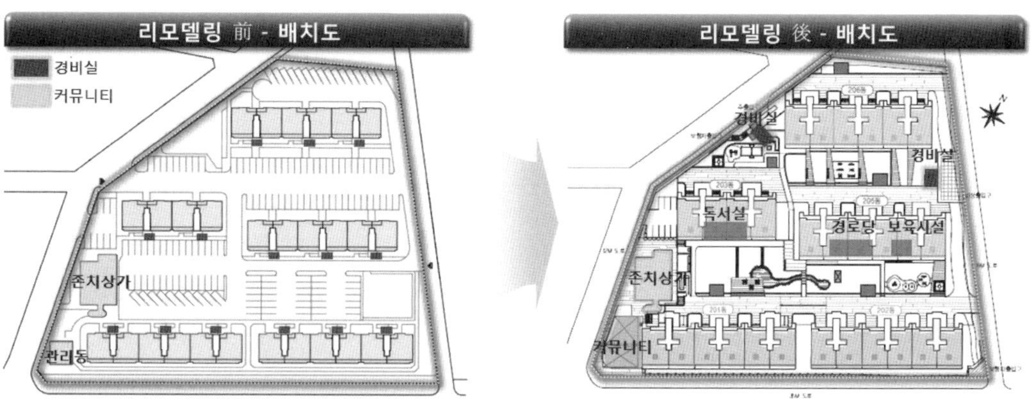


그림 2.58 리모델링 전후 배치도

## ■ 평면계획 [110㎡ A형]

### 리모델링 前

| 전용면적 | 84.92㎡(25.69평) |
|---|---|
| 舊분양면적 | 96.72㎡(29.26평) |

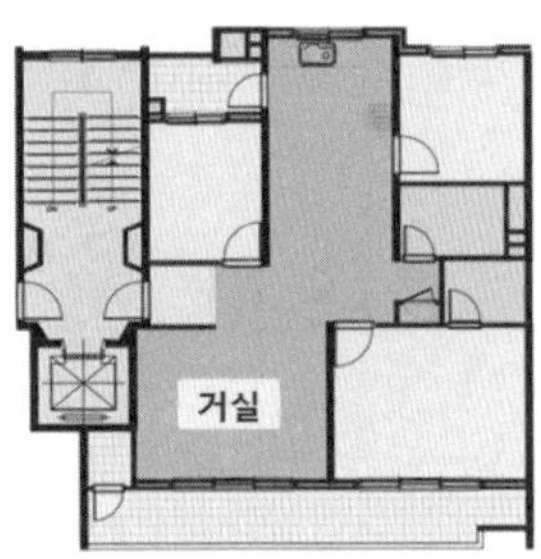


### 리모델링 後

| 전용면적 | 110.39㎡(33.39평) |
|---|---|
| 舊분양면적 | 142.54㎡(43.14평) |

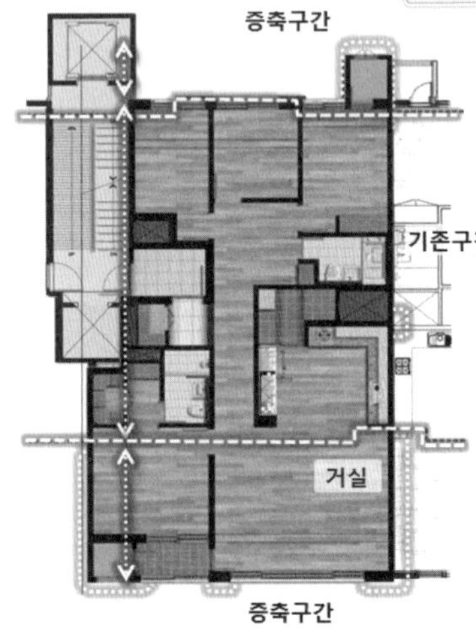


## ■ 평면계획 [110㎡ B형]

### 리모델링 前

| 전용면적 | 84.92㎡(25.69평) |
|---|---|
| 舊분양면적 | 96.72㎡(29.26평) |

### 리모델링 後

| 전용면적 | 110.39㎡(33.39평) |
|---|---|
| 舊분양면적 | 142.62㎡(43.14평) |

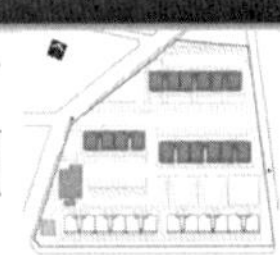

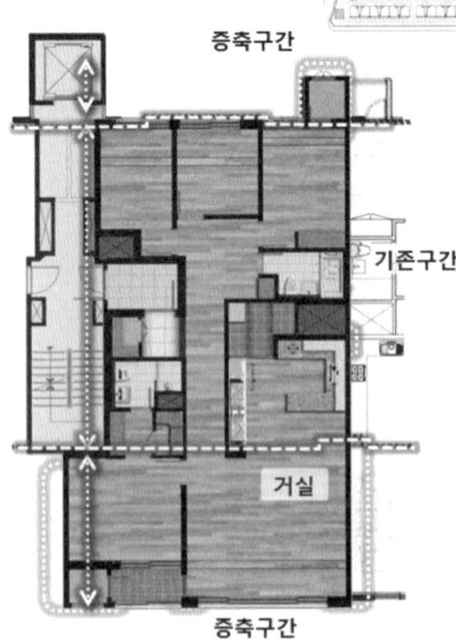

■ 평면계획 [임대 수익형 / 2세대 분리형]

그림 2.59 평면계획

리모델링 전 리모델링 후

그림 2.60 리모델링 전후 단위세대 비교

아파트단지는 지하 3층, 지상 11~16층 5개 동으로 구성되었으며 지상에는 차 없는 녹지공간으로 하고 모든 주차는 지하로 배치하여 가구당 1.3대의 주차공간을 확보했다. 또한 모든 동은 1개층 수직증축하여 전 세대 1개 층 상향 배치함으로써 주거상품의 가치를 향상시켰으며, 1층은 필로티 공간으로서 독서실, 보육시설 등 주민공동시설을 배치하고 별도의 커뮤니티동(헬스장, 관리실 등)을 신설하였다.

남측 대로변 쪽 2개 동은 A타입, 나머지 3개 동은 B타입으로 A, B타입의 내부구조는 유사하다. 기존의 세대 내부 천장고를 그대로 유지할 수 있도록 시공되어 공동주택 리모델링 공사의 한계를 극복했다. 기존과 달리 30㎜ 규격의 층간소음재를 사용하고, 전 가구에 스프링클러 및 환기시스템이 설치되었음에도 우물형 천장 방식을 적극 도입하여 스프링클러를 우물천장 주변으로 배치하여 세대 내부 천장고를 기존과 동일한 수준으로 만들었다. 또한 밝은 톤 위주의 인테리어 마감으로 공간의 개방감을 더하여 입주민으로부터 기대 이상의 칭찬을 받고 있다.

- 디자인 컨셉
  - 레미안의 리모델링 특성을 살린 단지의 아이덴티니 확립
  - 하이스턴+High(상류의 가치를 가진)+sTon(스마트하고 교육특화 이미지)

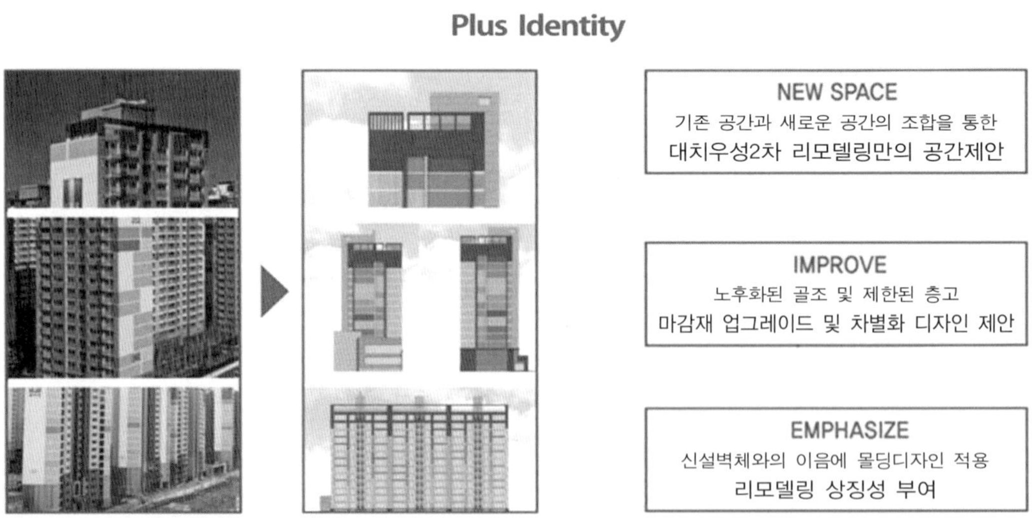


그림 2.61 외부 디자인 컨셉

리모델링 전 리모델링 후

**그림** 2.62 리모델링 전후 외관 비교

또한 래미안 대치 하이스턴은 리모델링 최초로 세대분리형 평면이 시공된 단지로도 주목받고 있다. 대치동 학원가의 임대수요를 감안하여 희망하는 조합원에게 옵션으로 공급한 결과 해당 조합원은 임대 보증금으로 분담금의 상당 부분을 마련할 수 있어 향후 대형평형 리모델링시 조합원 분담금을 경감시킬 수 있는 본보기가 될 것이다. 래미안 대치 하이스턴은 래미안의 리모델링 특성을 살린 고품격 외부 디자인 컨셉을 실현하였다. 기존의 코어부분에 높은 층고의 로비를 도입하여 개방감 있는 동 출입구를 시공하였고, 1층 필로티 공간은 석재 마감을 기본으로 강화 유리 캐노피 등을 도입하여 제한된 층고로 협소한 공간의 한계를 극복하였다.

또한 각동 측벽의 신구 골조 접합부의 몰딩 디자인은 기능성과 미적 가치를 동시에 갖춰 리모델링 단지의 차별화된 상징성을 부여하였다.

**그림** 2.63 단지 내 생태계류와 잔디광장

그림 2.64 공용공간(Exterior, 조경) 차별화

## 5.1.2 청담 래미안 아파트 리모델링

### 1) 개요

#### (1) 설계 개요

| 구분 | 기존 | 리모델링 후 | 비 고 |
|---|---|---|---|
| 건물높이 | 41.1M | 45.0M | +3.9M |
| 건축면적 | 1,419.92㎡ | 3,824.54㎡ | +2,404.62㎡ |
| 연면적 | 19,758.64㎡ | 36,357.65㎡ | +16,599.01㎡ |
| 건폐율 | 21.74% | 58.56% | +36.62% |
| 용적률 | 258.35% | 370.71% | +112.36% |
| 세대수 | 177세대 | | |
| 주차대수 | 총 116대 [세대당 0.65대]<br>(지상 66대, 지하 50대) | 총 216대 [세대당 1.22대]<br>(지상 54대, 지하 162대) | 100대 증가 |
| 전용면적 | 84.77~94.93㎡ | 110.20㎡ | 전용면적 29.99% 증축 |
| 분양면적 | 94.57~94.74㎡ | 136.11㎡ | 약 12.5평 증가 |
| 계약면적 | 111.45~111.65㎡ | 205.41㎡ | 약 28.4평 증가 |
| 건축규모 | 지하 2층, 지상 12~15층 | 지하 2층, 데크 1개 층, 지상 13~16층(1층 필로티 적용) | 1개 층 수직증축 |

리모델링 전

리모델링 후

공사중 전경1

공사중 전경2

(2) 단지배치 계획

리모델링 전 거실방향의 배치는 남향과 남동향 배치로 시내방향을 조망권으로 하였으나, 리모델링 후 북향과 남동향 배치로 전세대가 한강을 조망하도록 계획하였다.

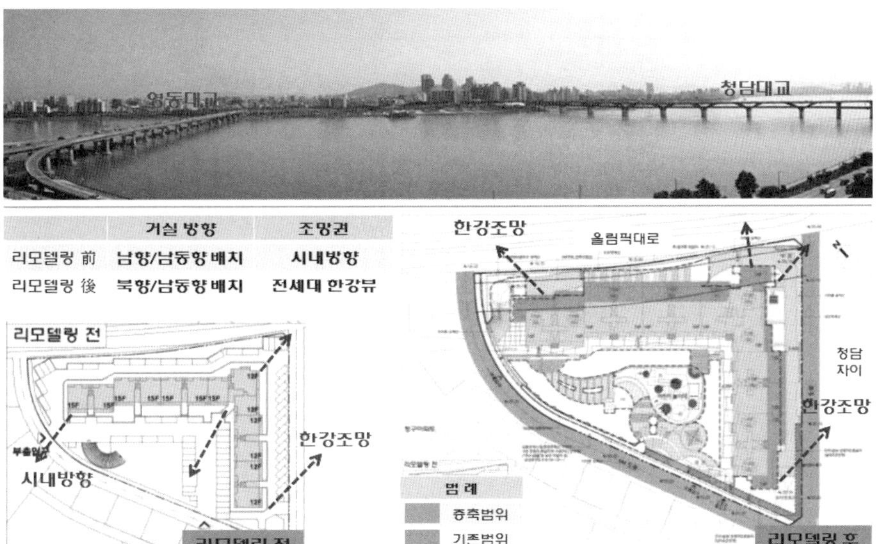

### (3) 배치계획

리모델링 전의 주차대수는 116대로 세대당 0.65대였으나, 리모델링 후에는 주차대수 216대로 세대당 1.22대가 되도록 주차대수를 확보하였다. 골프연습장, 헬스장 등 커뮤니티를 신설하였고, 데크 상부와 옥상층 조경을 추가하였다.

| 리모델링 전 | 리모델링 후 |
|---|---|
| 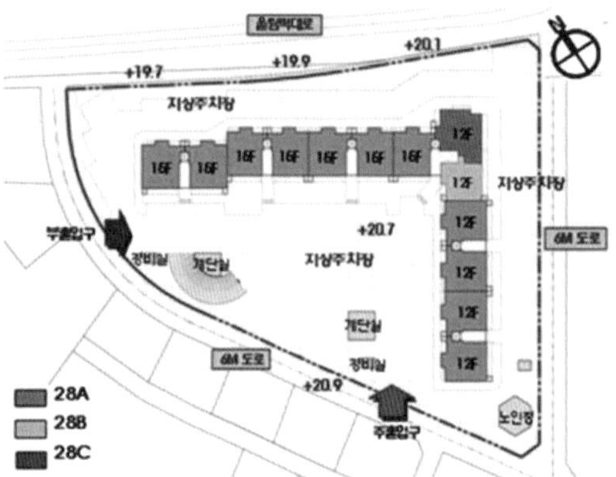  | 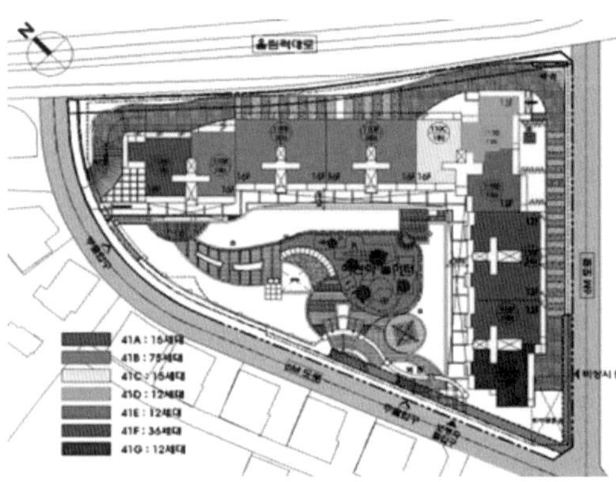 |
| • 주차대수(116대 : 0.65대/세대)<br>• 커뮤니티 없음<br>• 지상 주차로 조경공간 부족 | • 주차대수 추가 확보(216대 : 1.22대/세대)<br>→ Deck 포함 지하주차장 3개 층 신축<br>• 커뮤니티 신설(골프연습장, 헬스장 등)<br>• 조경 : 데크 상부 전체 조경/옥상층 조경 |

### (4) 단면계획

리모델링 전에는 아파트와 주차장이 분리되어 있었으나, 리모델링 후에는 주차장과 아파트와의 연결통로를 신설하였으며, 기존의 1층 전체를 필로티화 함으로써 수직 1개 층 증축하였다.

| 리모델링 전 | 리모델링 후 |
|---|---|
| 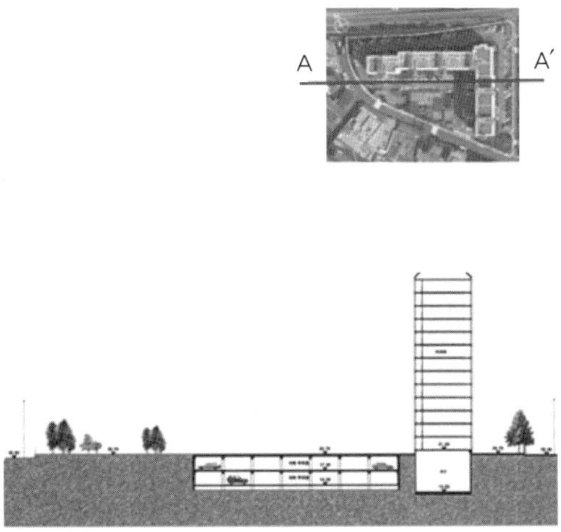 | 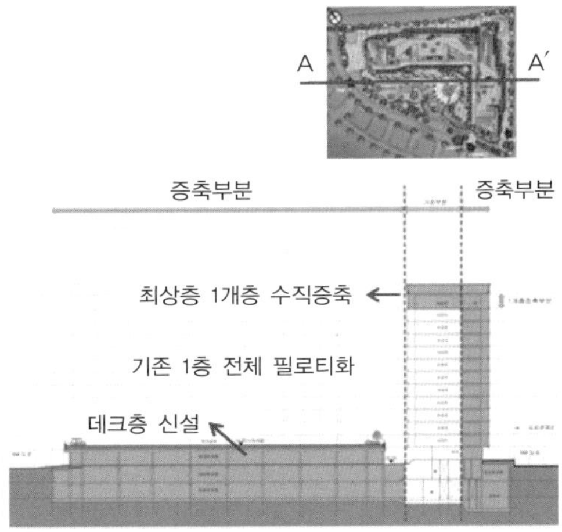 |
| • APT E/V와 주차장 미연결 | • APT E/V와 주차장 연결(E/V 하향 연장)<br>• 기존 1층 → 필로티<br>• 수직증축 : 1개 층 |

### (5) 단위세대 평면도

단위세대 평면은 수평증축을 통해 분양면적 94.73㎡에서 136.11㎡로 확장되었다.

■ 136㎡ A_TYPE 단위세대 평면도

| | 전용면적(㎡) | 분양면적(㎡) | 계약면적(㎡) |
|---|---|---|---|
| 리모델링 전 | 84.92(25.69py) | 94.73(28.66py) | 111.63(33.77py) |
| 리모델링 후 | 110.20(33.34py) | 136.11(41.17py) | 205.41(62.14py) |

■ 136㎡ B, C_TYPE 단위세대 평면도

| | 전용면적(㎡) | 분양면적(㎡) | 계약면적(㎡) |
|---|---|---|---|
| 리모델링 전 | 84.92(25.69py) | 94.73(28.66py) | 111.63(33.77py) |
| 리모델링 후 | 110.20(33.34py) | 136.11(41.17py) | 205.41(62.14py) |

### 3) 리모델링 공사 특성

#### (1) 층간소음 저감 계획

인정바닥구조용 바닥충격음 완충재를 적용함으로써 바닥 충격음을 2~3dB 저감하도록 하였다.

| | |
|---|---|
| 리모델링 전 | 바닥충격음 완충재 없음 |
| 리모델링 후 | 바닥충격음 완충재 적용 : 2~3dB 저감 |

■ 리모델링 전 바닥 구조 및 바닥충격음 성능 측정결과

- 슬래브 두께 : THK 135mm
- 현수준(바닥충격음 측정결과)
  → 경량바닥충격음 : 60dB(등급 외)
  → 경량바닥충격음 : 59dB(등급 외)

■ 인정바닥구조용 바닥충격음 완충재 적용 시

예) N-PEX 30mm(흑연EPS, 통기형 측면 완충재)

- 슬래브 두께 : 기존 135mm, 증축부 180mm
- 예상 바닥충격음

→ 경량바닥충격음 : 2~3dB 저감
→ 중량바닥충격음 : 당초 dB 유지

■ 층간소음 등급별 성능기준(2005. 07. 01)

| 등급 | 경량충격음 | 중량충격음 |
|---|---|---|
| 1 | 43 이하 | 40 이하 |
| 2 | 48 이하 | 43 이하 |
| 3 | 53 이하 | 47 이하 |
| 4 | 58 이하 | 50 이하 |

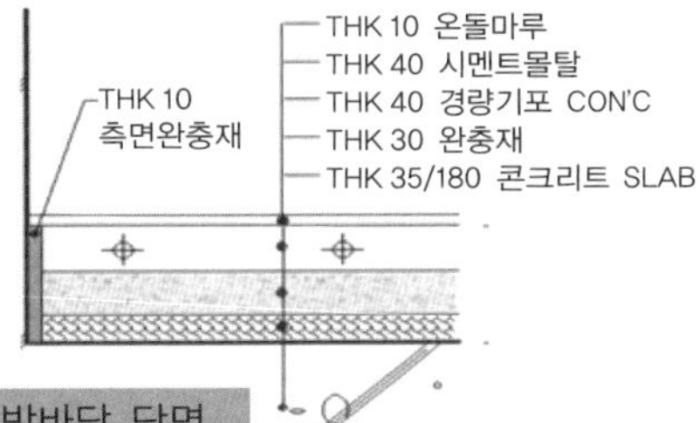

방바닥 단면

### (2) 내진벽체 시공계획

기존 평면내 벽체를 기초까지 신설하여 중력하중 및 횡력에 저항하도록 하였다.

기존 구간 내 내진벽체 신설 : 기존 슬래브 코어 천공 후 철근 배근

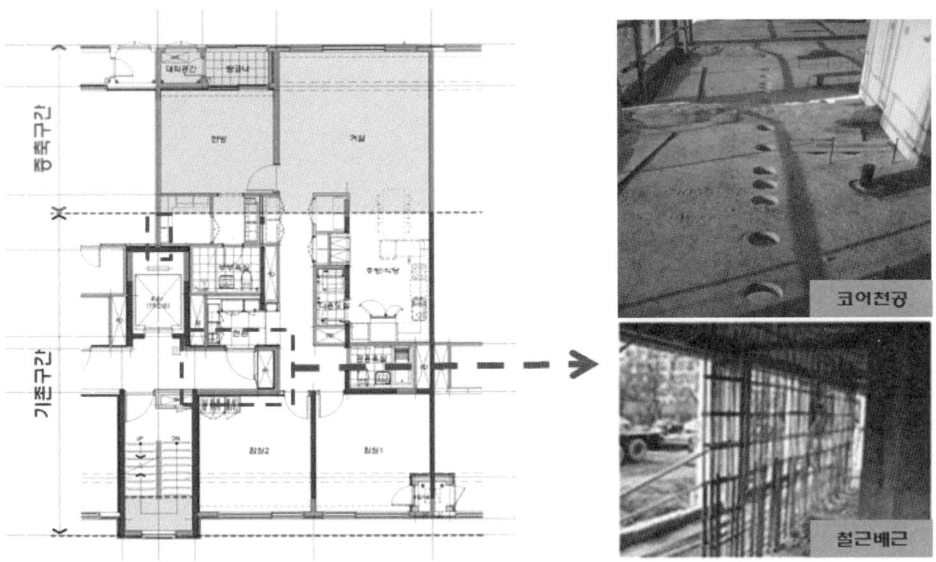


### (3) 브레이스형 댐퍼 설치

지진력 저항시스템으로 브레이스형 댐퍼를 각 층에 6개소씩 설치하였으며, 3차원 비선형 시간이력해석을 통해 지진하중에 대한 안전성을 검증하였다. 댐퍼의 배치 및 시공순서는 다음과 같다.

## ■ 댐퍼 설치계획

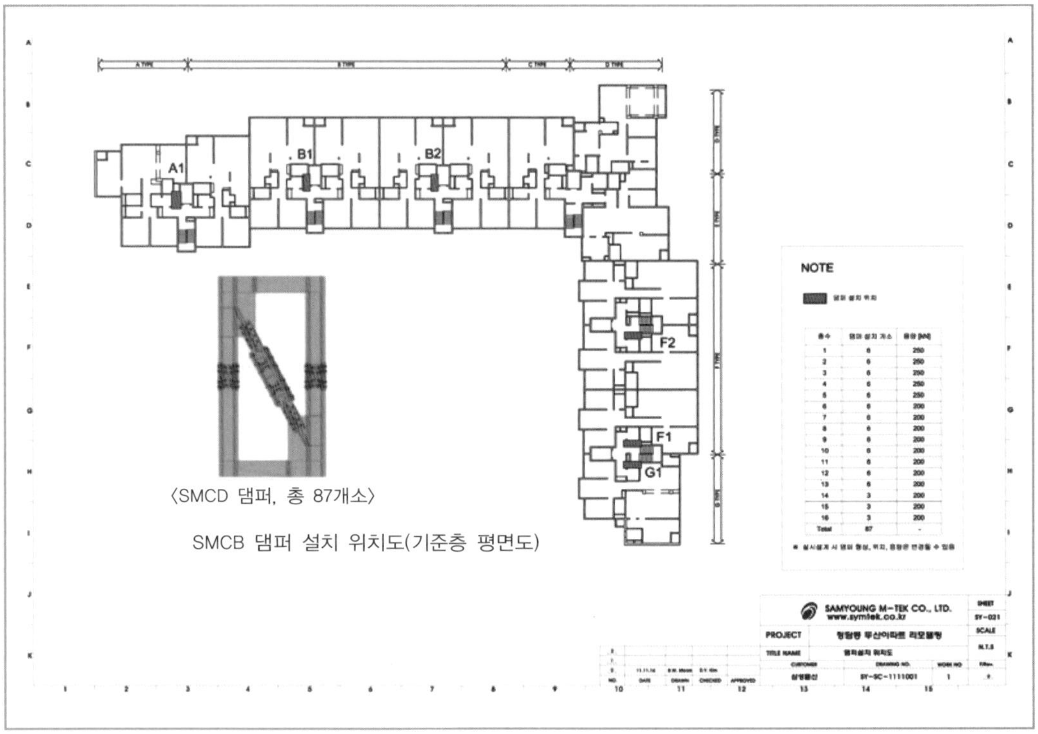


## ■ 댐퍼 시공순서

• 설치 취치 표시
• 앵커 홀 전공

• 댐퍼 자재 반입 및 이동

• 바닥면 처리
• 설치 위치 확인

• 댐퍼 위치 고정
• 앵커볼트 체결

• 바닥면 이물질 제거

• 상부 에폭시 주입부 실링

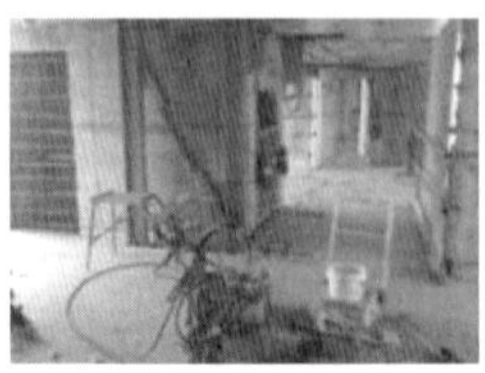

• 상부 에폭시 주입

• 하부 우수축 모르타르 타설

## 5.2 일반건물 시공사례

### 5.2.1 서울상공회의소

#### 1) 공사개요

본 서울상공회의소 증축 및 리모델링 공사는 서울시 중구 남대문로 4가 45번지 외 2필지에 위치하고 있는 업무시설이다. 당초 1984년에 기 준공하였던 서울 한복판 숭례문 옆의 본 서울상공회의소회관 건물을 21년 만에 다시 대림이 증·개축하였고, 오피스 건물의 리모델링공법 및 최신 설비시스템을 도입한 건물이다.

그림 2.65 상공회의소 전경

그림 2.66 상공회의소 야경

#### 2) 현장조직

서울상공회의소 증축 및 리모델링 현장은 소장을 중심으로 건축, 설비, 전기, 설계, 품질, 안전, 공무, 관리 등 8개 부서 25명의 직원들로 구성되어 있으며, 주 1회의 정기적인 회의 및 각 파트별 회의 등을 통해 원활한 의사소통과 사내 커뮤니케이션 TOOL인 E-CONS를 통해 본사와도 유기적인 지원을 받아 최고의 품질 확보, 공기의 단축, 안전/품질관리에 최선을 다하였다.

#### 3) 공정관리

당 현장은 리모델링 공사의 특성상 공기를 단축하는 것이 발주처의 주요 요청사항 중의 하나였다. 기존의 건물에서 이주를 하여 기존의 임대수입 감소 및 이주건물의 임대료를 지불해야 하고, 사업비는 준공 후 임대수입에서 충당되는 부분이 많았으므로 공기단축은 사업의 중요한 요소가 되었다.

입찰시 당초 35개월 예정공기에서 토공사 및 골조공사에서 야간작업을 병행하는 것으로 가정하여 32개월의 공기를 제시하였으며, 준공시 공기는 29개월로 3개월 공기를 단축시키는 것이 목적이다.

주요 MILESTONE은 옆의 표와 같다.

| 일자 | 주요 사항 |
|---|---|
| 03.04.24 | 착공/철거공사 착수 |
| 03.07.03 | 토공사 착수 |
| 04.03.18 | 철골공사 착수 |
| 04.02.18 | 기초 CON'C 타설 |
| 04.10.28 | 외벽마감공사 착수 |
| 05.01.23 | ROOF SLAB CON'C 타설 |
| 05.01.03 | 지상층 건식벽 착수 |
| 05.07.11 | 인테리어공사 착수 |
| 05.09.30 | 부대토목 완료 |
| 05.10.25 | 사용승인 필증 교부 |

### 4) 주요 적용공법

#### (1) 철거공사

① 공사범위

- 내장 철거 : 건물 전체
- 구조물 철거 : 남대문 반대방향 2스팬, 지하 3층~지상 12층
- 외장 철거 : 건물 전체 외장
- 추가분 : 옥상 슬래브, 1 · 2층 내부 슬래브

| 구분 | | 계약물량 | 비고 |
|---|---|---|---|
| 마감재 철거 | 천장 | 94,013㎡ | |
| | 벽체 | 7,973㎡ | 내부집기류 증가 |
| | 바닥 | 39,554㎡ | |
| 구조체 철거 | 조적벽 | 11,806㎡ | |
| | Wall Con'C | 9,892㎡ | 지하구조물 추가 |
| | Slab Con'C | 25,592㎡ | 옥상, 1 · 2층 추가 |
| | Girder$Col. | 621 TON | |
| 외벽 철거 | | 10,746㎡ | |
| 폐기물 집토 상차 | | 22,397㎡ | |

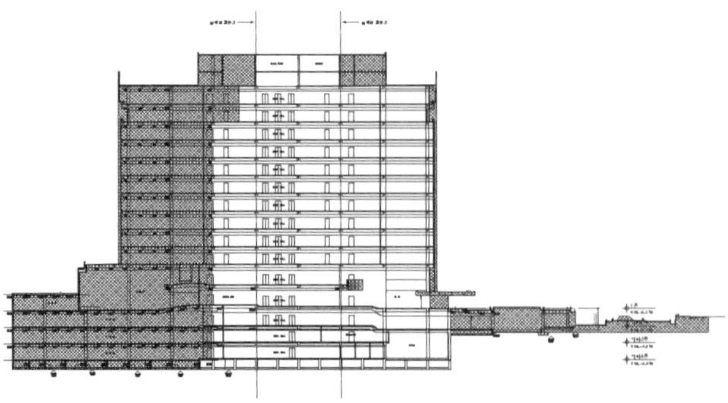

철거 단면도

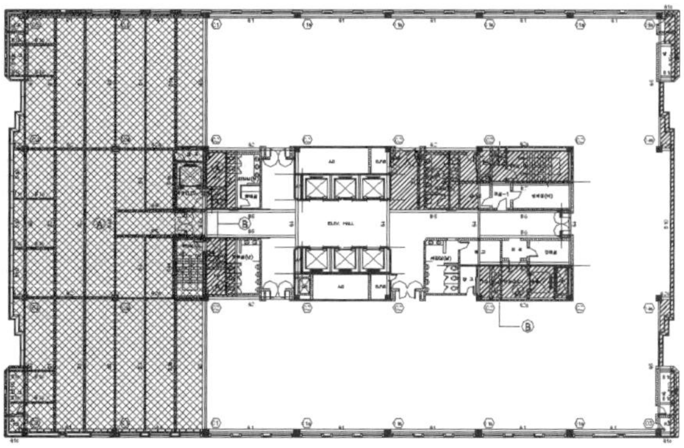

지상층 철거 평면도

### ② 공종별 철거공사

• 구조체 완전철거 공사

슬래브, 보, 내부 기둥을 해체하고 외벽 및 외부 기둥은 바닥 슬래브에 철거잔재를 쌓아 전도에 의한 충격을 줄이는 조치를 한 후 외벽을 인양한 후 파쇄하고, 0.6B/H, 80ton 크레인으로 H-빔 인양한다.

• 내장재 철거공사

타일 등은 진동 및 소음을 최소화하기 위해 소형(B/H 0.07W) 장비를 이용하여 브레이커 작업을 하고 천장 M-BAR는 캐링부 절단시 산소잔해의 비산 및 낙하로 인한 벽체 화재방지를 위하여 방화벽 및 바닥에 석면을 설치한 후 작업하였다.

• 조적벽 및 블록벽 철거

조적 및 블록벽 철거작업은 진동 및 소음을 최소화하기 위해 소형(B/H0.15W) 장비를 이용하여 브레카작업으로 하며, 작업시 분진의 비산을 방지하기 위해 분사식 살수작업을 병행하며 압쇄작업을 하였다.

• 외장 철거공사

작업 전에 앵커볼트 위치를 조사하고 작업한 후 PC패널 해체순서를 고려하여 앵커볼트 산소절단 및 인양방법 설정하고, 절단시 부재의 전도 및 중량을 고려하여 크레인 제원을 선정하고 인양하였다.

• 슬래브 철거

절단할 부재 위에 정확한 규격 및 치수를 마킹한 후 바브켓 중량 및 버킷의 크기를 고려하여 마킹하고, 부재의 절단선을 따라 Wheel Saw를 사용하여 커팅한다. 절단된 부재는 인력 및 장비(바브켓)를 사용하여 운반한다.

장비 및 부재 하중으로 인해 기존 구체에 피해를 최소화하기 위한 운반속도를 준수해야 한다. 인양장비(크레인)의 인양능력(2ton)을 감안하여 운반하며 슬래브에 많은 양을 적재하지 않는다.

### (2) 보수보강공사

① 공사범위

| 보수공사 | 보강공사 |
|---|---|
| 균열보수 | 증타보강(보, 기둥, 슬래브) |
| 철근노출 보수 | 탄소섬유 |
| | POST 보강 |
| | 하부슬래브 보강 |
| | 철골, RC보강선 보강 |
| | 브래킷 보강 |
| | 케미컬 앵커 보강 |
| | E/V오프닝 보강 |
| | 기존 부재 철판접합 보강 |

② 공사계획

㉠ 보수공사의 종류

- 균열보수 : 표면처리공법, 에폭시주입공법
- 철근노출 보수

㉡ 보강공사의 종류

- 증타보강(보, 기둥, 슬래브)

  기존 구조체의 내력 부족 또는 리모델링을 위한 구조체 마감을 위해 기존 구조체에 기둥, 보, 슬래브를 추가 타설하는 보강법
- 증타슬래브

[기본 개념도]

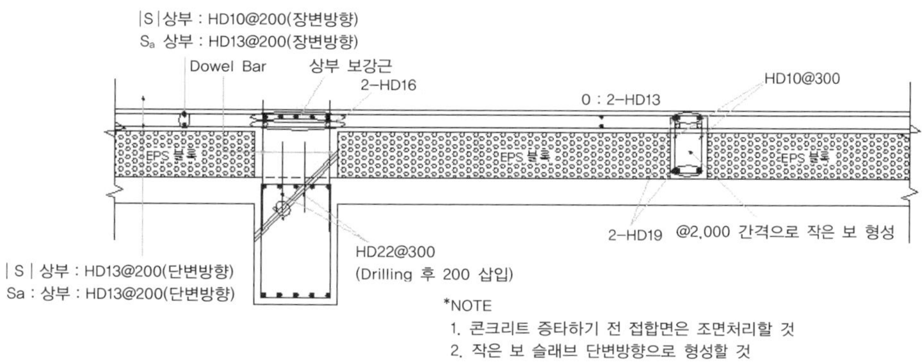


증타슬래브 단면

- 탄소섬유 보강

  기존 슬래브에 탄소섬유를 부착함으로써 슬래브의 내력을 보강하는 공법으로 투입 자재는 탄소섬유, 프라이머, 레진, 에폭시 퍼티이다.

케미컬 앵커 시공

- 지주(Post) 보강

  기존 구조체의 코어부가 해체되면서 기존 보에 대한 지주를 보강하며, 코어 철거시 빔에 대한 잭 서포트 보강이 필요하다. 투입 자재는 H-빔, 철판주입제, 철판이다.

- 하부 슬래브 보강 : 슬래브 잭업 보강
  기존 슬래브 하부에 빔을 설치한 후 사이에 잭업을 해서 처진 슬래브의 내력을 보강한 후 고정하는 공법으로, 투입 자재 · 장비는 H-빔, 스크루 잭, 철판 주입제, TS볼트, 앵커볼트, 유압기 등이다.
- 철골보 강선보강
  기존 철골보에 정착판을 설치하고 PC강연선을 인장하여 철골보를 보강하는 공법으로, 투입자재는 와이어, 정착판(1,2,4선형), T.S볼트 등이다.
- RC보 철판접합 및 강선보강
  기존 RC보에 전단 및 휨보강 철판보강을 하고 PC강연선을 설치하여 보강하는 공법으로, 투입자재는 와이어, 정착판(1,2,4선형), 결속콘, 철판, 철판주입제(AT-102), 고하중용 앵커볼트, 유압기 등이다.
- 케미컬 앵커공법
  기존 RC구조체와 신규 RC구조체의 접합에 있어서 균열을 방지하고 접합시키기 위해 케미컬 앵커를 사용하며, 투입자재는 케미컬 앵커, 철근(현장 지급용) 등이다.

### (3) 토공사

① 공사개요

- 토류벽 공법 : H-파일 + 토류판(T = 100)
- 지지공법 - 스트럿, 제거식 어스앵커
- 굴착깊이 : GL - 28.51m ~ - 20.91m

• 사용 재료

- H-파일 : H－300×200×9×14
- 띠장(Wale) : h－300×300×10×15
- 버팀보(strut) : h－300×300×10×15
- 앵글(angle) : L－100×100×10
- 제거식 어스앵커 : $\phi$12.7mm×4가닥 1~8단
- 토류판 : T＝100mm
- 시멘트 : 규격품(포틀랜드)

② 토공사 도면

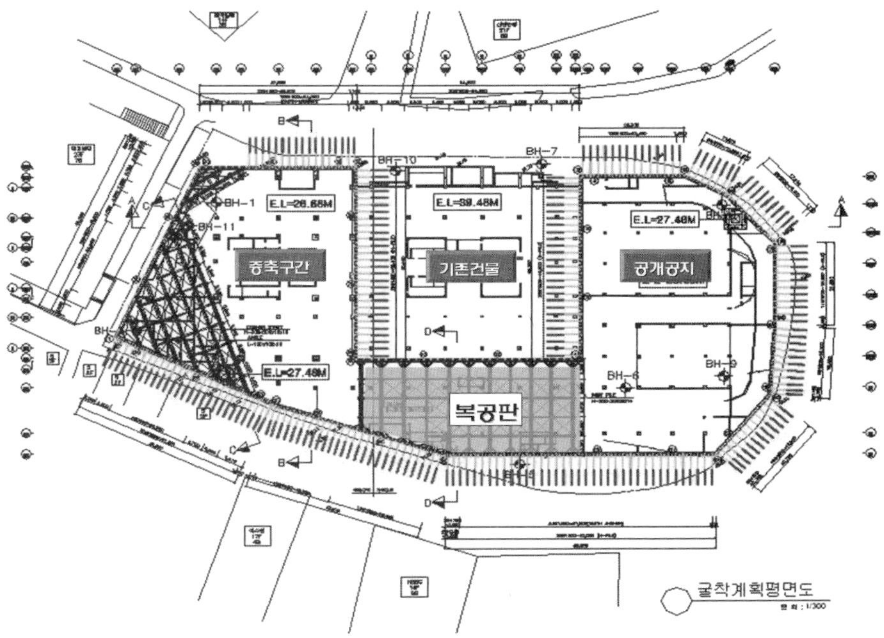


### (4) 골조공사 - 상하층 동시 시공법

골조공사의 Zone은 크게 4구간으로 나누었다. 고층부가 형성되는 증축구간인 A구간, 복공구간으로 지하층 및 상부 슬래브가 연장되는 B구간, 지하층만 형성되는 공개공지 C구간, 증타 및 계단이설이 진행되는 리모델링 C구간으로 Zone 계획을 하였다. 특히, A구간은 전체 5개의 구역으로 세분하여 상하층 동시 시공의 주요 구간인 Core구간을 A-2,3 2개 Zone으로 구분하였고, 이 구분은 Strut 해체의 문제가 없도록 구획하여 먼저 공정을 진행토록 하였다.

B구간 및 C구간도 공정 및 인원의 효율을 위하여 각각 2, 4개 구간으로 분할하였으며 리모델링 구간인 C구간은 별도의 공정으로 진행하였다.

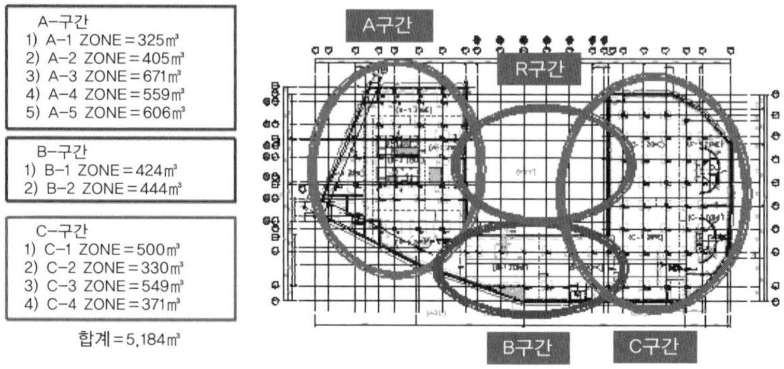


상하층 동시 시공은 스트럿 해체로 인한 공기를 절감하여 전체공정 단축에 도움을 주었고, 외장마감 착수시점을 당겨주어 마감 조기 착수에 도움을 주었다.

### (5) 외장공사

주요 자재 사양은 다음과 같다.

#### ① 커튼월(C/Wall)

- 알루미늄 압출(Extrusion, 압출자재)
  도장 : 불소수지 도장 3 Coating(Metallic)

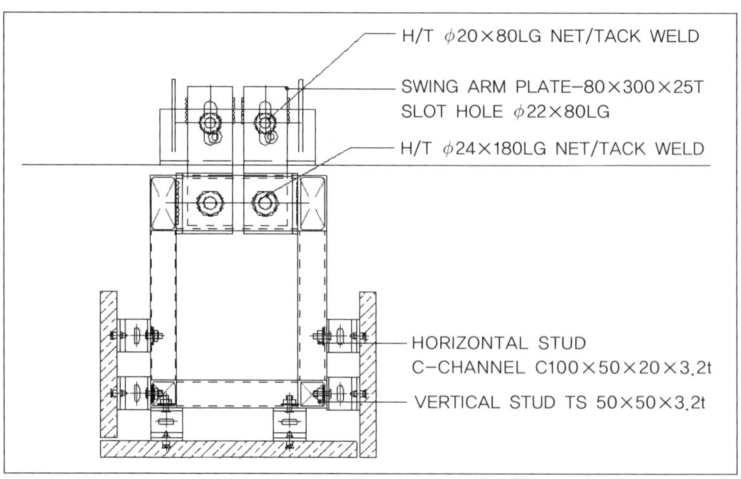

• 앵커 : 주조 채널앵커(Cast-in Channel Anchor)
• 단열재
  - 유닛 후면 패널 :
    1.6T 아연도강판+90K 75T SKY VIVA+ALUM. FOIL
  - 석재 후면 패널 :
    1.6T 아연도강판+90K 75T SKY VIVA+1.6T 아연도강판
• 단열 알루미늄 bar : Poli-Amid/A ZONE
• Glass(Low-E Pair Glass)
  - 24mm 일면반강화(Typical)
  - 24mm 양면반강화(19F/20F 코너, 선큰부 외장)
  - Dot Printed 유리 : 실크인쇄

② 석재 고정용 앵커

• FZP(Fischer Zykon Panel) : M/T

재질은 SUS 316 또는 동등품 이상을 사용하되, 두께 30mm의 화강석 판재(시공될 판재와 동일한 두께 및 강도의 화강석)에 구멍을 뚫고 피셔 ○○ 패널 앵커(Fischer Zykon Panel Anchor)를 고정한 후 테스트하여 다음 값을 만족해야 한다.

- 인발력 : 평균 630kg/1EA 이상
- 전단력 : 평균 1,100kg/1EA 이상

③ 외장석재

- BIANCO SARDO(30T) : 이탈리아산

④ 브래킷(Bracket, back frame 고정용)

### (6) 성곽 복원공사

① 주변 현황

서울상공회의소 구간의 서울성곽은 남대문에 가장 근접한 성곽구간으로 6m 도로 및 15m 도로에 인접하여 있으며, 인근 명지빌딩 성곽 복원구간에서 상공회의소 구간으로 이어지고 있다. 이는 계속하여 남대문으로 이어지고 있으나 기존 성곽은 20m에 지나지 않고 나머지 구간은 담장이나 도로(태평로)로 인하여 연속성이 단절된 상태이다.

② 복원대상 현황

- 복원대상 구간은 140m 정도이나 현재 유구가 남아 있는 부분은 상공회의소 담장 시작 부분의 20m가 전부이며, 나머지 구간은 콘크리트 담장으로 둘러 처져 있다. 기존 성곽 20m는 높이가 1.5m 내외이며 1982년 서울상공회의소 건립시 훼손된 것을 재축한 것으로 추정된다.
- 이번 복원공사는 전체 140m 정도에서 보행자 출입구 2개소를 제외한 110m 정도의 구간을 복원한다.

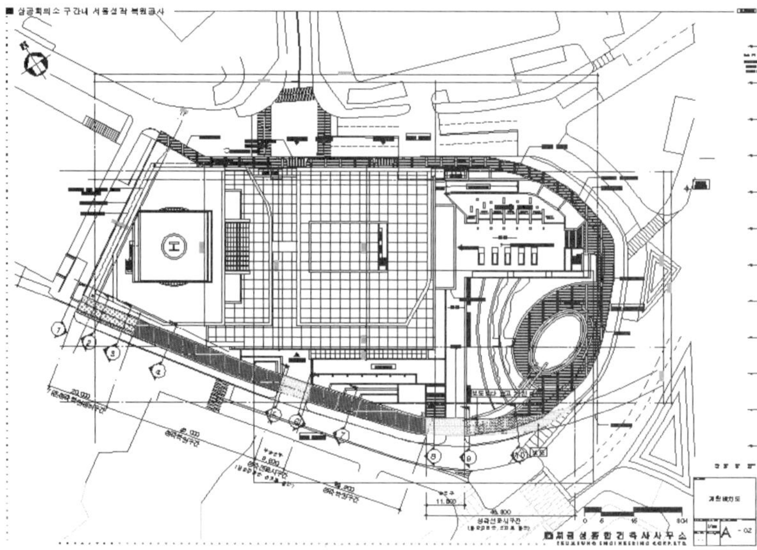

③ 공정순서

- 기초 및 잡석지정공사
  성곽 위치 확인 및 기초 및 지정공사

- 기존 성곽해체공사
  기존 성곽을 해체하고, 재복원을 위하여 각 성곽 석재의 위치를 기록한다.

• 성곽 보수 및 재설치

기존 성곽부의 훼손분을 보수하여 기존 성곽을 원래의 위치에 재설치한다. 복원될 부위의 성곽 쌓기는 화강석 바른층 쌓기를 기본으로 기존의 성석과 같은 양식으로 하고, 가공도 기존의 돌과 유사하게 한다.

심석은 450×300×750을 표준으로 하고, 속채움 막쌓기를 하되 다지기를 철저히 실시한다. (심석을 쌓는 방법은 대각선 방향으로 1.2m 간격으로 설치하여 속채움석, 면석과 견고히 물리도록 쌓는다. 성곽의 보수범위는 남아 있는 기존 성곽의 높이를 고려하여 불안전한 부분까지만 보수함을 원칙으로 한다.

• 내탁부 판축다짐 후 표면 고르기하고 잔디를 식재한다.

• 박석깔기

### 5) 안전, 환경관리계획

#### (1) 안전관리

당 현장은「국보1호 숭례문에 비견되는 명품건설을 위한 무재해 준공!」을 안전목표로 설정하고 다음의 중점 추진사항을 이행하여 보다 안전하고 쾌적한 작업장 조성을 이루고자 하였다.

이를 위해 다음과 같은 안전목표를 설정하였다.

① 근로자 안전의식 재무장
- ㉠ 현장 안전관리자 공동협의체 구성
- ㉡ 협력업체 '월중 안전목표' 설정 및 게시
- ㉢ 협력업체 안전일지 작성
- ㉣ 근로자 안전의식 개혁

② 위험작업 차등관리
- ㉠ 신규 근로자 및 노약자 관리
  - 채용기간별 스티커 부착 지속적인 실시
  - 신규 근로자 투입 전 안전교육 실시
- ㉡ 추락위험 작업 중점관리
- ㉢ 관리감독자 미상주시 작업금지

③ 휴일작업 관리 강화
- ㉠ 주간 안전환경 합동점검 실시관리
- ㉡ 직원 간 인수인계서 작성
- ㉢ 휴일금지작업 준수

④ 안전 모니터링 시스템(Monitoring System) 도입
- ㉠ 일일 안전활동 점검표 작성
- ㉡ 재해유형별 위험요인 파악

⑤ 특별안전관리 사항
- 안전 작업계획서 작성 : 추락위험 작업 등 유해, 위험한 작업은 협력업체에서 안전 작업계획서를 작성하여 대림 담당기사에게 제출, 담당기사는 검토 후 안전

부서에 승인을 득한 후에 작업
- 안전시설물 전문업체와 하도계약 체결 후 설치
- 유해, 위험작업 근로자 · 관리자 특별교육 실시 : 법으로 지정된 대상작업자 외에도 특별교육 실시
- 안전시설단 · 안전감시단 운영 : 증축 및 리모델링 현장여건상 많은 위험요인을 사전에 발견하고 제거함을 목적으로 운영하였으며, 직접적인 지휘권을 부여하였음

### (2) 환경관리

① 비산먼지 억제활동

리모델링시 소음 · 비산먼지의 발생을 억제하기 위하여 건물 전면에 스크린을 설치하였다. 우리 현장은 4대문 안에 위치하여 외국인들의 Photo Point(남대문시장)에 인접해 있다. 리모델링 철거시 외부 미관을 고려하여 건물 전체를 기존 건물의 문양으로 디자인하였으며, 또한 현장울타리에 고궁 문양을 인쇄하여 기존의 딱딱한 느낌의 건설현장 모습에서 벗어나 보행인과 주변경관이 조화를 이룰 수 있도록 하였다.

② 폐유류 저장소의 적법처리

기존 건물에 있는 벙커C유 탱크를 폐유처리 전문업체를 통해 수거 후 소각하여 토양오염을 사전에 예방하였다.

③ 소음진동의 억제

현장 인근의 민가에 터파기 공사시 소음을 억제하기 위해 방음판을 설치하여 민원을 최소화할 수 있도록 하였다.

### 6) 맺음말

당 현장은 계약 당시 이미 공사기간이 충분하지 않았음에도 발주처의 요구에 부응하여 3개월 이상 공기를 단축하였고, 게다가 2003년 하반기부터 2004년 상반기 사이에 있었던 세계적인 원자재 가격 폭등에도 불구하고 당초의 목표를 달성하였다. 서울상공회의소 회관은 대형 오피스건물 설계시공 및 리모델링 공사 등이 복합되어 있어 앞으로 건설기술이 발전하는 데 하나의 계기가 되기를 기대한다. 끝으로 서울상공회의소 회관 증축 및 리모델링 공사현장은 국보1호인 숭례문 옆에 위치하여 사대문 안의 랜드마크로서의 기능을 이룰 것이며, 도심지 빌딩의 재개발에 시금석이 될 것이므로 현장직원 및 대림의 임직원이 자부심과 애정을 갖고 있는 현장이다.

# 연습문제

Exercises

## 연 · 습 · 문 · 제

**1.** 리모델링 공사의 특성 중 하나인 공기와 공사비용 초과의 원인으로 옳지 않은 것은?

① 작업범위의 명확　　② 입주자의 안전과 보건유지
③ 공간적인 제약　　④ 운영시설에 대한 정보 부족

**2.** 리모델링 공사의 특성으로 알맞지 않은 것은?

① 다양한 공사수행방식
② 예상할 수 없는 일시적인 공사 발생
③ 확실한 설계
④ 복잡한 작업체계와 잦은 설계변경

**3.** 리모델링공사 수행 과정에서 제약사항 중 물리적 제약사항이 아닌 것은?

① 접근성의 곤란　　② 작업의 단순성
③ 설치공간의 부족　　④ 자재적치공간의 부족

**4.** 견적 및 입찰단계의 리모델링 시공 시 유의사항으로 옳지 않은 것은?

① 충분한 현장실사
② 유경험자에 의한 견적
③ 사용자와 작업자의 사용동선 일치화
④ 공사특성 분석

**5.** 리모델링 시공시 공사계획 수립단계에서 고려할 사항이 아닌 것은?

① 특별피난계단의 철거나 소화급수 중단과 같이 공사수행 중 부득이하게 법규 위반 사항이 발생할 수 있는데, 이에 대하여 사전 유관기관의 의견을 들을 필요는 없다.

② 기존 시설의 운영일정에 대해 사용자와 사전 면밀한 협의를 하여 공사계획에 반영하여야 한다.

③ 복합 공정을 종합적으로 관리하고 조정할 수 있는 공사 관리자의 능력이 절대적으로 필요하다.

④ 가능한 한 모든 자료를 입수하여 조사 및 진단을 하여야 한다.

**6.** 재실 상태의 리모델링 공정계획 수립 시 옳은 것은?

① 원가절감을 위한 설비의 전면중지 작업

② 처음의 공정계획으로 일관성 있게 작업

③ 공기단축 할 목적으로 철거 후 설치 작업

④ 입주업체의 일정에 맞추어 작업

**7.** 리모델링 재실공사가 갖는 특징이 아닌 것은?

① 소음이 심하거나 설비의 중단이 요구되는 작업은 대부분 야간이나 휴일에 작업함

② 설비의 전면중지가 가능함

③ 공기단축을 위하여 철거와 동시에 설치가 이루어짐

④ 업체 이주일정에 맞추어 공사가 진행

**8.** 리모델링 프로젝트관리의 가설공사에서 고려하여야 할 사항이 아닌 것은?

① 가설방음방진벽　　② 소화/가설용수

③ 시스템 비계　　④ 현장사무실

**9.** 다음 중 리모델링 가설공사와 관련이 있는 것으로 옳은 것은?

① 클렘쉘(Clam shell)　　② 토크렌치(torque wrench)

③ 로드롤러(road roller)　　④ 타워크레인(tower crane)

**10.** 리모델링공사의 철거공사 계획 시 고려할 사항이 아닌 것은?

① 필요한 부분의 구조적 성능은 훼손하지 않도록 작업해야 한다.

② 폐기물 반출을 위한 수직동선을 확보하는 것이 중요하다.

③ 빠른 사업추진을 위해 철거업체가 주도적으로 판단하고 작업을 진행한다.

④ 폐기물반출시 민원의 최소화를 위한 방음방진계획을 수립해야 한다.

**11.** 리모델링 철거 작업에 있어 충격하중 등을 고려할 때 철거업체와 합동작업 할 파트너로 옳은 것은?

① 구조설계회사　② 철근콘크리트공사회사

③ 조적공사회사　④ 토공사회사

**12.** 일반건물을 대상으로 하는 철거공사 프로세스에서 리모델링 실행 때 가장 먼저 진행하는 것으로 옳은 것은?

① 반출계획 수립　② 구조물철거

③ 내부철거　④ 외부철거

**13.** 리모델링 주요 분야인 건축설비에 관한 설명으로 옳지 않은 것은?

① 인간의 실내 생활환경과 건축물의 기능을 향상시키는 공작물의 총칭이다.

② 건축물에 종속되므로 건축설계 완료 후 설비관련자와 협의한다.

③ 리모델링사업관리자는 건축설비 관련사항에 대하여 적극적으로 협의한다.

④ 건축설비공간은 동적으로 해석해서 설계한다.

**14.** 리모델링과 관련한 측정기기와 진단 및 검사항목으로 옳지 않은 것은?

① 초음파탐상계 – 배관 잔여수명 측정

② 방사선 투과장치 – 배관 내부 상태 관찰

③ 내시경 – 배관 유량 및 유속 측정

④ 적외선 열화상장치 – 비접촉 표면온도 측정

**15.** 리모델링 설비공사를 위한 검사항목과 측정기기의 연결이 적합하지 않은 것은?

① 배관 및 덕트 내면 부식, 부착 등의 관찰 – 내시경, TV카메라

② 배관의 잔여두께 측정 및 잔여수명 측정 – 초음파탐상계

③ 비접촉 표면온도 측정 – 적외선 열화상장치

④ 금속내부의 결함 – 주파수 해석장치

**16.** 내구연한에 대한 설명으로 적절하지 않은 것은?

① 경제적 내구연한은 기능, 성능 및 효율적인 측면에서 가치의 변화에 의해 비용의 측면에서 효율 및 경제성에 따라 나타내기도 한다.

② 물리적 내구연한은 법규 및 규정변경에 의한 갱신 의무, 형식 변경에 따른 갱신 등이 포함된다.

③ 법적 내구연한은 고정자산의 감가상각비를 산출하기 위한 세법상 내구연한을 나타내는 것이다.

④ 사회적 내구연한은 사회적 동향을 반영한 내구연한으로 진부화, 구형 기기 등에 따른 새로운 방식과의 비교에 상대적 가치저하에 의한 내구연한이다.

**17.** 실내공기를 오염시키는 물질, 발생원 및 영향으로 옳지 않은 것은?

① 연소가스($NO_2$, CO) – 살충제 – 호흡기피해/설사

② 포름알데히드 – 합판접착제 – 자극/기침

③ 석면 – 단열재 – 피부질환/폐암

④ 휘발성유기화합물(VOC) – 페인트 – 피로감/정신착란

**18.** 리모델링 공사 진행에 대한 설명으로 가장 적합하지 않은 것은?

① 한층 공실상태 공사 진행은 재실자 및 작업자 이동에 따른 검토가 필요함

② 전층 공실상태 공사 진행은 공사기간이 단기간임

③ 재실 상태 공사 진행은 임시이동 통로에 따른 재실자 이해가 필요

④ 재실 상태 공사 진행은 초기비용이 적음

**19.** 일반건축물과 공동주택 리모델링의 전기공사 시공계획에 관한 설명으로 옳지 않은 것은?

① 가설패널이라 함은 가설전기를 사용하기 위한 장비들의 전원공급을 해주는 분전반을 말한다.

② 일반건축물은 기존 EPS(Electric Pipe Shaft), 공동주택은 층별 패널을 활용한다.

③ 가설전기 시공계획으로 기존 시설을 끊고, 한전에서 새로 가설전기를 수용 신청해서 활용 하도록 한다.

④ 철거 이후 가설전등 설치와 기타의 전기공사는 신축공사와 같이 진행한다.

20. 리모델링 사업 초기에 기존 건물의 구조상태 파악, 기초보강 및 내구성 보완 등의 진단 및 증축되는 신설 구조체의 구조공법과 기존 구조체와의 접합공법을 어떻게 해야 하는지 검토하는 전문가로서 가장 적합한 것으로 옳은 것은?

① 토목구조기술사　② 건축시공기술사
③ 건축구조기술사　④ 리모델링사업관리사

21. 리모델링 프로젝트 추진 시 반영되어야 할 구조적 사항중 적절하지 않은 것은?

① 기존 건물의 보강과 내구성 보완 등이 어느 정도 요구되는 것인지는 사전에 구조진단을 하여 검토되어야 한다.
② 리모델링 사업초기에 건축구조기술사에 의해 구조 상태를 파악하여 그 결과에 따라 사업타당성을 분석한다.
③ 기존 건물의 내진설계 여부를 확인하여 내진설계방향을 정해야 한다.
④ 기존 내력벽체의 일부 철거, 지하 주차장 신설 등의 여부는 공사 진행 중에 검토되어야 한다.

22. 일반 건축물의 리모델링 구조설계 흐름도이다. 옳은 것은?

① 관련 법규 검토 → 대상 건물 선정→기존 건물의 현황조사 → 리모델링 구조설계 → 기존 구조물의 정밀안전진단 → 보수·보강방안 설계 → 시공
② 대상 건물 선정 → 관련 법규 검토 → 기존 건물의 현황조사 → 기존 구조물의 정밀안전진단 → 리모델링 구조 설계 → 보수·보강방안 설계 → 시공
③ 대상 건물 선정 → 관련 법규 검토 → 리모델링 구조 설계 → 기존 건물의 현황조사 → 기존 구조물의 정밀안전진단 → 보수·보강방안 설계 → 시공
④ 대상 건물 선정 → 관련 법규 검토 → 기존 구조물의 정밀안전진단 → 기존 건물의 현황조사 → 리모델링 구조 설계 → 보수·보강방안 설계 → 시공

23. 우리나라 건축법에서 규정하고 있는 내진설계 대상 건축물로 옳은 것은?

① 2층 이상, 연면적 200㎡ 이상
② 2층 이상, 연면적 500㎡ 이상
③ 3층 이상, 연면적 200㎡ 이상
④ 3층 이상, 연면적 500㎡ 이상

24. 1차 안전진단에 있어 구조안전성 평가 항목이 아닌 것은?

① 기초 및 지반침하　　② 내력비
③ 칸막이벽의 균열 상태　　④ 건물의 기울기

25. 리모델링 시행 전 현장조사를 할 때 육안조사로 할 수 있는 항목으로 옳은 것은?

① 콘크리트 백화현상　　② 콘크리트 탄산화
③ 콘크리트 강도　　④ 철근 간격

26. 다음 중 균열에 대한 평가를 위한 판정 요건에 해당하지 않는 것은?

① 균열의 진행여부　　② 오염 및 변색
③ 재하에 의한 확대 여부　　④ 누수 여부

27. 철근콘크리트 건축물의 콘크리트 강도를 조사하는 방법이 아닌 것은?

① 초음파속도법(비파괴시험)
② 슈미트해머를 이용한 반발경도 시험법(비파괴시험)
③ 코어압축시험(파괴시험)
④ 염화물과 공기량 시험

28. 철근콘크리트 구조물 특성 및 원리에 관한 설명으로 옳지 않은 것은?

① 철근과 콘크리트의 강도 단위는 kgf/㎠, Mpa이다.
② 콘크리트 피복두께는 철근의 내구성 및 내화성을 확보한다.
③ 철근은 압축강도, 콘크리트는 인장강도가 크다.
④ 철근과 콘크리트는 부착력이 좋다.

29. 철근 배근조사에 관한 설명 중 옳지 않은 것은?

① 콘크리트 속의 모든 철근들을 다 조사할 수 있다.
② 철근 배근조사는 콘크리트 내의 철근위치를 파악하여 구조물이 갖는 내력의 결손 여부를 판가름하는 안전진단의 필수사항이다.

③ 철근탐사는 보, 기둥 등의 배근상태를 조사하여 도면과 일치 여부를 파악하고, 구조 검토 시 반영한다.

④ 철근탐사법으로 초음파 및 레이더 파를 이용한 탐사법이 있다.

**30.** 흙에 접하지 않는 옥내 기둥, 보, 내력벽의 피복두께는 ?

① 30mm ② 40mm

③ 50mm ④ 60mm

**31.** 콘크리트 탄산화에 대한 설명으로 옳지 않은 것은?

① 콘크리트 중의 수산화칼슘이 공기 중의 탄산가스와 반응하여 산성을 잃게 되는 현상이다.

② 콘크리트 탄산화는 콘크리트 균열 및 탈락을 발생시킨다.

③ 철근콘크리트구조물의 수명은 콘크리트의 탄산화 깊이와 밀접한 관계가 있다.

④ 탄산화가 철근의 표면에 이르면 철근은 부식된다.

**32.** 레디믹스트콘크리트에 염화물이 다량 함유되면 철근의 부식을 유발시켜 내구성을 저하시킨다. 이에 KS F 4009에서 염화물 이온($Cl^-$)량을 규제하고 있는데, 이 규제치로 옳은 것은?

① 0.1kg/㎥ 이하 ② 0.2kg/㎥ 이하

③ 0.3kg/㎥ 이하 ④ 0.4kg/㎥ 이하

**33.** 건축물의 기초지반의 허용지내력이 가장 큰 지반으로 옳은 것은?

① 풍화암층 ② 기반암층

③ 매립토층 ④ 풍화 잔류토층

**34.** 노후 건축물을 리모델링 할 때 기존 기초의 내력이 부족하거나, 건물 내에 벽이나 기둥을 신설할 경우에 활용되는 보강 공법으로 옳은 것은?

① 트렌치 컷 공법 ② 소구경 파일 공법

③ 탑다운 공법 ④ 브레이싱 공법

**35.** 다음 중 보수공법이 아닌 것은?

① Cement Suspension 공법　　② 단면복구공법
③ 단면증설공법　　④ Epoxy Resin 공법

**36.** 철근콘크리트 구조물의 균열보수 공법으로 옳지 않은 것은?

① 내화피복공법　　② 표면처리공법
③ 주입공법　　④ 충전공법

**37.** 조적벽체 및 미장재 등의 마감재에 발생한 균열 보수 과정 중 U-cutting한 부위에 에폭시 실링재의 접착을 최대한 향상시키기 위한 공정은?

① 마감시공　　② 바탕처리
③ 균열조사　　④ 프라이머 도포

**38.** 지진발생 시 철골구조의 접합부와 기둥에서 취성파단이 발생할 수 있는데, 이 취성파단의 원인으로 옳지 않은 것은 ?

① 후판 사용에 의한 변형능력 저하
② 저온에서의 충격에너지 흡수능력 부족
③ 강재의 인성 증대
④ 단면결손 부분에서의 응력집중현상 발생

**39.** 리모델링 시 장래에 발생할 지진에 대해 건물의 내진 안전성을 확보하기 위해서는 건물의 내진성능 및 보강 여부를 판정하여야 한다. 이때 가장 먼저 하여야 할 항목으로 옳은 것은?

① 건물의 내진성능평가　　② 보강여부의 판정
③ 내진보강공법의 결정　　④ 보강건물의 내진성능 확인

**40.** 내력향상을 위한 내진보강에 대한 설명으로 옳지 않은 것은?

① 프리캐스트 판벽 보강구법은 건축·설비 등의 정합성 측면에서는 개구부 치수에 제한이 없고, 거주하면서 시공성 측면에서는 설치가 간단하지 않다.
② 강판벽의 보강구법은 개구부 치수에 제한이 있고, 반입크기가 제한적이며 마감

난이도가 있다.

③ 철근콘크리트 벽의 보강구법은 건축·설비 등의 정합성 측면에서는 개구부 치수에 제한이 있고, 거주하면서 시공성 측면에서는 콘크리트 타설 필요하고, 현장마감이 용이하다.

④ 철골 브레이스 보강구법은 건축·설비 등의 정합성 측면에서는 채광통풍 확보가 용이하고, 외부시공에 적용 용이하고 반입 크기에 제한이 없다.

**41.** 리모델링 공사의 특성이 아닌 것은?

① 리모델링 유형에 따라 복잡하고 다양한 형태의 공사계획 수립이 필요하다.

② 공기와 공사비가 초기설계/입찰단계에서 예상하는 것 보다 본 설계 및 인허가 과정을 거치며 초과하는 것이 일반적이다.

③ 기존건물에 대한 조사 및 진단은 매우 중요하며, 진단결과는 설계 및 공사수행계획에 영향을 작게 미친다.

④ 기존 건물의 존치로 인하여 불확실한 설계요소 및 제약사항이 발생하여 공정관리의 어려움과 설계변경의 요소가 많다.

**42.** 리모델링 작업의 복잡성, 접근성의 곤란, 설치공간의 부족, 자재적치공간의 부족, 안전 및 보건 등에 기인하여 발생할 수 있는 제약은?

① 물리적 제약　　② 조정상의 제약

③ 유틸리티 제약　　④ 불확실성의 제약

**43.** 리모델링 시공시 유의사항으로 옳지 않은 것은?

① 견적 및 입찰단계에서 충분한 현장실사 및 공사 특성을 분석 후 견적한다.

② 계약단계에서 계약서상에 공사 범위, 주체를 명확히 하고 설계변경 등 발생시 원칙을 정해 두어야 한다.

③ 리모델링 공사는 기존 구조물을 일부 철거하고 시공하므로, 신축공사에서의 시공방법과는 다른 철거, 보수/보강 공사 기법 등이 필요하다.

④ 기존 건물에 대한 설계도서가 있는 경우 반드시 현 시공상태와 상이 여부를 확인하여야 하나, 동배치 현황 등 실제 측량은 기존 구조물이 존치하므로 불필요하다.

**44.** 리모델링 시공시 공사계획 수립단계에서 고려할 사항이 아닌 것은?

① 복합 공정을 종합적으로 관리하고 조정할 수 있는 공사 관리자의 능력이 절대적으로 필요하다.

② 가능한 한 모든 자료를 입수하여 조사 및 진단을 하여야 한다.

③ 설계변경이 빈번하게 발생하므로 이에 대한 기준도 명확히 할 필요가 있다.

④ 기존 시설의 운영일정에 대해 사용자와 사전 면밀한 협의를 하여 공사계획에 반영하여야 한다.

**45.** 리모델링 시공시 견적 및 입찰단계의 유의사항으로 옳지 않은 것은?

① 충분한 현장실사

② 공사특성 분석

③ 유경험자에 의한 견적

④ 사용자의 의견을 듣고 최대한 공사계획에 반영

**46.** 리모델링 시공계획 중 재실 리모델링 공사의 특성이 아닌 것은?

① 공기단축을 위하여 철거와 동시에 설치작업이 이루어질 수 있다.

② 설비의 전면 중지는 불가하며, 층별 작업이 이루어진다.

③ 철거폐기물 반출, 자재 반출입, 작업동선 등은 재실 리모델링 공사의 제약요소가 되지 않는다.

④ 소음이 심하거나 설비의 중단을 요구하는 작업은 야간이나 휴일에 작업이 필요하다.

**47.** 리모델링 공정계획 수립을 좌우하는 요소가 아닌 것은?

① 공사범위와 발주처 요구사항

② 작업여건과 제약사항

③ 철거폐기물 반출계획

④ 자재 반출입 및 작업 동선 계획을 포함한 마감 계획

**48.** 신축공사에 대비 리모델링 공사에 있어서 가장 차이가 나는 부분이 아닌 공사는?

① 철거공사 ② 보수보강공사
③ 골조공사 ④ 마감공사

**49.** 리모델링 공사관리 중 가설공사에서 고려하여야 할 항목이 아닌 것은?

① 시스템 비계 ② 가설방음방진벽
③ 소화/가설용수 ④ 가설펜스 / 출입구 위치

**50.** 리모델링 공사의 철거공사 수행 시 고려할 사항이 아닌 것은?

① 필요한 부분의 구조적 성능은 훼손하지 않으면서 불필요한 부분만 철거해야 한다.
② 실적과 경험이 풍부한 철거업체에서 철거부위 안전을 진단하며 철거공사 해야 한다.
③ 폐기물 반출을 위한 수직동선을 확보하는 것이 매우 중요하다.
④ 폐기물 반출 시 민원의 최소화를 위한 방음방진계획을 수립해야 한다.

**51.** 다음 중 리모델링 철거공사와 관련이 없는 장비는?

① 브레이커(Breaker)
② 밥캣(Bobcat)
③ 슈미트해머(Schmidt Hammer)
④ 소형굴삭기(Miniature Excavator)

**52.** 리모델링 철거공사의 특징이 아닌 것은?

① 재건축, 재개발의 철거와는 근본적으로 다르며, 필요한 부분을 남기고 구조적 성능이 훼손되지 않게 불필요한 부분만 철거한다.
② 철거 시 발생하는 폐기물처리동선에 대한 사전계획을 하여야 한다.
③ 철거 시 발생하는 소음, 진동, 비산먼지에 대하여 민원이 발생하지 않게 관리 해야 한다.
④ 철거는 마감재 철거, 구조체 철거 구분 없이 하부층에서 상부층으로 철거한다.

**53.** 리모델링 철거공사에 대한 설명으로 옳은 것은?

① 구조체 철거는 아래층에서 상부층으로 철거한다.

② 석면은 석면조사, 석면철거, 석면처리 등의 절차를 거쳐 환경기준을 준수하여 철거한다.

③ 마감재 철거는 구조체 철거와 동시에 시행한다.

④ 철거공사 시 철거작업에 대한 하중 검토, 철거 후 구조 검토 등 구조 안전성 확보는 하지 않아도 된다.

**54.** 리모델링공사 철거공사의 안전성 확보 관련 내용이 아닌 것은?

① 철거 전 작업하중, 철거 후 구조안전 등을 확보하여야 한다.

② 마감재 철거 후 조적 및 바닥미장 등 철거 후 필요시 구조보강용 잭서포트를 시공하여야 한다.

③ 철거작업은 외부지장물, 지하지장물, 외부 출입구 철거와 본동 철거는 옥탑, 옥상, 기준층 순으로 진행한다.

④ 철거공사 시 낙하물 방지는 신축 공사 수준의 안전시설물 설치로 가능하고, 철거 작업층 직하부층 낙하물 방지망 등 추가 안전시설은 불필요하다.

**55.** 리모델링 공사의 골조공사 특성이 아닌 것은?

① 재건축, 재개발, 신축공사의 골조공사보다 난해하다.

② 기존 골조와 신축 골조공사가 병행된다.

③ 신축, 재건축 대비 기존 골조를 활용하므로 전체 공사비가 작게 들어간다.

④ 기존 골조의 간섭사항을 사전에 확인하여 타설배관, 타설방법 등 고려해야 한다.

**56.** 리모델링 공사의 설비공사 특성을 나열한 것 중 옳지 않은 것은?

① 리모델링 공사의 설비분야는 주거환경의 주요 요소를 차지한다.

② 건축설계 초기단계부터 충분히 검토할 필요는 없다.

③ 건축설비의 중요도는 구조분야와 더불어 매우 중요하다.

④ 건축설비는 환기, 냉난방, 급배수, 가스, 소방, 우오수처리 설비 등 실내 생활환경과 건물의 기능을 향상시키는 기능을 갖는다.

57. 리모델링 시공시 설비공사에 관한 설명이 아닌 것은?

① 인간의 실내생활환경과 건축물의 기능을 향상시키기 위한 설비 공작물의 총칭이다.

② 건축공간이 정적이라면 설비공간은 동적이어서 해석과 설계가 어렵다.

③ 건축의 기본설계 완료 후 건축설비는 검토되고 설계가 진행되어야 한다.

④ 리모델링 프로젝트 관리자는 건축설비 관련사항에 대하여 적극적으로 협의한다.

58. 설비 리모델링 관련된 측정기기와 진단 및 검사항목으로 옳지 않은 것은?

① 내시경 – 배관 잔여수명 측정

② 방사선 투과장치 – 배관 내부 상태 관찰, 잔여두께, 수명 측정

③ 와류(자분)탐상장치 – 결함 파악

④ 초음파 유량계 – 배관 외부에서 배관 유량 및 유속 측정

59. 설비공사의 측정방법에 대한 설명 중 옳지 않은 것은?

① 온도측정은 측정치와 설계치의 차이를 확인하며 가급적 불안정한 상태에서 측정한다.

② 압력측정은 공조계통의 유체압력을 측정하고 위치수두의 영향에 관련된 영향을 제거하기 위해 언제나 동일한 높이에 설치, 측정한다.

③ 풍량측정은 정확한 풍량측정을 위하여 회전식 풍속계, 디지털풍속계 등이 사용되며 낮은 속도영역에서 높은 속도영역으로 옮겨가며 측정한다.

④ 소음측정은 마이크로폰형 소음계가 많이 사용되며, 측정은 장비의 운전과 정지 중 각각 행하게 된다.

60. 건축물의 건축설비 내구연한 및 기준에 대한 설명으로 옳지 않은 것은?

① 심리적 내구연한은 마모, 부식, 파손에 의한 사용 불능의 고장빈도가 발생하여 기능장애가 허용한도를 넘는 상태까지의 기간이다.

② 사회적 내구연한은 진부화, 구형기기 등에 따른 새로운 방식과의 비교에 상대적 가치하락에 의한 내구연한이다.

③ 경제적 내구연한은 기능, 성능 및 효율적인 측면에서 가치의 변화에 의해 비용의 측면에서 효율 및 경제성에 따른 내구연한이다.

④ 법적 내구연한은 고정자산의 감가상각비를 산출하기 위하여 세법상 내구연한을 나타내는 것이다.

**61.** 리모델링 공사의 특성인 그린리모델링, 친환경, 에너지절감 측면에서의 특성이 아닌 것은?

① 노후화된 주거를 개선함으로써 건물유지관리비용의 저감 등 친환경사업요소를 갖는다.

② 단열, 기밀성 향상 등 에너지절감은 리모델링 전 건축물과 비교시 크게 차이가 없다.

③ 건축설비기능 향상은 주거성능향상, 에너지절감 등 친환경 성격을 갖는다.

④ 리모델링공사는 이산화탄소 배출 저감과 철거 폐기물 발생 저감 사업이다.

**62.** 야간 및 휴일에 소음작업을 진행하며, 설비공사 초기비용이 많이 들고, 공사 진행에 시간적 제약이 있으며 임시이동 통로에 따른 재실자의 이해가 필요한 공사방식은?

① 전층 공실상태 ② 한층 공실상태

③ 재실상태 ④ 존별 공실상태

**63.** 공동주택과 일반건축물 리모델링의 전기공사 시공계획에 관한 설명으로 옳지 않은 것은?

① 가설패널이라 함은 가설전기를 사용하기 위한 장비들의 전원공급을 해주는 분전반을 말한다.

② 공동주택은 층별 트레이, 일반건축물은 기존 TPS를 활용해 가설패널로 연결한다.

③ 가설전기 활용방안은 기존 건물의 전기실에서 활용할 것인지, 기존 시설을 끊고 한전에서 새로 가설전기를 수용 신청할 것인지를 현장상황에 따라 판단한다.

④ 철거 이후 가설전등 설치와 기타의 전기공사는 신축공사와 같이 진행한다.

**64.** 리모델링 공사의 전기공사 기본적 검토사항으로 적절치 않은 것은?

① 단위세대 전등, 전열, 통신, 소방 등 기존 구조물의 간섭 사항에 대하여 고찰하고 시공계획을 수립해야 한다.

② 기존 구조체 구간과 신설 구조체구간은 노출배관과 매립배관 둘다 고려해야 한다.
③ 층고와 천장고에 대한 사전검토로 천장배관에 대하여 사전계획을 수립해야 한다.
④ 가설전기는 임시동력으로 기존 건물이 있으므로, 공사중 발생하는 여러 공급 전원의 양에 대하여 검토할 필요가 없다.

**65.** 아래의 리모델링 구조안전진단 및 구조설계 흐름도를 순서대로 기재한 것은?

| | | |
|---|---|---|
| ㉠ 대상건물선정 | ㉡ 시공 | ㉢ 기존건물의 현황조사 |
| ㉣ 리모델링구조설계 | ㉤ 보수보강방안설계 | ㉥ 관련법규검토 |
| ㉦ 기존구조물의 정밀안전진단 | | |

① ㉠ → ㉥ → ㉢ → ㉦ → ㉣ → ㉤ → ㉡
② ㉠ → ㉢ → ㉥ → ㉦ → ㉤ → ㉣ → ㉡
③ ㉠ → ㉥ → ㉢ → ㉣ → ㉤ → ㉦ → ㉡
④ ㉠ → ㉢ → ㉥ → ㉤ → ㉦ → ㉣ → ㉡

**66.** 리모델링 프로젝트 추진 시 반드시 고려되어야 할 구조적 사항이 아닌 것은?

① 리모델링 사업초기에 건축구조기술사에 의해 구조 상태를 파악하여 그 결과에 따라 사업타당성을 분석해야 한다.
② 기존 건물의 내진설계 여부를 확인하여 내진설계방향을 정해야 한다.
③ 기존 내력벽체의 일부 철거, 수직·수평증축 및 지하주차장 신설 등이 가능한지 계획 초기부터 건축구조기술사에 의해 검토되어야 한다.
④ 기존 건물의 보강과 내구성 보완 등이 어느 정도 요구되는 것인지는 공사진행 중 구조진단을 수행하여 검토되어야 한다.

**67.** 공동주택의 리모델링 구조안전진단기준에 대하여 옳지 않은 것은?

① 수직증축 리모델링은 B등급 이상이어야 한다.
② 수평증축 리모델링은 C등급 이상이면 가능하다.
③ 재건축은 D등급이하로 구조안전진단 등급이 좋지 않아야 가능하며, 리모델링은 C등급 이상으로 좋아야 가능하다.
④ 수평증축형과 수직증축형 리모델링이 혼재된 사업은 C등급 이상이면 가능하다.

**68.** 수직증축형 공동주택 리모델링 안전진단에 대한 설명으로 옳지 않은 것은?

① 조합설립 이후 전문기관의 1차, 2차 안전성검토를 받아야 한다.

② 정밀안전진단결과 B등급 이상을 받아야 한다.

③ 준공 당시 기존 건물의 구조도면이 없는 경우도 가능하다.

④ 안전성검토전문기관은 한국건설기술연구원과 한국국토안전관리원이다.

**69.** 안전진단시 수직증축 리모델링 가능 판정 받을 경우 전문기관에 1차 안전성 검토를 받아야 한다. 건축구조, 토질, 기초분야 등의 구조안전전문가로 구성된 자문위원회에서 중점적으로 검토하는 사항이 아닌 것은?

① 구조부재의 철거 및 안전조치

② 수직증축 시 보강방법의 안전성 및 실현가능성

③ 리모델링 전, 후 구조도

④ 현장조사결과 및 증축리모델링 판정결과

**70.** 리모델링 시행 전 현장조사를 할 때 육안조사로 할 수 있는 항목으로 옳은 것은?

① 철근 간격 및 위치, 콘크리트 피복두께

② 콘크리트 탄산화, 염화물 함유량

③ 균열, 백화, 건물용도

④ 콘크리트 강도, 변형 및 변위, 지내력

**71.** 철근배근 조사에 관한 적절한 설명이 아닌 것은?

① 철근배근 조사는 콘크리트 내의 철근위치를 파악하여 구조물이 갖는 내력의 결손 여부를 판가름하는 안전진단의 필수사항이다.

② 철근탐사를 통해 콘크리트 속의 모든 철근들을 다 조사하여 구조도면대로 시공되어 있는지 여부를 파악한다.

③ 철근탐사법으로 초음파나 레이더파를 이용한 탐사법이 있다.

④ 철근탐사를 통해 보, 기둥 등의 배근상태를 조사하여 도면과 일치 여부를 파악하고, 구조 검토 시 반영한다.

**72.** 콘크리트 탄산화에 대한 적절한 설명이 아닌 것은?

① 철근콘크리트구조물의 수명은 콘크리트의 탄산화 깊이와 밀접한 관계가 있다.
② 탄산화가 철근의 표면에 이르면 철근은 부식된다.
③ 콘크리트 탄산화로 인해 콘크리트 균열이 발생하고 탈락한다.
④ 콘크리트 중의 수산화칼슘이 공기 중의 탄산가스와 반응하여 산성을 잃게 되는 현상이다.

**73.** 리모델링 구조안전성 검토에 대한 설명으로 옳지 않은 것은?

① 철거시 구조안전성 및 철거 전후, 리모델링 전후의 구조안전성 검토가 필요하다.
② 구조시스템 검토는 기본적으로 하중(중력저항, 횡하중 등)에 대한 검토로 기초, 벽체, 바닥 등 수평증축, 수직증축 모두 구조해석이 필요하다.
③ 파일기초인 경우 기존의 파일의 내력은 무시하고 새로운 보강파일의 내력으로만 구조안전검토가 이루어져야 한다.
④ 기존 구조물의 안전성 검토는 매우 중요하다.

**74.** 다음 중 보수공법, 보강공법 순으로 나열되지 않은 것은?

① 단면복구공법 – 프리스트레싱공법
② 교체공법 – 단면증설공법
③ Cement Suspension 주입공법 – 앵커공법
④ Epoxy Resin 주입공법 – 보강섬유접착공법

**75.** 리모델링 시 장래에 발생할 지진에 대해 건물의 내진 안전성을 확보하기 위해서는 건물의 내진성능 및 보강 여부를 판정하여야 한다. 이때 가장 먼저 하여야 할 항목으로 옳은 것은?

① 건물의 내진성능평가　② 보강여부의 판정
③ 내진보강공법의 결정　④ 보강건물의 내진성능 확인

**76.** 증축형 리모델링을 위하여 안전진단을 한 결과 성능점수 55점으로 판정받았다. 어떤 리모델링이 가능한가?

① 증축형 리모델링 불가　② 수직증축 리모델링 가능
③ 수평증축 리모델링 가능　④ 수직 및 수평증축 리모델링 가능

**77.** 부재에 발생하고 있는 인장응력을 감소시켜 균열을 복귀시킬 뿐 아니라 압축응력을 부여하는 것을 목적으로 하는 보강공법은 무엇인가?

① 보강섬유 접착공법　② 프리스트레싱공법
③ 단면증설공법　④ 강판접착공법

**78.** 리모델링 공사에서 콘크리트 부재의 균열 조사 및 원인추정 결과 균열에 대한 대책에서 적절한 판정기준이 아닌 것은?

① 대상 부재에 따른 판정　② 경제성과 사용성에 따른 판정
③ 내구성 또는 방수성에 따른 판정　④ 대인 안전성에 따른 판정

**79.** 다음은 리모델링 공사 중 아래와 같은 특이성이 있는 공사는?

| 설비의 전면중지 불가, 층별작업<br>업체의 이주일정에 맞추어 공사가 진행<br>소음이 심하거나 설비의 중단이 요구되는 작업은 대부분 야간이나 휴일에 작업<br>공기단축을 위하여 철거와 동시에 설치작업이 이루어짐 |
|---|

**80.** 리모델링 공사에서 다음과 같은 공정별 검토 사항을 갖는 공사는?

| • 공사시 고려해야 할 항목 : 시스템비계, 방음방진벽, 소화/가설용수<br>• 작업시 예상되는 소음 및 분진발생을 최소화하고 안전한 작업수행을 위해 계획함 |
|---|

81. 다음 빈 칸에 공통으로 들어갈 말은?

| 건축공간이 정적이라면 ( ) 공간은 동적이다. 인간의 실내 생활환경과 건축물의 기능을 향상시키고, 인체의 위생과 건강을 유지하기 위하여 건축물에 ( ) 하는 모든 공작물의 총칭이다. 오늘날 건축( )는 건축물에 종속적이기 보다는 보다 적극적인 뜻을 가지며, 보다 윤택한 생활 환경을 만드는 것을 건축 ( )라 하기도 한다. |
|---|

82. 다음 빈 칸을 모두 채우시오.

| 전기공사의 공정별 검토사항 중 공동주택 전기실에서 각 세대까지 전기를 공급하는 전력간선공사를 위해 오래된 공동주택을 리모델링할 경우, ( ① ) 및 ( ② )실 확보가 요망된다. |
|---|

83. 리모델링에서 다음이 설명하고 있는 것은?

| 리모델링 대상 건물에 대한 ( )은 리모델링의 핵심 과업이며 사업의 가능 유무를 판단하는 주요 업무이다. 리모델링에 있어 건축물에 대한 ( )의 중요성은 출발점 그 자체이다. 리모델링을 위한 기존 건물의 노후화 및 안전성을 파악하는 것이다. |
|---|

84. 다음 빈 칸을 채우시오.

| 공동주택 증축형 리모델링 안전진단에 있어서 1차, 2차 안전진단의 구조안전성 평가항목으로 건물 기울기, ( ), 내력비, 기초내력비(2차 안전진단의 경우 직접시험법), 처짐, 내구성 등이 있다. |
|---|

**85.** 다음은 공동주택 증축형 리모델링의 판정기준에 대한 내용이다. 다음 빈 칸을 순서대로 모두 채우시오.

> 리모델링 기본설계를 고려한 1차 안전진단 실시 후, 평가등급은 조사결과에 요소별(항목별, 부재별, 층별) 중요도를 고려하여 성능점수를 산정하여 결정한다. 각 평가항목 별 평가등급이 모두 ( ① )등급 이상[성능점수가( ② )점 초과]인 경우에는 '수직증축 리모델링 가능'으로 판정한다. 또한, 각 평가항목 중 어느 하나의 평가등급이 ( ③ )등급 이하[성능점수가 ( ④ )점 이하]인 경우에는 '증축형 리모델링 불가'로 판정한다. 상기에 해당되지 않은 경우는 '수평증축 리모델링 가능'으로 판정한다.

**86.** 다음 빈 칸을 순서대로 채우시오.

> 철근콘크리트 구조물의 내구성을 판단하는 자료로서 ( ① )와 ( ② )을 조사하는 것은 중요한 의미가 있다.

**87.** 다음 빈 칸을 순서대로 채우시오.

> 균열 발생의 원인은 다양하지만, 진단을 통하여 어느 정도 원인 분석이 되면 적절한 ( ① )대책을 마련해야 한다. 균열의 종류는 크게 두 가지로 구분하여 대책을 마련할 수 있는데, 그 하나는 ( ② )을 감소시키는 균열이고 다른 하나는 구조적으로 문제시 되는 균열이다.

**88.** 내진보강 관련 정책에 대한 설명이다. 다음 빈 칸을 채우시오.

> 행정안전부는 2018년 10월부터 민간시설에 대해 '지진안전 시설물 인증제'를 시행하고 있다. '지진안전 시설물 인증제'는 내진설계·시공이 완료된 건물을 인증하는 제도로 (                ) 비용의 2/3를 재정지원하여 민간 내진보강을 유도하도록 계획하고 있다.

## 2024 RMP교재개편 집필위원


**임철우**

- 울산대학교 건축공학대학원 졸업
- 건축구조기술사/(주)CLSeng 대표
- 경기도 공동주택 리모델링 자문위원
- 서울교통공사 자문위원
- 전 국토교통부 리모델링 법안 자문위원
- (사)한국리모델링협회 리모델링사업관리사(RMP) 과정 전문강사

**임호진**

- 연세대학교 건축공학과 졸업
- 공학박사/연세대학원 건축공학과
- 경기도 공공건설(공공건축) 지원센터 사전검토 전문위원
- (사)한국리모델링협회 리모델링사업관리사(RMP) 과정 전문강사
- '리모델링의 이해', '리모델링 총설' 등 관련 서적 총괄집필위원
- 디엘이앤씨(주) ((구)대림산업) 리모델링 사업팀 및 현장 근무


# 리모델링 공사


2024년 3월 15일 1판 1쇄 인쇄
2024년 3월 25일 1판 1쇄 발행

저　　자　사단법인 한국리모델링협회
발 행 인　전 혜 자
발 행 처　예 학 사
주　　소　서울시 성동구 무학봉28길 4(5층)
전　　화　02) 2296-9333(代)~4
팩　　스　02) 2296-9335
출판등록　1994. 4. 2(4-254)
I S B N　978-89-89668-74-9　93540
정　　가　17,500원